建 筑 信 息 模 型 BIM 丛 书
AUTODESK® REVIT® 官方系列

AUTODESK® FABRICATION 达人速成

Autodesk Asia Pte Ltd　**主编**

同濟大学 出版社
TONGJI UNIVERSITY PRESS

内 容 提 要

本书是国内首部针对 Autodesk® Fabrication 内容数据库进行全面介绍的权威书籍。本书从机电（水、暖、电）工程师软件应用的实际需求出发，系统阐述了 Autodesk® Fabrication 预制构件库以及数据库的相关知识，详尽地介绍了预制构件及其模板文件的功能和特性，可应用于预制构件的材质、连接件、规格等数据库中常用内容的创建步骤和技巧，细致地讲解了 Revit® 中的预制详图功能，简明扼要地讲述了 Autodesk® Fabrication 与 Revit® 的交互。本书系编者长期研究的经验积累及成果总结，并为读者提供了大量的实战技巧，具有较强的知识性和实用性。

本书为读者提供了大量信息及有效帮助，有助于提高设计效率及质量，降低设计成本，可适用于建筑行业的机电工程师、承包商、制造商、施工管理人员、高校学生、软件开发工程师及 BIM 的爱好者阅读使用。

图书在版编目(CIP)数据

AUTODESK FABRICATION 达人速成 / 欧特克软件(中国)有限公司构件开发组主编. --上海：同济大学出版社，2018.1

　ISBN 978-7-5608-7698-6

　Ⅰ.①A… Ⅱ.①欧… Ⅲ.①三维动画软件
Ⅳ.①TP391.414

中国版本图书馆 CIP 数据核字(2018)第 015462 号

AUTODESK® FABRICATION 达人速成
Autodesk Asia Pte Ltd　主编

| **责任编辑** | 马继兰 | **责任校对** | 徐春莲 | **封面设计** | 陈益平 |

出版发行	同济大学出版社　　　　www. tongjipress. com. cn
	(上海市四平路 1239 号 邮编：200092　电话：021-65985622)
经　　销	全国各地新华书店
排　　版	南京新翰博图文制作有限公司
印　　刷	常熟市大宏印刷有限公司
开　　本	787 mm×1 092 mm　1/16
印　　张	20.75
字　　数	518 000
版　　次	2018 年 1 月第 1 版　　2018 年 1 月第 1 次印刷
书　　号	ISBN 978-7-5608-7698-6

| 定　　价 | 78.00 元 |

《Autodesk® Fabrication 达人速成》编委会

主　　　　编：Autodesk Asia Pte Ltd

编委会成员：（按姓氏笔画排序）

乔　蕾　孙　月　沈隽喆

张媛琦　赵蕊春　姜　莹

倪　雷　徐丽娜

序

近年来,随着国家政策对 BIM(Building Information Modeling,建筑信息模型)技术的重视,BIM 技术被大力推广,越来越多的人开始关注并运用 BIM 技术。2017 年2 月,《国务院办公厅关于促进建筑业持续健康发展的意见》中明确指出,要"加快推进建筑信息模型(BIM)技术在规划、勘察、设计、施工和运营维护全过程的集成应用,实现工程建设项目全生命周期数据共享和信息化管理"。现在工程师们思考的重点已经从如何将 BIM 运用到方案、设计、施工、运维等某一个或几个阶段转移到了如何实现BIM 在项目全生命周期的使用,如何和工程的上、下游有效衔接,如何利用 BIM 增强自己的经营竞争力等方向上来。"工欲善其事,必先利其器",工程师需要一款或几款得力的 BIM 工具来协助其完成 BIM 实施方案。

Autodesk® Fabrication 是欧特克公司(Autodesk®)针对建筑行业推出的三维参数化 BIM 系列软件,该系列软件的推出有助于将 BIM 的使用推广到整个建筑过程,从而支持机械项目、电力工程项目和给排水项目的施工和建造。2010~2015 年期间,欧特克构件开发组针对国内 Revit® 读者的需求陆续出版了《Autodesk® Revit® MEP 2011 应用宝典》《Autodesk® Revit® MEP 2012 应用宝典》《Autodesk® Revit® Structure 2012 应用宝典》《Autodesk® Revit® 2012 族达人速成》《Autodesk® Revit® 2013 族达人速成》《Autodesk® Revit® 2014 五天建筑达人速成》和《Autodesk® Revit® 2015 机电设计应用宝典》系列丛书,图书的质量得到了读者的一致好评。2017 年,我们根据读者需求,编写了《Autodesk® Fabrication 达人速成》,针对预制构件的开发及应用进行了详细讲解,相信这本书一定会帮助您通过创建您自己的预制构件库来提高工作效率。

本书的编者均是欧特克公司从事构件开发和软件开发的工程师,软件使用经验丰富。本书编写过程中得到了欧特克中国研究院院长赵凌志和总监孙屹的大力支持,在此表示感谢!

希望本书能为广大 Autodesk® Fabrication 与 Revit® 软件读者答疑解惑,也为BIM 在国内推广添砖加瓦。

李皞瑜

欧特克构件开发组经理

2018 年 1 月

前　言

2012 年，欧特克公司（Autodesk®）推出了 Autodesk® Fabrication 系列软件。该系列软件可帮助您更快速准确地对 MEP（机械、电气和管道）建筑系统进行设计、详图绘制、估算、制造和安装，改进协作，简化项目，降低风险，并减少整个项目团队的浪费。其中，Autodesk® Fabrication CADmep™ 支持机电承包商的详图设计、预制、制造和安装需求，一般被详图设计师用于创建满足预制加工要求的机械、电气、管道系统模型；Autodesk® Fabrication CAMduct™ 是一款功能强大的暖通空调制造和风管系统制作的应用软件以及生产管理工具；Autodesk® Fabrication ESTmep™ 是一款成本分析和估算软件。该系列软件共享相同的预制构件库和数据库（以下统称为内容数据库），可实现软件之间的无缝衔接。同时，Autodesk® Revit® 自 2016 版开始，增加了预制详图功能，用户可以直接在 Revit® 中加载 Autodesk® Fabrication 内容数据库，创建详细的预制模型，也可以将现有的设计模型转化为使用预制构件的预制模型；欧特克同期发布的 Revit® Extension for Fabrication 插件，帮助用户实现了 Autodesk® Fabrication 系列软件与 Revit® 的无缝交互，满足了机电专业设计、深化、预制加工、安装整个流程的 BIM 应用。

目前，市场上还没有介绍 Autodesk® Fabrication 的书籍，为了让机电工程师能够更便捷地了解和掌握这一 BIM 设计工具，欧特克构件开发组针对 Autodesk® Fabrication 系列软件中最通用同时也是最重要的内容数据库编写了《Autodesk® Fabrication 达人速成》。Autodesk® Fabrication 的内容数据库包含了丰富且基于真实产品的预制构件库和数据库，旨在尽可能详尽地再现制造商产品的信息以满足可用于施工的建模。

本书以 2017 年 4 月最新发布的 Autodesk® Fabrication ESTmep™ 2018 为基础，全面详细地介绍了 Autodesk® Fabrication 预制构件以及数据库的相关知识，同时以 Autodesk® Revit® 2018 中文版为基础，详尽地介绍了 Revit® 预制详图功能，其中更是涵盖了多点布线等 Revit® 2018 新功能。同时随书附赠相关项目实例文件，使读者在学习中可以有具体的参照，方便加深理解，融会贯通。

本书共有 9 章，主要内容如下：

第 1 章对 Autodesk® Fabrication 进行总体介绍；

第 2 章介绍预制构件的界面、模板以及创建步骤等基础知识；

第 3 章介绍数据库中的材质、辅助部件、支架；

第 4 章介绍数据库中的规格、隔热层规格；

第 5 章介绍数据库中的连接件；

第 6 章介绍数据库中的成本核算；

第 7 章介绍服务的相关知识以及设计线功能；

第 8 章通过实例讲解了如何创建风阀、阀门、支吊架预制构件；

第 9 章介绍 Revit® 预制详图功能以及 Revit® 与 Autodesk® Fabrication 的交互。

此外，附录 A 中提供了水暖电三个专业常见预制构件的模板列表；附录 B 中介绍了如何将软件本地化。因 Autodesk® Fabrication 系列软件目前只有英文版，为了方便读者阅读，在本书开头附上了术语中英文对照表。

本书的作者们为欧特克公司从事构件开发和软件开发的工程师，都具备丰富的软件使用和开发经验及相关的专业设计工作经验。在编写本书的过程中，充分考虑了读者在软件操作中的实际情形，特别注重从工程师角度来介绍 Autodesk® Fabrication 内容数据库的应用。其中，第 1 章由孙月编写；第 2 章的 2.1 和 2.2 节由孙月编写、2.3 节由乔蕾编写，整章由孙月修改定稿；第 3 章的 3.1 和 3.4 节由乔蕾编写、3.2 和 3.3 节由赵蕊春编写，整章由乔蕾修改定稿；第 4 章的 4.1 节由徐丽娜编写、4.2 节由赵蕊春编写，整章由赵蕊春修改定稿；第 5 章由张媛琦编写；第 6 章由沈隽喆编写、赵蕊春修改定稿；第 7 章由倪雷编写、乔蕾修改定稿；第 8 章的 8.1 节由姜莹编写、8.2 节由孙月编写、8.3 节第一部分由赵蕊春编写、第二部分由孙月编写，整章由孙月修改定稿；第 9 章的 9.1 和 9.4 节由姜莹编写、9.2 节由乔蕾编写、9.3 节由张媛琦编写、9.5 和 9.6 节由赵蕊春编写，整章由姜莹修改定稿；附录 1 由沈隽喆编写；附录 2 由沈隽喆编写、乔蕾修改定稿。刘璐对全书进行了认真的审阅，乔蕾承担组织协调工作，赵蕊春承担法务协调工作。

本书的编写除了获得欧特克公司各部门领导的关心，还特别得到了构件开发组经理李皞瑜的鼎力支持和热心帮助，在此表示真诚的谢意。构件开发组经理刘璐审阅了全书，并提出很有价值的修改意见，在此一并表示感谢。另外，还要特别感谢本书各章节的作者及其家人，没有各位作者业余时间的无私奉献和辛勤付出，没有作者家人的理解和支持，就没有本书。

在本书的编写过程中，虽经反复斟酌修改，然而由于编者水平所限，加之编写时间有限，故难免有疏漏之处，敬请读者给予批评和指正。欢迎读者通过构件开发组的邮箱 aec. team. starry@autodesk. com，与作者讨论交流。读者的意见和建议正是作者不断努力前进的原动力。

编委会

2018 年 1 月

目　　录

术语中英文对照表

Configurations	配置
Job	作业
Profiles	轮廓
Service	服务
Group	组
Library	库
Item	预制构件
Materials	材质
Material	材料
Gauge	计量
Main	主材料
Insulation	隔热层
Insulation Material	保温材料
PVC	PVC
Specification	规格
Owner Information	所有者信息
Index	索引
Design Line	设计线
3D View	三维视图
New Tab	新标签
Service Specification	服务规格
Default Shape	默认形状
Flow Direction	流向
Fluid	流体
Service Types	服务类型
Button Mappings	按钮映射
Constraints	约束
Design Entry	设计入口
Ancillaries	辅助部件
Ancillary Materials	辅助材质
Product Id	产品编号
Ancillary Kits	辅助套件
Damper	风阀
Valve	阀门
Hanger	支吊架

Bearer	横档
Rod	吊杆
Bolt	螺栓
Profiled Bearer	风管吊架
Riser Clamp	立管管夹
Clevis Hanger	U形吊板
Roller Rod	横销
Isolator	隔振
Clip	夹子
Costing	成本核算
Price List	材料价格表
Installation Time	安装时间
Fabrication Time	加工时间
Connector	连接件
Connectivity	连接性
Pattern	模板
Breakpoints	尺寸列表
Estimating	估算
Manufacturing	制造
Drawing	制图
Button Code	按钮代码
Alternate Codes	轮换代码
Fill in 3D	3D填充
Erase 3D Item(s)	去除3D填充
Exclude From Fill	去除填充
End Type	端点类型
End Draw Type	端点绘图类型
Flange Colour	边缘颜色
Swage Colour	型段颜色
Extension includes Diameter	直径伸展
Line Type	线型设置
Female	母头
Male	公头
Wafer Flange	对夹式法兰
Butt Welded	对接焊缝
Socket Welded	承插焊缝
Grooved	沟槽式
Pipework End Type	管道端点类型
Type	类型
Entry	条目
Swage	型段

第1章 Autodesk® Fabrication 简介

Autodesk® Fabrication 软件是将现有的 Autodesk®机械、电气、管道设计的产品(例如 Autodesk® Revit®)与预制详图阶段集成的完整解决方案,能满足机电分包商的详图设计、预制、制造和安装需求。通过使用软件中的基于现实中产品数据创建的预制构件可以生成更精准的造价信息,创建更精确的详图并直接驱动机电预制加工。

本章将通过对软件产品、界面、基本命令等方面的介绍阐述 Autodesk® Fabrication 的基本知识,为深入学习后续章节奠定基础。如对 Autodesk® Fabrication 已经有了初步了解,可以跳过本章,直接进入后续章节学习。

1.1 产品介绍

Autodesk® Fabrication 产品包括: Autodesk® Fabrication CADmep™, Autodesk® Fabrication ESTmep™和 Autodesk® Fabrication CAMduct™。这三款软件共享相同的预制构件库和数据库,帮助改进设计、出施工图、预制和安装工作流。

1. Autodesk® Fabrication CADmep™

Autodesk® Fabrication CADmep™(以下简称 CADmep)支持机电分包商的详图设计、预制、制造和安装需求,一般被设计师用于创建满足预制加工要求的机械、电气、管道详图。CADmep 还可以将 AutoCAD®, AutoCAD® MEP, Revit®和 CADmep 创建的设计阶段的模型通过添加一些必要的数据实现预制加工的要求。

CADmep 是基于 AutoCAD®平台的软件,其强大的三维建模功能可创建非常精细且智能的包含控制造价、预制、详图、生产和安装流程所需信息的建筑模型。CADmep 包括以下功能:

(1)已添加的预制构件库和模板:可选择软件中已经添加的数千个预制构件和样式模板。

(2)可控的重新编号:使用重新编号工具排除指定的参数(例如分批编号或订单编号),给相似的构件指定相同的构件编号。

(3)简单的批处理流程:执行批处理程序打印报告、运行脚本并在单个命令中导出数据。

(4)增强的数据库导出功能和导入功能:使用单个命令进行数据库的导出和导入,利用数据库各项类别中的可选项目进行导出和导入。

(5)共享的预制构件库和数据库:所有的 Autodesk® Fabrication 产品共享预制构件库和数据库,实现无缝衔接的造价、详图、预制和安装工作流。

(6)基于制造商真实产品的预制构件库:使用真实产品数据创建的预制构件库,模型直接反映最后的施工成品。

(7)深化设计阶段模型:和 Revit®, AutoCAD® MEP 交互延伸设计模型的生命周期并减少重复建模。

（8）"设计线"功能：使用底图和设计线功能快速实现机电详图设计。

（9）多个服务布局：同时使用并行的多个服务建模，缩短模型绘图流程。

（10）服务验证和冲突检测工具：在预制前识别和纠正服务，例如不匹配的连接件、重复、碰撞等。

2. Autodesk® Fabrication ESTmep™

Autodesk® Fabrication ESTmep™（以下简称 ESTmep）是一款成本分析和估算软件，在详图、预制和安装工作流程中针对建筑机电系统为机电分包商生成更精准的造价。ESTmep 包括以下功能：

（1）已添加的预制构件库和模板。

（2）增强的数据库导出功能和导入功能。

（3）共享预制构件库和数据库。

（4）基于真实产品数据的预制构件、价格和造价。

（5）支持模型导入生成造价：支持导入 Revit®，AutoCAD® MEP 创建的设计阶段模型，生成更精准且有竞争力的造价。

（6）加快背后跟踪：使用底图和设计线功能，快速地实现有竞争力的出价。

（7）可调整的成本估算：根据项目和市场的变化生成更精准的成本估算。

（8）内置的价格编号和价格：预制构件包含价格编号和价格，支持生成更准确的出价。

（9）跟踪项目变更：记录一个项目的所有增减项支持变更的可追踪性和促进问责制，通过分析这个数据和初始的估算进行比较。

（10）价值工程选项工具：更有效地开展价值工程服务，为客户提供数个类型的成本和收益的选项。

（11）基于颜色编码的造价工具：使用颜色编码的造价分析工具可视化地定义风管和管道的造价。

3. Autodesk® Fabrication CAMduct™

Autodesk® Fabrication CAMduct™（以下简称 CAMduct）是一款功能强大的暖通空调制造和风管系统制作的应用软件以及生产管理工具，用于有效地生产暖通空调系统。CAMduct 使用丰富的预制构件库（内含三维参数化的设施和管件）帮助用户满足生产要求。CAMduct 包括以下功能：

（1）已添加的预制构件库和模板。

（2）基于材料的排料参数：用户可以为不同的材料设置不同的排料参数，例如保温层、风管、钣金，用来帮助避免多次排料。

（3）条形码和二维码：CAMduct 支持将条形码和二维码添加到标签和工作表。

（4）增强的数据库的导出功能和导入功能。

（5）基于云端的排料：基于强大的云计算、同时使用 10 种不同的算法为单个作业排料。

（6）共享的预制构件库和数据库。

（7）风管预制构件库：丰富的三维参数化的矩形、圆形和椭圆形风管构件。

（8）简单的图形界面：易于使用的图形用户界面允许新用户和有经验的软件用户输入作业数据并进行编辑。

（9）钣金和线性排料：先进的排料算法和选项帮助提供更好的材料利用率。

（10）支持数控写入和数控机床：CAMduct 软件通过内置的支持各种机器类型的后置处理器，帮助控制任何规模的生产线。

（11）先进的作业成本估算工具：基于各种项目因素的作业估算，帮助更好地了解底价。

（12）附加的软件工具：CAMduct 附带的软件工具，例如 CAMduct Components，Tracker 以及 RemoteEntry，扩展和优化了 Autodesk® Fabrication 软件的功能。

1.2　基本术语

1. 配置（Configurations）

Autodesk® Fabrication 软件默认安装英制和公制两种配置，配置中包括已添加的预制构件库、数据库、水暖电样例服务以及其他设置等。

2. 作业（Job）

在 Autodesk® Fabrication 中，作业是单个设计信息数据库模型。这些信息包括用于设计模型的构件（如管道、阀门、设备等）、项目视图和构件列表等。通过使用单个作业文件，用户可以轻松地查阅项目相关信息，方便项目管理。

3. 轮廓（Profiles）

使用轮廓创建可以应用于不同的作业或项目的单独的系统配置设置。用户通过创建新的轮廓来创建与作业或项目标准相关的服务、构件、视图等。

4. 服务（Service）

在 Autodesk® Fabrication 中，服务是一组构件的集合。通过服务来添加删除构件，用于构件分组、排序，修改绘图的某些设置。

5. 组（Group）

一个服务中不同的构件按照类型、材质或连接方式可以被分成不同的组，例如按类型划分成管道、配件、阀门、支吊架等几个组。

6. 预制构件（Item）

预制构件是组成项目的图元，同时是参数信息的载体。一个预制构件的各个属性参数对应的值可能不同。例如，弯头作为一个预制构件可以有不同的尺寸和类型。

1.3　Autodesk® Fabrication ESTmep™ 2018 界面

双击桌面上的 Fabrication ESTmep™ 2018 图标，打开软件，界面会出现配置（Configurations）、操作（Actions）、备份作业［Backup Job(s) Found］、最近的作业（Recent Jobs）几类对话框，见图 1-1。选择一个配置，新建一个作业（Create Blank Job）或者打开一个作业（Open Job）。

Autodesk® Fabrication ESTmep™ 2018 采用 Ribbon 界面，用户可以针对操作需要，更快速简便地找到相应的功能，见图 1-2。

1.3.1　功能区

在 ESTmep 中，功能区提供各种命令的访问。功能区默认显示两个选项卡（Utility Bar 和 Add-Ins）和一个面板（Job Actions），见图 1-3。

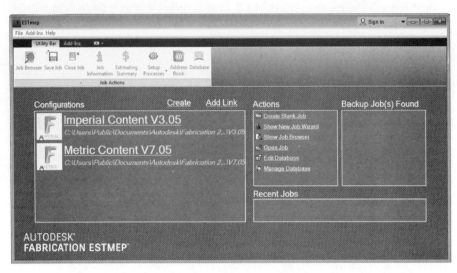

图 1-1

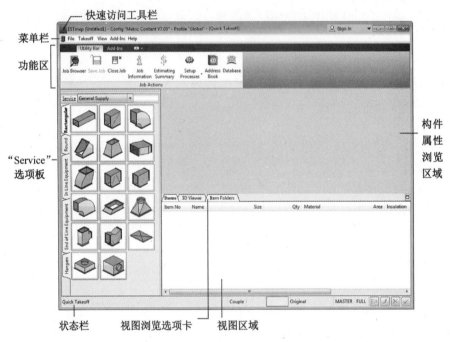

图 1-2

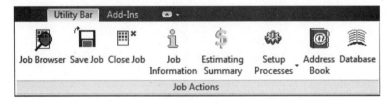

图 1-3

（1）右击功能区面板的空白处，可以设置选项卡和面板的可见性，见图 1-4。

（2）单击功能区中按钮，可以最小化功能区，扩大绘图区域的面积（或单击按钮
显示完整的功能区）。最小化行为将按照下拉列表中的最小化选项循环显示功能区面板，见
图 1-5。

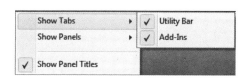
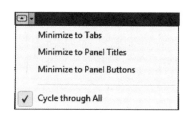

图 1-4　　　　　　　　　　　　　　　　　　图 1-5

① 显示完整的功能区：显示整个功能区，见图 1-6。

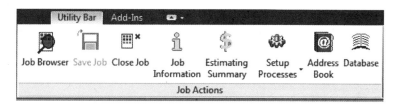

图 1-6

② 最小化为面板按钮：显示面板中第一个按钮，见图 1-7。

图 1-7

③ 最小化为面板标题：显示选项卡和面板标题，见图 1-8。

④ 最小化为选项卡：显示选项卡标签，见图 1-9。

图 1-8　　　　　　　　　　　　　　　　　图 1-9

（3）鼠标点击功能区下部 Job Actions 面板（图 1-10），可以拖拽该面板放置到 ESTmep
界面中的任何位置。当鼠标滑过功能区面板时，会出现 按钮，点击 可以让该面板回到
原来的位置，见图 1-10。单击 按钮，可以改变 Job Actions 面板的方向，见图 1-11。

（4）功能区工具提示：当鼠标光标停留在功能区的某个工具上时，默认情况下，ESTmep
会显示工具提示，对该工具进行简要说明，若光标在该功能区上停留的时间稍长些，会显示
附加信息，见图 1-12。

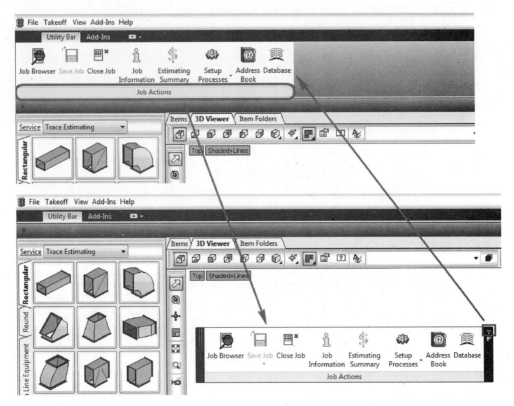

图 1-10

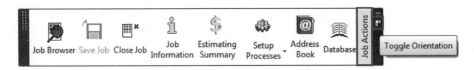

图 1-11

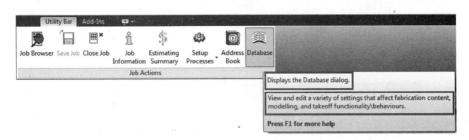

图 1-12

1. 实用程序栏(Utility Bar)

实用程序栏是用户接口组件,包含用于访问各种命令的按钮。实用程序栏可以拖动和放置在屏幕上的任何位置、沿应用程序窗口的任何一边停靠或隐藏。单击"Database",单击"Configuration"下的"Utility Bar"选项,出现图 1-13 所示的对话框。通过该对话框可以自定义实用程序栏面板上的各种显示设置,例如,选择显示或不显示命令图标以及图标上的文字。

图 1-13

⇨ :单击该按钮可以实现添加所选命令到实用程序栏。

⇦ :单击该按钮可以实现将所选命令从实用程序栏移除。

↑ ↓ :单击该按钮可以实现将所选命令从实用程序栏当前位置前移或后移。

Restore Defaults :单击该按钮可以实现恢复实用程序栏默认设置。

实用程序栏包含以下命令，见表 1-1。

表 1-1   实用程序栏命令介绍

命　令	功　能　介　绍
Job Browser	工作浏览器：可浏览存储在项目文件夹中的所有项目
Save Job	保存作业：保存当前作业
Close Job	关闭作业：关闭当前作业
Job Information	作业信息：查看当前作业的相关信息
Estimating Summary	估算总结：对话框中提供了估算和成本信息相关的多种快速视图
Setup Processes	设置工序：选择一个或多个工作流程来自定义一个工序
Address Book	通讯簿：通讯簿中的名称和地址等信息可显示于各种输出报告中
Database	数据库：包括配置、制造、配件以及成本等多种信息
Installed Machines	安装机器：通过对话框设置可以将数控数据写入作业的机器

续表

命　令	功　能　介　绍
New Job	新建作业
Open Job	打开作业
Use NumPad	使用数字小键盘：创建自定义的数字按键，帮助加快数值数据的输入，例如典型构件尺寸
Frame Layouts	框架布局：指定和协调建筑模型内的服务布置区域
Job	作业：作业命令的集合，通过下拉菜单选择新建、打开、保存或关闭一个作业

2. 附加模块（Add-Ins）

该面板下默认为空，用户可以自行添加所需的模块。

SDK Help 文件可以帮助用户了解和学习 Fabrication API，该文件随软件自动安装（C：\Program Files\Autodesk\Fabrication 2018\SDK）。

1.3.2　菜单栏

通过单击目标菜单选择可用的命令。

1. 文件（File）

单击"文件"（File）按钮，展开应用程序菜单，见图 1-14。

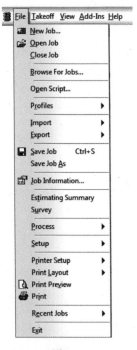

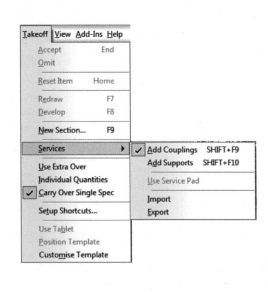

图 1-14　　　　　　　　　　　　　　　图 1-15

2. 展示（Takeoff）

单击"展示"（Takeoff）按钮，展开菜单，见图 1-15。可通过"Takeoff"→"Services"→

"Import/Export"导入或导出服务。

3．视图（View）

单击"视图"（View）按钮，展开菜单，见图 1-16。通过该选项卡可以设置一些菜单或构件信息的布局。

图 1-16　　　　　　　　　　　　　图 1-17

4．附加模块（Add-Ins）

该下拉菜单等同于功能区"Add-Ins"选项卡，此处不再赘述。

5．帮助（Help）

单击"帮助"（Help）按钮，展开菜单，见图 1-17。Autodesk® Fabrication 提供访问在线和离线两种版本的帮助。联机帮助使用互联网连接且不存储在本地。脱机帮助存储在本地，并不需要互联网连接，安装软件时默认安装。可通过按 F1 键打开产品在线帮助。

1.3.3　快速访问工具栏

快速访问工具栏可放置一些常用的命令和按钮，默认为空，见图 1-18。

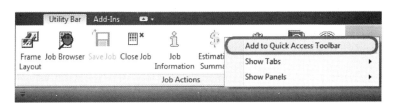

图 1-18

如果向"快速访问工具栏"中添加命令，可右击功能区的按钮，单击"添加到快速访问工具栏"（Add to Quick Access Toolbar），见图 1-18。反之，右击"快速访问工具栏"中的按钮，单击"从快速访问工具栏中删除"（Remove from Quick Access Toolbar），将该命令从"快速访问工具栏"删除，见图 1-19。

单击"自定义快速访问工具栏"按钮，可以设置"快速访问工具栏"的位置。

● 在 Ribbon 上方显示，见图 1-20。

● 在 Ribbon 下方显示，见图 1-21。

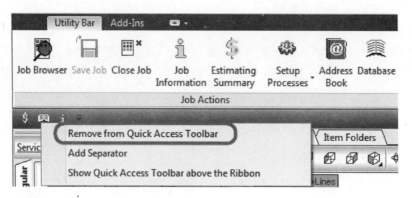

图 1-19

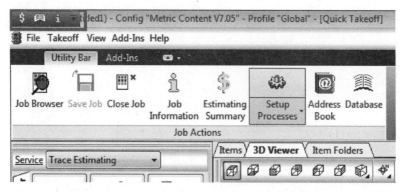

图 1-20

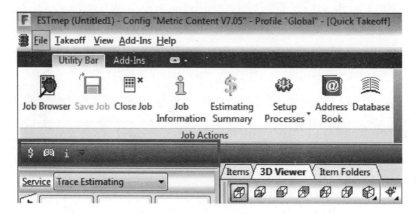

图 1-21

1.3.4 "Service"选项板

通过"Service"选项板可快速选择已加载的服务中的构件或组,见图 1-22。"Service"选项板顶部是下拉式菜单,单击█,从下拉列表中选择一个服务;单击左侧"组"选项卡,选择该组;单击构件图标选择一个构件或者一个构件尺寸。单击 Service,可以设置服务。

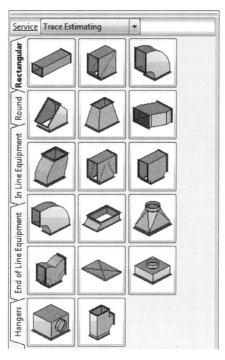

图 1-22

1.3.5　构件属性浏览区域

　　单击"Service"选项板的某个构件图标,在构件属性浏览区域将显示所选构件的属性信息,见图 1-23。

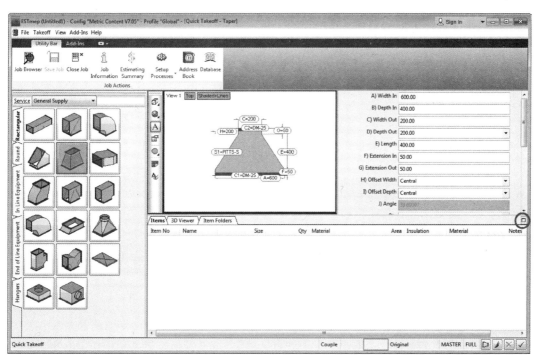

图 1-23

【提示】 单击视图浏览选项卡区域的▣图标，可以取消显示构件属性，并且不显示整个构件属性浏览区域，此时视图浏览区域呈最大化显示。

1.3.6 “Items”选项卡

“Items”选项卡是对在当前作业中构件的非图形的列表视图，见图 1-24。

Items | 3D Viewer | Item Folders

Item No	Name	Size	Qty	Material	Area	Insulation	Material	Notes
1	Straight	600.00 x 400.00	1500.00 (mm)	Galvanised x 0.80	2.03	Off		
2	Straight	600.00 x 400.00	1500.00 (mm)	Galvanised x 0.80	2.03	Off		
3	Straight	600.00 x 400.00	1500.00 (mm)	Galvanised x 0.80	2.03	Off		
4	Radius Bend	600.00 x 400.00	1	Galvanised x 0.80	2.44	Off		
5	Straight	600.00 x 400.00	1500.00 (mm)	Galvanised x 0.80	2.03	Off		
6	Straight	600.00 x 400.00	1500.00 (mm)	Galvanised x 0.80	2.03	Off		
7	Radius Tee	600.00 x 400.00	1	Galvanised x 0.80	1.42	Off		
8	Straight	400.00 x 250.00	1500.00 (mm)	Galvanised x 0.60	1.33	Off		
9	Straight	400.00 x 250.00	1500.00 (mm)	Galvanised x 0.60	1.33	Off		
10	Mitred Offset	600.00 x 400.00	1	Galvanised x 0.80	1.86	Off		
11	Straight	600.00 x 400.00	1500.00 (mm)	Galvanised x 0.80	2.03	Off		
12	Rectangular ...	600.00 x 400.00	1	Galvanised x 0.80	0.00	Off		
13	Rectangular ...	600.00 x 400.00	1	Galvanised x 0.80	0.00	Off		
14	Rectangular ...	600.00 x 400.00	1	Galvanised x 0.80	0.00	Off		
15	Rectangular ...	400.00 x 250.00	1	Galvanised x 0.60	0.00	Off		
16	Rectangular ...	400.00 x 250.00	1	Galvanised x 0.60	0.00	Off		
17	Rectangular ...	600.00 x 400.00	1	Galvanised x 0.80	0.00	Off		
19	Rectangular ...	600.00 x 400.00	1	Galvanised x 0.80	0.00	Off		
20	Rectangular ...	600.00 x 400.00	1	Galvanised x 0.80	0.00	Off		
21	Rectangular ...	600.00 x 400.00	1	Galvanised x 0.80	0.00	Off		

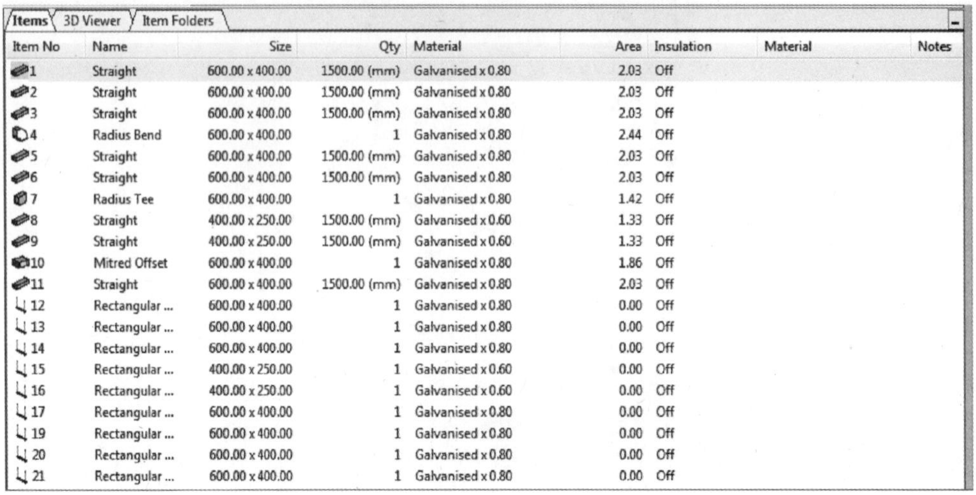

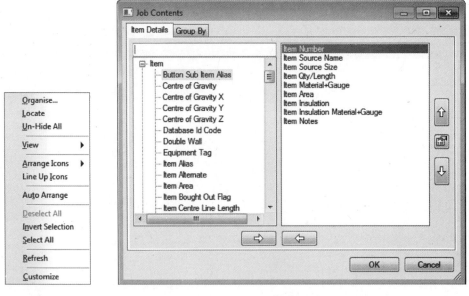

图 1-24

在列表的标题栏（或列表区域下方空白处）右击，可以设置列表视图的样式，见图 1-25。单击图 1-25 中的“Customize”选项，可以自定义列表标题栏的各个选项，见图 1-26。

图 1-25

图 1-26

1.3.7 “3D Viewer”选项卡

“3D Viewer”选项卡用于显示当前作业的二维和三维图形视图，见图 1-27。在视图区域右击，可以通过勾选或取消勾选设置各个工具栏的可见性，默认设置见图 1-28。

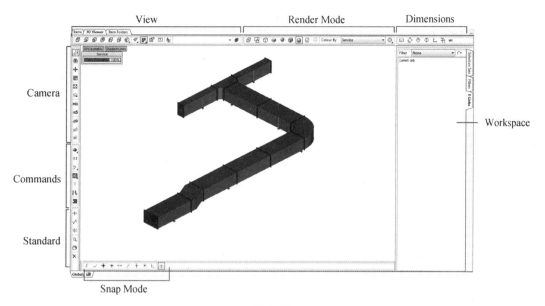

图 1-27

图 1-28

"3D Viewer"工具栏包括以下选项,见表 1-2。

表 1-2　　　　　　　　　　　"3D Viewer"工具栏功能介绍

工具栏	功能介绍
Standard	标准工具栏,包含移动、旋转、镜像、编辑、复制、删除图元等命令
Render Mode	渲染模式工具栏,用户可以根据需要选择需要的显示样式
View	视图工具栏,包含多种视图样式以及视图设置、图层选择等命令
Snap Mode	捕捉模式工具栏,可以设置捕捉点和捕捉样式
Commands	命令工具栏,在绘制"Design Line"时使用
Camera	相机工具栏,包含平移、旋转、满屏显示视图以及设置相机等功能

续表

工具栏	功 能 介 绍
Workspace	工作空间工具栏,包含选择集、筛选器和电子链接(外部链接)选项卡
Timelining	时间轴工具栏,默认不显示
Dimensions	标注工具栏,包括尺寸标注和标记等
Clipping Plane	剪贴板工具栏,默认不显示
Data Exchange	数据交互工具栏,默认不显示

【提示】 勾选"Lock Layout"可以锁定工具栏的位置,此时将不能拖拽工具栏,但仍可以选择勾选(不勾选)显示(不显示)某个工具栏。

1.3.8 "Item Folders"选项卡

单击激活该选项卡。"Item Folders"选项卡提供对于当前作业所属"配置"下已添加的构件的浏览。展开各分支节点,将显示下一层级文件夹。同时,通过右击文件夹,可以新建、禁用、删除文件夹以及查看其属性,见图 1-29。

通过单击文件夹可查看构件,也可以使用搜索功能查看指定的构件。目前,软件提供按照"Alias""CID""Description"三种选项进行搜索,见图 1-30。

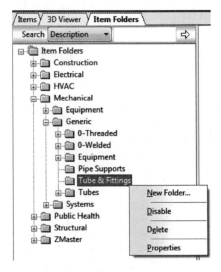

图 1-29

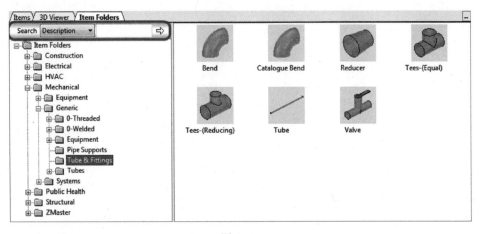

图 1-30

从下拉选项框中选择一种搜索方式、在右侧的文本框中输入关键词,点击 按钮,首个符合搜索条件的构件将会在右侧视窗中出现,该构件所在文件夹将在左侧文件夹浏览器中自动展开。再次点击 按钮,右侧视窗中会出现下一个符合条件的构件,左侧文件夹浏览器中会自动展开该构件所在文件夹。重复点击 按钮,可循环浏览所有符合搜索条件的构件。

1.3.9 状态栏

位于 ESTmep 应用程序框架的底部。使用某一命令时,状态栏左侧会显示相关的一些提示。例如,启动一个命令(如"Design Line"),状态栏会显示有关当前命令后续操作的提示,见图 1-31。状态栏的中间显示鼠标当前所在的坐标。

| Quick Takeoff - Select Next Point | X=141.96 | Y=-1511.29 | Z=0.00 | Couple | | Original | MASTER | FULL |

图 1-31

1.4 文件格式

ESTmep 常用的文件格式如下:

1. ＊.ITM(Item) 格式

预制构件的文件格式。软件中所有的电气设备、机械设备、给排水设备、管道配件、管道附件等预制构件库文件都以该文件格式存在。设计师可以根据项目需要创建自己的常用预制构件库文件,以便随时在项目中调用。

2. ＊.IEZ 格式

"服务"传输文件格式,用于向 CADmep, CAMduct 和 ESTmep 中导入"服务"。

3. ＊.MAJ(Job File) 格式

这是"作业"保存的默认文件格式。一个 MAJ 文件也就是一个作业文件,MAJ 文件动态链接到数据库,如果数据库在 MAJ 文件保存后有任何更改,打开之前保存的 MAJ 文件时会自动使用更新后的数据库信息。

4. ＊.ESJ(Archived Job File) 格式

这也是一种"作业"保存的文件格式,但是包含更多"作业"中的信息,因为文件中包含了"数据库"信息,因此"数据库"中所有设置都被保存在文件中。ESJ 文件静态链接到数据库,ESJ 文件中的数据库是对于文件保存时的数据库的静态复制,后续对数据库的任何更改不反映在之前保存的 ESJ 文件中,但可以通过直接编辑存储在 ESJ 文件中的数据库进行更新。

5. ＊.JOT(Archived Job Template) 格式

"作业"样板文件格式。可通过保存"作业"生成一个样板文件,样板文件中保存了数据库的一个副本,打开样板文件时,将会新建一个作业,同时保留原始作业中的数据库参数。

第2章 预制构件

Autodesk® Fabrication 产品中的预制构件(Item)是一个包含制造商产品的几何尺寸和相关数据的图元。预制构件中包含风管、管道和电气控制系统建模、制造和安装所需的图形和非图形信息,旨在尽可能详尽地再现制造商产品的信息以满足真实的可用于施工的建模。

预制构件可直接在 Autodesk® Revit® 2016 及更高版本中使用(见 Revit 用户界面"预制零件")。预制构件可以在 Autodesk® Fabrication 产品中开发,然后在 Autodesk® Revit® 中使用以实现 LOD 400 规格的机械、电气和管道系统。

本章将从软件界面介绍、属性、模板等方面介绍预制构件(Item)以及如何在软件中创建一个预制构件。

2.1 预制构件的基本介绍

在 Autodesk® Fabrication 中,预制构件在"Item Folders"的浏览框中显示为一个图标,这个图标对应两个文件:ITM 文件和 PNG 文件,见图 2-1。一个 ITM 文件即是一个预制构件文件。PNG 文件是预制构件的预览图,在创建保存 ITM 文件时软件会自动生成一个对应的 PNG 文件,用户也可以使用自定义图片替换该图片。

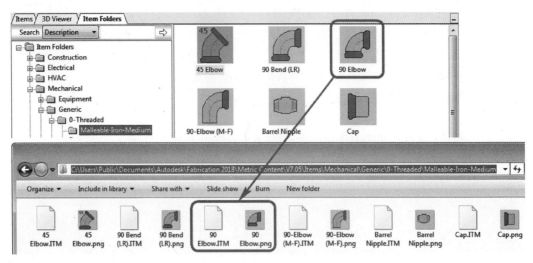

图 2-1

2.1.1 预制构件界面

右击一个构件图标→单击"Edit"选项,弹出预制构件对话框,见图 2-2。

在构件视图区域任意位置右击,可以进行视图设置,见图 2-3。

单击勾选"Auto Rotate",预制构件模型会在视窗中自动旋转,用户可以更好地查看模型;再次单击取消勾选"Auto Rotate",模型会停止旋转,恢复默认显示。

构件名称　　默认尺寸　　构件视图区域　　尺寸列表　　　　　"Edit Product List"

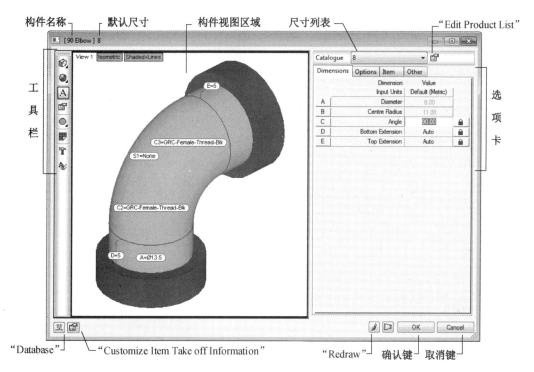

工
具
栏

选
项
卡

"Database"　　"Customize Item Take off Information"　　"Redraw"　确认键　取消键

图 2-2

图 2-3

取消勾选标注"Annotate"（或单击工具栏图标Ⓐ）不显示尺寸标注。

勾选"Connection indicators"显示预制构件的连接点，见图 2-4。

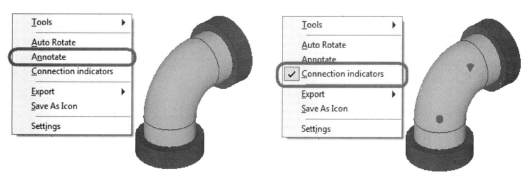

图 2-4

工具栏可以通过"Tools"选项来设置,默认为标准样式"Standard",见图 2-5。

取消勾选"Standard",该工具栏将不再显示在 Item 对话框。

勾选"Snap Modes",捕捉工具栏将会出现在模型下方,见图 2-6。勾选"Dimensions",标注工具栏将会出现在模型下方,见图 2-7。

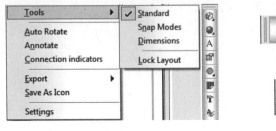

图 2-5

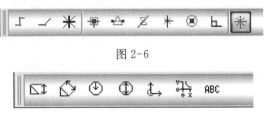

图 2-6

图 2-7

单击工具栏端头 ▭▭,可以拖动工具栏到新的位置;如果勾选了"Lock Layout",工具栏将被锁定在当前位置(图 2-5)。单击"Export",可以导出预制构件模型图片,见图 2-8。单击"Save As Icon",可以将当前视图存为预制构件的预览图,原来的预览图将被覆盖,见图 2-9。

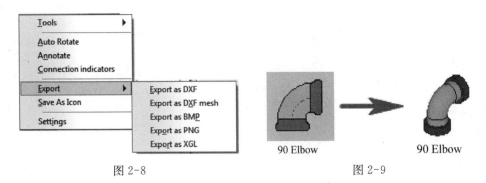

图 2-8

图 2-9

单击"Settings"(或单击工具栏图标 ⌖),可以设置构件视图区域的显示,例如模型颜色、视图区域背景色、标注文字大小等,见图 2-10。

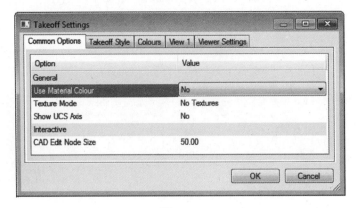

图 2-10

【提示】　该处的设置对于软件中的所有构件均起作用,而非仅针对当前构件。

单击模型上方的"Isometric"按钮(或单击工具栏图标 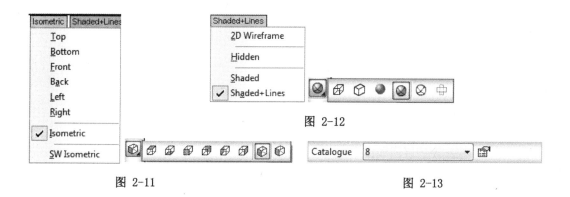)可以切换不同的视图,见图 2-11。单击模型上方的"Shaded+Lines"按钮(或单击工具栏图标)可以切换不同的显示样式,见图 2-12。

图 2-12

图 2-11　　　　　　　　　　　　　　　　　　图 2-13

预制构件对话框右侧是预制构件的参数设置选项。通过顶部的下拉菜单可以浏览该构件所包含的所有尺寸,见图 2-13。单击 按钮,可以编辑构件产品列表信息,见图 2-14。构件的形体信息和其他属性均可通过四个选项卡设置,见图 2-15 以及表 2-1。选项卡的顺序、默认选项卡以及一些参数的显示可以通过预制构件对话框左下方 按钮设置,见图 2-16。

Edit Product List

Name	D1) Diame...	D2) Centre...	Weight	Id
8	8.00	11.00	0.038	MAP_127701
10	10.00	15.00	0.057	MAP_127702
15	15.00	15.00	0.118	MAP_127703
20	20.00	17.00	0.18	MAP_127704
25	25.00	21.00	0.255	MAP_127705
32	32.00	26.00	0.34	MAP_127706
40	40.00	31.00	0.432	MAP_127707
50	50.00	34.00	0.835	MAP_127708
65	65.00	42.00	1.11	MAP_127709
80	80.00	48.00	1.69	MAP_127710
100	100.00	60.00	3.04	MAP_127711
125	125.00	75.00	4.10	MAP_127712
150	150.00	91.00	6.847	MAP_127713

Revision: 410

OK　　Cancel

图 2-14

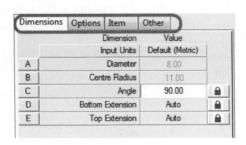

图 2-15

表 2-1	预制构件界面各选项卡功能介绍
选项卡	功 能 介 绍
Dimensions	用于设置构件模板的形体尺寸参数
Options	用于设置构件模板的形体类别参数
Item	用于设置构件规格信息（Material，Insulation，Service Type，Order 等）
Other	用于设置构件连接件信息（Connector，Seam，Damper）

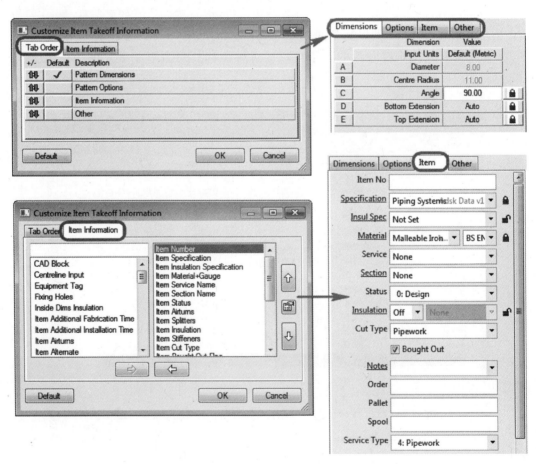

图 2-16

2.1.2 预制构件属性

　　右 击 一 个 构 件 图 标 → 单 击
"Properties"选项,弹出预制构件属性
对话框。属性对话框有多个选项卡,默
认显示"Item"选项卡,见图 2-17。单
击目标选项卡可浏览该选项卡下的
信息。

　　1. "Item"选项卡

　　这里的参数与预制构件对话框中
的"Item"选项卡下的参数有部分是相
同的,见图 2-18,预制构件对话框中已
经设置好的参数数值会在这里自动显
示。属性对话框的"Item"选项卡下部
分参数说明见表 2-2。

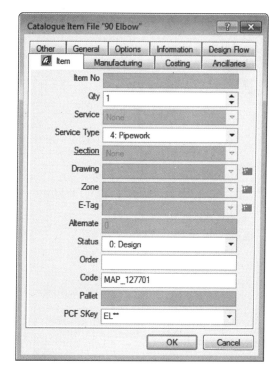

图 2-17

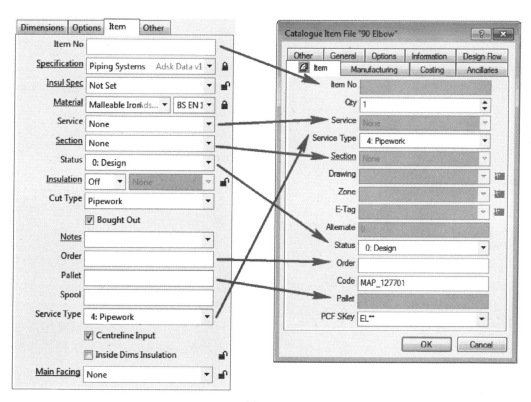

图 2-18

表 2-2　　　　　　　　　　属性对话框的"Item"选项卡参数说明

参数	说　　明
Qty	一个构件代表的构件数量,默认为 1
Service Type	服务类别,可以在预制构件对话框设置
Order	产品订单号,可以在预制构件对话框设置
Code	构件尺寸编号,可以在预制构件对话框 Product List 中 Id 列填写
PCF Skey	管道类别构件 SKEY,可以从下拉列表中选择或者自行输入一个值;支持在 CADmep 中导出 PCF 文件,在其他产品中生成 ISO 图纸

2."General"选项卡

该选项卡下显示构件的预览图、保存路径、文件名、模板(CID)、描述等基本信息,见图 2-19。选项卡部分参数说明见表 2-3。

图 2-19

表 2-3　　　属性对话框的"General"
　　　　　　选项卡参数说明

参数	说　　明
预览图	单击 Change... 指定其他图片为预览图 单击 Default... 使用默认图片为预览图
Path	构件(ITM 文件和默认图片)的保存路径
Filename	构件(ITM 文件和默认图片)的文件名
CID	模板,通过此处可以查看每个构件使用的模板编号
Alias	别名,可以通过该参数查找构件
Notes	备注,可以在 Item 对话框的"Item"选项卡中设置

3."Other"选项卡

这里的参数与 Item 对话框中的"Other"选项卡下的参数有部分是相同的,见图 2-20。Item 对话框中已经设置好的参数(Connector,Seam)会在这里自动显示。

4."Manufacturing"选项卡

这里的参数与 Item 对话框中的"Item"选项卡下的参数有部分是相同的,见图 2-21,Item 对话框中已经设置好的参数会在这里自动显示。"Manufacturing"选项卡的部分参数说明见表 2-4。

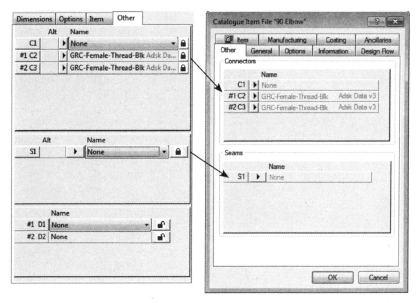

图 2-20

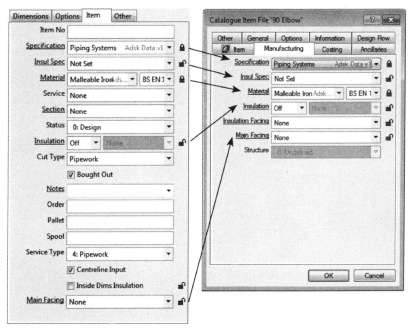

图 2-21

表 2-4		"Manufacturing"选项卡参数说明	
参　数	说　明	参　数	说　明
Specification	规格	Insulation	隔热层
Insul Spec	隔热层规格	Insulation Facing	隔热层涂层
Material	材质,该参数可以定义构件的外径(OD)	Main Facing	表面涂层

5. "Costing"选项卡

通过该选项卡的参数可以设置构件的材料加工和安装时间等造价信息,见图 2-22。选项卡的部分参数说明见表 2-5。

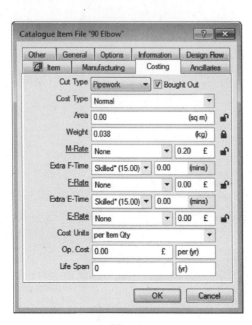

图 2-22

表 2-5   "Costing"选项卡参数说明

参数	说 明
Cut Type	加工切割型式,可以在 Item 对话框的"Item"选项卡中设置
Bought Out	勾选时,构件价格将在报价单中显示,不勾选时价格显示为"na" 可以在 Item 对话框的"Item"选项卡中设置
Weight	构件重量,可以在 Item 对话框 Product List 中 Weight 列填写
M-Rate	价格表选项,可从下拉菜单中选择一个材料价格表 单击该选项可以进入 Database 中 Price Lists 界面
Extra F-Time	额外的加工时间
F-Rate	构件加工时间,可以根据项目需要设置
Extra E-Time	额外的安装时间
E-Rate	构件安装时间,可以根据项目需要设置
Cost Units	计价单位(按照数量或长度),软件会根据模板类别自动识别

6. "Ancillaries"选项卡

通过该选项卡下的按钮可以定义构件的 Ancillaries(辅助部件),见图 2-23。

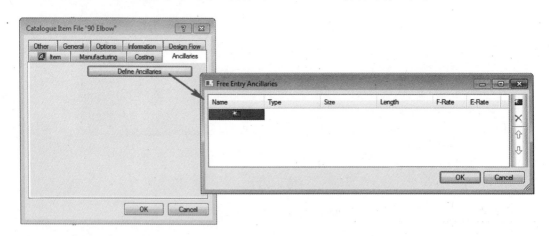

图 2-23

7. "Options"选项卡

通过该选项卡的参数可以控制构件显示。

当一个构件文件类型为"Catalogue Item File"时，Certified 参数默认勾选，Catalogue 参数自动勾选（用户可取消勾选），见图 2-24。

图 2-24

Fix Relative 参数在 CADmep 软件中起作用，当勾选一个构件的该参数时，将该构件从所在的"服务"中插入到视图作为起始构件时，程序会自动弹出一个"Fix Relative"对话框，对话框中可设置插入点的坐标等信息（注：ESTmep 软件不会弹出该对话框）。

当图 2-24 中 Hidden 参数被勾选时，构件在三维视图中将不显示，但仍会显示在报告或列表中，见图 2-25。

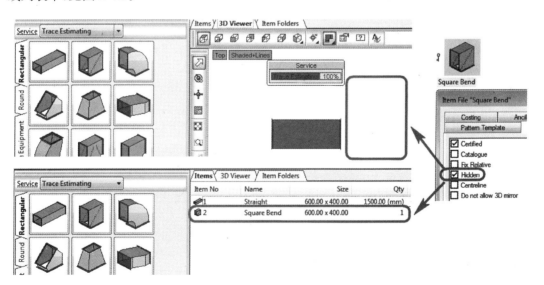

图 2-25

当图 2-24 中 Do not allow 3D mirror 参数被勾选时，在 CADmep 软件中将不能镜像该构件。

Connectors treated as part of the Main Body 参数默认不勾选，此时构件的所有连接件将按照连接件本身的设置在视图中显示；勾选时，该构件的所有连接件将会使用主形体的颜色显示；也可以单独勾选某一个连接件，见图 2-26。

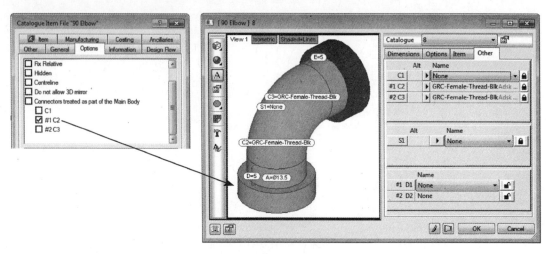

图 2-26

8. "Information"选项卡

通过该选项卡可以浏览 Item 对话框"Dimensions"和"Options"两个选项卡的各个参数信息，见图 2-27。用户可以在 Comment 框中输入文本信息，用于报告或者标记。

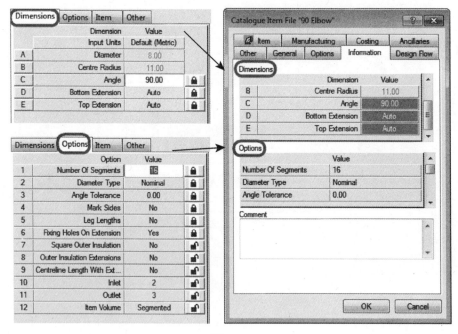

图 2-27

9. "Design Flow"选项卡

在"Design Flow"选项卡中，Flow Direction 可设置为"Not Set""Supply""Extract"或"None"，默认为"Not Set"。Calculate Pressure Drop 选项在 Flow Direction 设置为"Not Set"和"None"时默认设置见图 2-28，该状态下不能更改相关设置；当 Flow Direction 设置为"Supply"或"Extract"时可进行相关设置，见图 2-29。

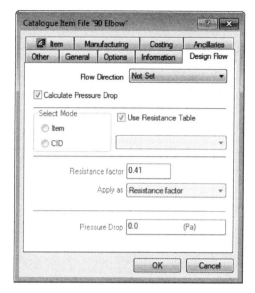

图 2-28

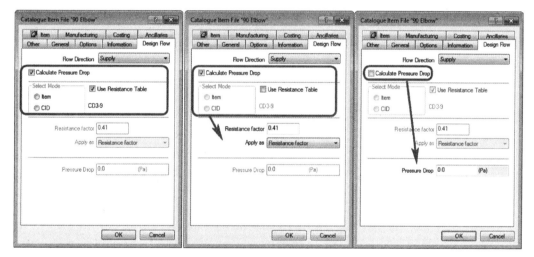

图 2-29

2.2 预制构件的模板

预制构件的模板是根据施工的构配件需求，不同的配件、例如钣金配件以及管道和电气控制的采购零件等，有不同的模板。模板可以支持尺寸计算、材料赋值、部件号和连接件设置等。

2.2.1 模板编号

每个模板对应一个编号（软件中称为"CID"），右击一个构件，可以通过查看构件属性查看构件 CID。另外，也可以通过下面两种方式快速查看多个构件的 CID。

(1) 在"Item Folders"选项卡中查看。在"Item Folders"列表中选择一个文件夹→在右侧浏览框的空白处右击→单击"View"→勾选"Details"，可查看文件夹中所有构件的模板，见图 2-30。

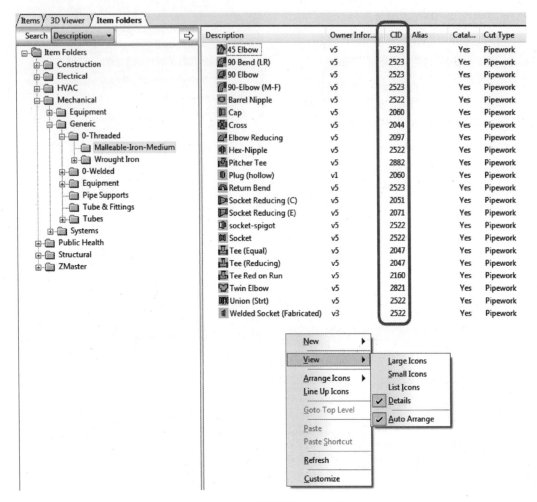

图 2-30

　　(2) 在"Items"选项卡中查看。在"Items"选项卡的浏览框空白处右击→单击"Customize"→在弹出的对话框中选择"Item"类别下的"Item Pattern Number"→单击向右箭头→单击"OK"确认,可查看当前作业模型中所有构件的模板,见图 2-31。

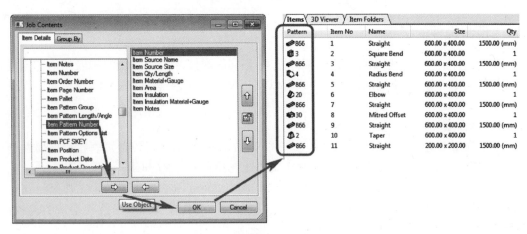

图 2-31

【提示】 上述设置完成后,再次打开软件,"Items"选项卡将会继续显示 Pattern 项,用户不用重新设置。

附录 A 中列出了管道、电气和暖通空调系统中一些常用构件的模板,根据表格可快速查找一些常用构件的模板编号及相关说明等。

2.2.2 模板介绍

所有预制构件的创建都是从模板设置开始的,模板的设置也就是 Item 界面四个选项卡的设置。对于不同的模板,四个选项卡上的参数也不相同。本节将以等径弯头为例,介绍 CID 2523 这个模板。

在 ESTmep 中按下"Ctrl + Shift + C"组合键,调出命令框,在命令框中输入"MAKEPAT 2523"调用该模板,见图 2-32。

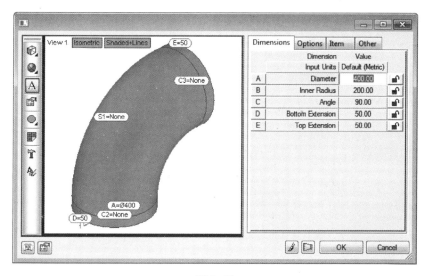

图 2-32

1."Dimensions"选项卡

"Dimensions"选项卡定义了构件的形体尺寸参数,见图 2-32。参数说明见表 2-6。

表 2-6   **"Dimensions"选项卡参数说明**

参数	编号	说 明
	A	弯头直径,一般输入公称通径
	B	内半径
	C	弯头角度
	D	底部延伸长度
	E	顶部延伸长度,可输入数值或从下拉菜单中选择为"Auto";当设置为"Auto"时,延伸长度等于该端头设置的连接件对应的"Connector"参数列表里的"Extension"值,若未设置连接件,则为"0"

【提示】 对于 CID 2523 这个模板,"Dimensions"选项卡上的参数与以下参数相关:

(1) Centreline Input:该参数位于"Item"选项卡内,默认不勾选,此时"Dimensions"选项卡上显示弯头内半径"Inner Radius";勾选该参数,"Dimensions"选项卡上显示弯头中心半径"Centre Radius",见图 2-33。

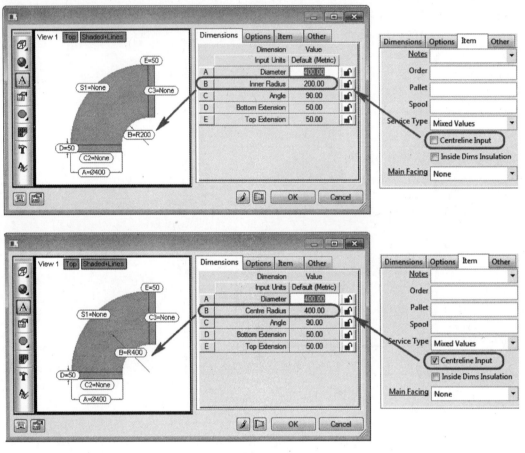

图 2-33

(2) Leg Lengths:该参数位于"Options"选项卡内,有"No""Yes"和"Length Includes Extensions"三个选项,默认为"No",此时弯头尺寸由弯头内半径"Inner Radius"控制(若勾选了"Centreline Input"则弯头尺寸由弯头中心半径"Centre Radius"控制),可输入半径数值或从下拉菜单选择。若该参数设置为"Yes","Dimensions"选项卡上将会出现两个新的参数"Btm Length"和"Top Length"(即弯曲中心至两个弯曲端面的距离,不包括延伸长度),此时弯头半径为软件自动计算数值。若该参数设置为"Length Includes Extensions","Dimensions"选项卡上将会出现两个参数"Btm Length"和"Top Length"(即弯头端面中心至端面的距离,包括延伸长度),此时弯头半径为软件自动计算数值,见图 2-34。

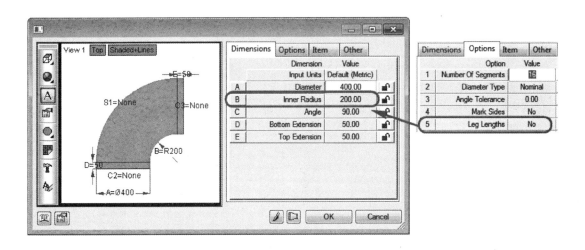

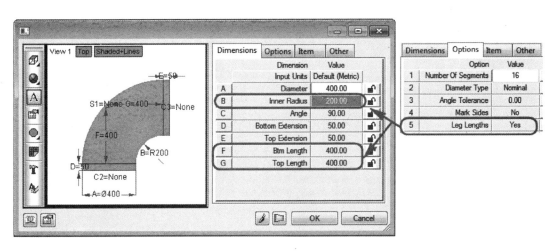

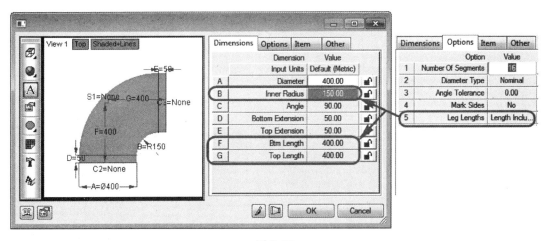

图 2-34

2. "Options"选项卡

"Options"选项卡定义了构件的类型参数,见图 2-35;相关的参数说明见表 2-7。

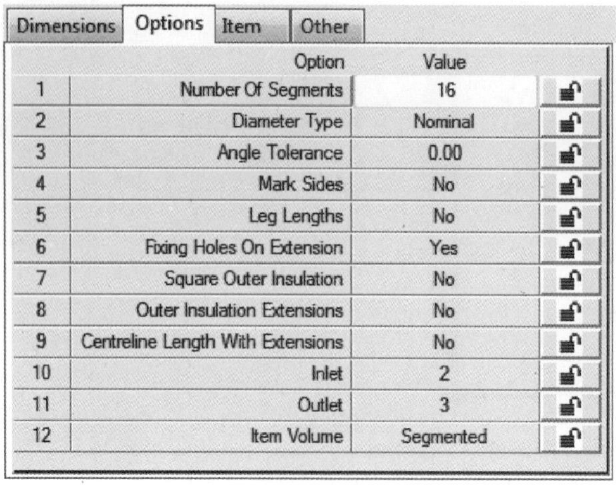

	Option	Value	
1	Number Of Segments	16	🔓
2	Diameter Type	Nominal	🔓
3	Angle Tolerance	0.00	🔓
4	Mark Sides	No	🔓
5	Leg Lengths	No	🔓
6	Fixing Holes On Extension	Yes	🔓
7	Square Outer Insulation	No	🔓
8	Outer Insulation Extensions	No	🔓
9	Centreline Length With Extensions	No	🔓
10	Inlet	2	🔓
11	Outlet	3	🔓
12	Item Volume	Segmented	🔓

图 2-35

表 2-7　　　　　　　　　　　**"Options"选项卡参数说明**

参数	说　明
Number Of Segments	弯头节数,可按实际节数输入相应数值,默认为"16",此时显示为光滑弯头
Diameter Type	直径类型,有"Nominal""Outside"和"Inside"三个选项,该项定义了"Dimensions"选项卡上"Diameter"表示的直径类型(公称直径、外径、内径)
Angle Tolerance	角度容差,可按需要输入容许偏差角度,一般压力管道构件使用默认数值"0",排水系统构件按实际情况设置容许偏差角度(例如"3""5"等)。 该项会影响使用"设计线"功能绘图时弯头的加载。例如对于 90°弯头,若角度容差设置为 0,设计线绘制时转角必须为 90°,弯头才能加载;若角度容差设置为 3,设计线转角在 90°±3°范围内,弯头都能加载
Mark Sides	标记边,有"No"和"Yes"两个选项,该项和对齐凹槽(alignment notch)有关,如果选择"Yes",对齐凹槽将应用于弯头的顶端和底部
Leg Lengths	有"No""Yes"和"Length Includes Extensions"三个选项,详见图 2-34
Fixing Holes On Extension	延伸段是否允许设置固定孔,有"No"和"Yes"两个选项
Square Outer Insulation	方形外部绝缘层,有"No"和"Yes"两个选项: 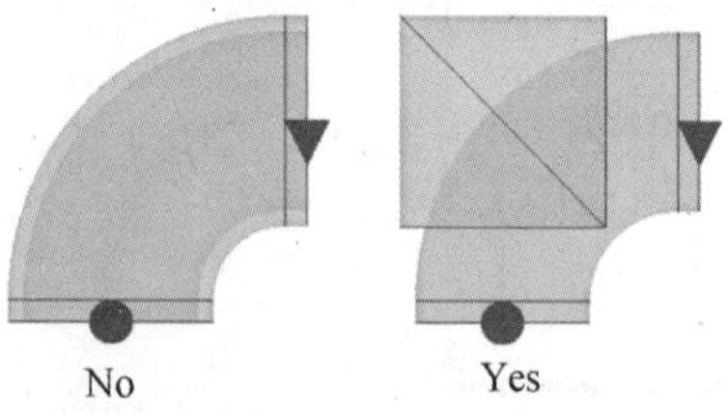 No　　　　　　Yes 【提示】该项仅当构件设置"Insulation"时起作用 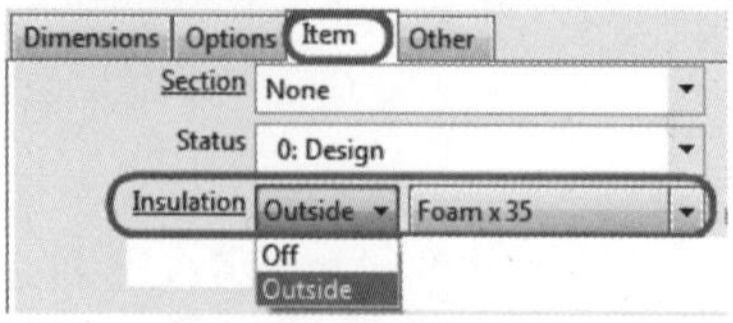

续表

参数	说　　明
Outer Insulation Extensions	外部绝缘层延伸,有"No"和"Yes"两个选项: No　　　　　Yes 【提示】该项仅当构件设置了方形外部绝缘层时起作用("Insulation"有设置,且"Square Outer Insulation"设置为"Yes")
Centreline Length With Extensions	中心线长度包括延伸长度,有"No"和"Yes"两个选项: No　　　　　Yes 【提示】中心线长度由软件自动计算
Inlet Outlet	流体方向:Inlet(圆点)表示进口,Outlet(三角)表示出口,2和3分别代表端口2和端口3,可以自行输入进、出口的端口号
Item Volume	弯头体积,有"Segmented"和"Circular"两个选项,分别对应按实际节数计算和按照弧形计算 【提示】弯头体积由软件自动计算

3. "Item"选项卡

"Item"选项卡定义了构件的规格、材质等参数,见图 2-36。各参数说明见本章 2.1.2 小节相关内容。其中"Cut Type"一般设置为"Pipework",对于"Service Type"选项压力管道构件一般设置为"4：Pipework",排水系统构件一般设置为"59：Drainage"。

4. "Other"选项卡

"Other"选项卡定义了构件的连接件信息,这三类连接件选项分别对应"Database"→"Fittings"类别下的"Connectors""Seams"以及"Dampers",见图 2-37。

【提示】 从下拉菜单中选择合适的连接件,当没有该项时,保持默认设置"None"。

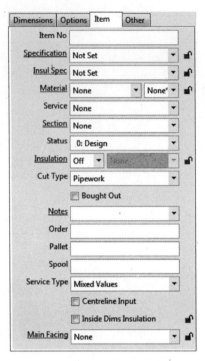

图 2-36

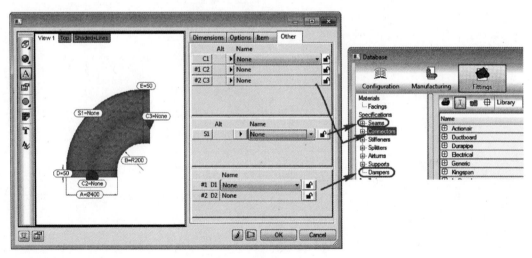

图 2-37

2.3　预制构件的创建

本节将以创建一个等径弯头(图 2-38)为例,系统详细地说明如何在 ESTmep 中从零开始创建一个 Autodesk® Fabrication 产品中的预制构件。

2.3.1　创建并保存文件

(1) 打开软件,选择配置"Metric Content V7.05"并单击"Create Blank Job"新建一个作业,见图 2-39。

Butt fusion fittings

poly butene

Elbow 90°

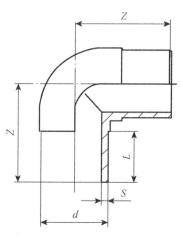

d/mm	Code	SP	Weight/kg	L/mm	z/mm
125	761 065 258	1	1.615	93	182
160	761 065 259	1	3.077	104	213
225	761 065 260	1	7.588	122	270

图 2-38

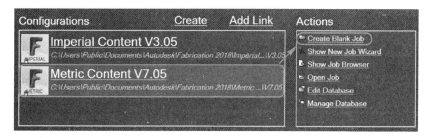

图 2-39

（2）按下"Ctrl＋Shift＋C"组合键，调出命令框，在命令框中输入"makepat 2523"，见图 2-40。

（3）按回车键调出 CID 2523 模板对话框，单击"OK"按钮，弹出"Save Item File As"对话框，在对话框左侧的树状目录中选择文件的存储路径（例如"Mechanical"→"Systems"）并输入文件名（例如"90 Elbow"），单击"Save"保存文件并退出对话框，见图 2-41。

图 2-40

【提示】 右击"Save Item File As"对话框左侧树状目录中的任何一级文件夹并选择"New Folder"，可以在该文件夹下新建一个子文件夹。

（4）单击"Item Folders"选项卡，选择新建的预制构件保存的文件夹，可以浏览该构件，见图 2-42。

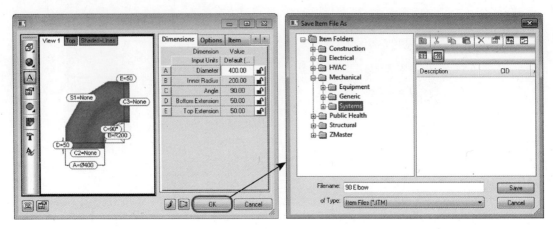

图 2-41

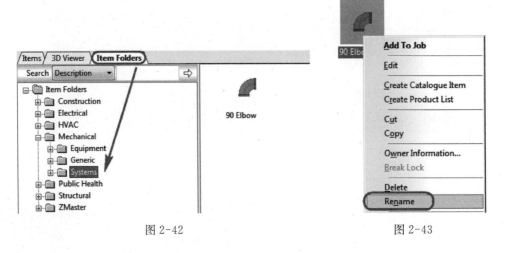

图 2-42   图 2-43

【提示】

① 右击构件图标并选择"Rename",可以对构件进行重命名,见图 2-43。

② 右击构件图标并选择"Cut"(或"Copy"),选择目标文件夹,在右侧视图区域空白处右击并选择"Paste",可以剪切(或复制)构件至目标文件夹,见图 2-44。

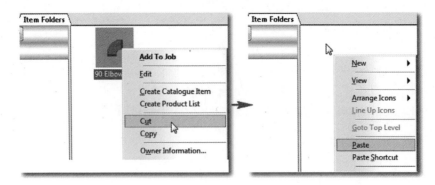

图 2-44

2.3.2 设置基本参数

（1）右击新建的预制构件图标并选择"Edit"打开编辑预制构件的对话框，见图 2-45。

（2）选择"Options"选项卡，在参数"Leg Lengths"的数值输入区域单击数次，直至该参数的值为"Length Includes Extensions"，见图 2-46。

图 2-45

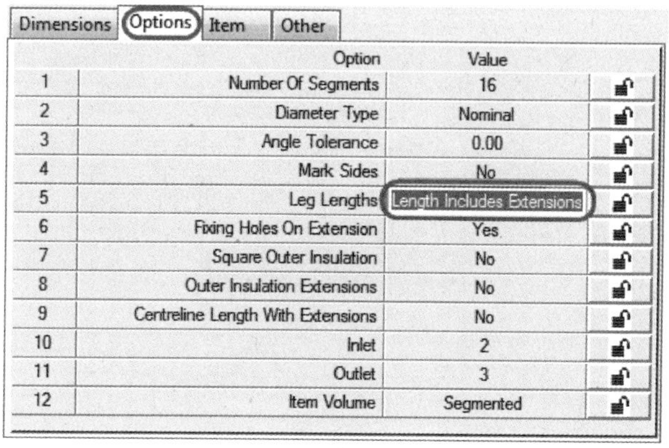

图 2-46

（3）选择"Dimensions"选项卡，在参数"Bottom Extension"的数值输入区域单击，选择下拉菜单中的"Auto"；同样设置"Top Extension"为"Auto"。

单击"Btm Length"左侧参数编号"F"→在弹出的对话框中单击"Calculation"选项卡→单击"Calculation"下方的输入框→在下拉菜单中选择"Top Length"（或者自行输入计算公式）→单击"OK"按钮退出当前参数设置对话框→单击"Btm Length"的数值输入区域→在下拉菜单中选择"Calc"→单击"OK"按钮，见图 2-47。

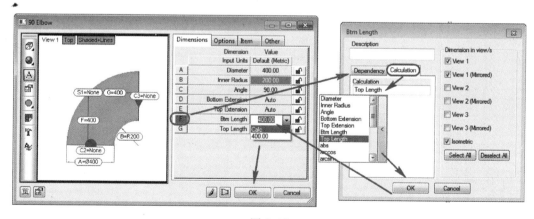

图 2-47

【提示】

① 本例中弯头两端的长度一致，设置"Btm Length"等于"Top Length"（反之亦可），可减少产品列表中参数的数量。

② 参数添加计算公式后，参数最左侧的编号对应的选项卡将会显示为蓝色，同时参数的数值输入区域会出现"Calc"选项。

2.3.3 添加产品列表

当管道、管件有多种尺寸规格时,可通过在预制构件中创建产品列表(Product List)添加各个尺寸。

(1) 右击新建的预制构件图标并选择"Create Product List",此时对话框右侧四个选项卡上方将会出现"Catalogue"下拉菜单和"Edit Product List"按钮 ,见图 2-48。

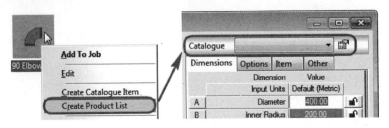

图 2-48

(2) 单击"Edit Product List"按钮 打开编辑产品列表对话框,单击 按钮弹出"Add Column"对话框→在"Column Type"和"Select Which"右侧的下拉菜单中选择需要添加的参数(通常选择需要参变的参数)→单击"OK"按钮添加该参数,重复上述步骤添加所有需要的参数,见图 2-49。

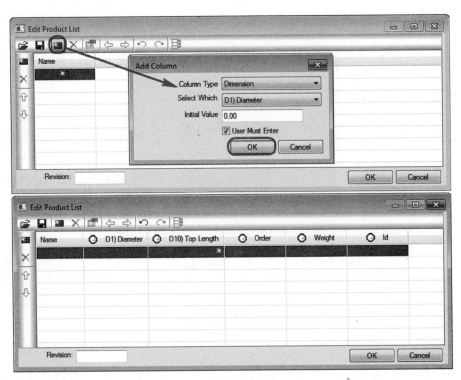

图 2-49

【提示】 "Select Which"选项仅当"Column Type"设置为"Dimension"或"Option"时出现,此时"Select Which"下拉菜单中的参数为选项卡"Dimensions"或"Options"上的参数。锁定某个参数,在产品列表中添加参数时,该参数将不会出现在"Select Which"的下拉菜单中,见图 2-50。

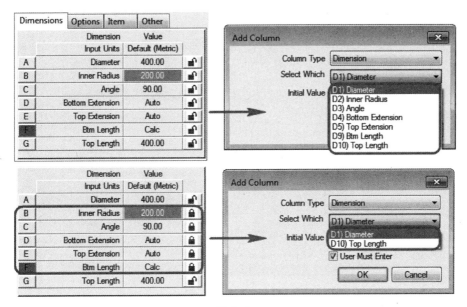

图 2-50

（3）单击底部行（或对话框左侧的"New"按钮 ）添加新的行,在新建的各行中输入参数数值,单击"OK"按钮退出对话框,见图 2-51。

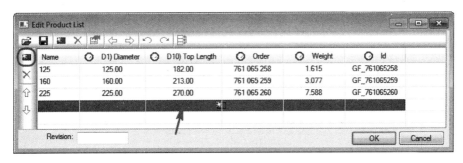

图 2-51

【提示】

① 除了上述直接输入数据的方法外,还可利用 Excel 表格添加数据:按照参数列表的各列在 Excel 表格中创建相同的列→在表格中输入相应的数据→选中所有数据→复制,然后在参数列表的空白处右击并选择"Paste",单击"OK"按钮退出对话框,见图 2-52。

② 选中某行,对话框左侧的行编辑菜单中可执行操作会高亮显示,可以删除、上移或者下移该行。单击某个参数,该参数左侧的圆形标记将会显示为绿色,此时对话框上方的列编辑菜单中可执行操作会高亮显示,可以删除、替换、左移或者右移该列。

③ "Name"列中的数值将会出现在 Item 界面"Catalogue"下拉菜单中,一般使用产品尺寸,用户也可自行定义。"Id"列定义了构件每个尺寸的编号,每个编号应该是唯一的,该编号可用于调用产品价格表中的价格信息。形体尺寸、产品订单号、重量等信息应按照制造商提供的信息输入。

Name	Diameter	Top Length	Order	Weight	Id
125	125	182	761 065 258	1.615	GF_761065258
160	160	213	761 065 259	3.077	GF_761065259
225	225	270	761 065 260	7.588	GF_761065260

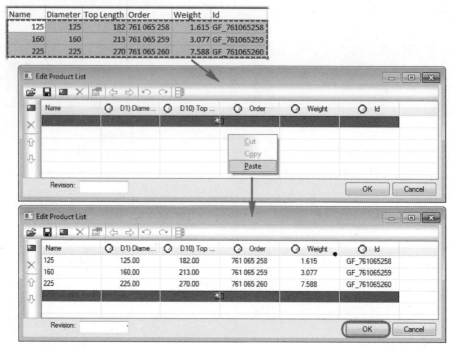

图 2-52

(4) 单击"OK"按钮退出构件编辑界面,出现"Save Item File As"对话框,选择"Save",在弹出的"Warning"对话框上选择"Yes"(更新预览图)或"No"(不更新预览图),见图 2-53。

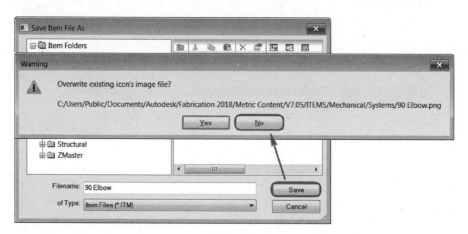

图 2-53

【提示】 在为构件创建产品列表后首次退出构件编辑界面,将会出现"Save Item File As"对话框,提示保存 ITM 文件;之后再编辑构件将不会出现该对话框。

2.3.4 配置属性

在完成与新建预制构件尺寸有关的设置后,还需要为其配置规格、材料等属性。

右击新建的预制构件图标并选择"Edit"打开编辑预制构件的对话框,选择"Item"选项卡进行如下设置,见图 2-54。

(1) 单击"Specification"右侧的下拉菜单→选择"Piping"分组下的"Piping Systems"。

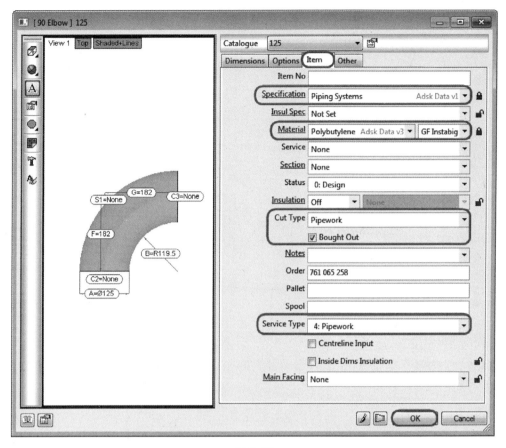

图 2-54

（2）单击"Material"右侧的第一个下拉菜单→选择"Pipe Systems"分组下的"Polybutylene"→单击最右侧下拉菜单→选择"GF Instabig"。

（3）单击"Cut Type"右侧的下拉菜单并选择"Pipework"。

（4）单击"Bought Out"左侧的勾选框。

（5）单击"Service Type"右侧的下拉菜单并选择"4：Pipework"。

（6）单击"OK"按钮退出对话框。

【提示】　若实际的管道、管件有涂层，可通过"Main Facing"选项进行设置。

2.3.5　配置连接件

根据弯头的实际连接类型为其配置连接件。

右击新建的预制构件图标并选择"Edit"打开编辑预制构件的对话框，选择"Other"选项卡，单击"#1 C2"右侧的"None"，从下拉菜单中选择"Georg Fischer"分组下的"Insta Big Spigot"，同样将"#2 C3"设置为"Insta Big Spigot"，见图 2-55。单击"OK"按钮，保存修改并退出对话框。

【提示】

① 设置构件的连接件后，构件视图不会自动更新，可单击"Redraw"按钮刷新构件视图。

② 因本例中弯头的延伸段长度（Bottom/Top Extension）设置为"Auto"，未设置连接件

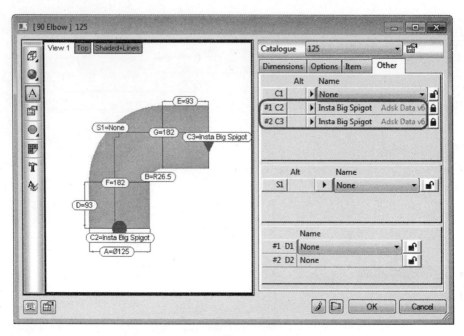

图 2-55

时默认为"0"；设置了连接件时，软件自动调用该连接件参数列表里的"Extension"值，此时构件形体将会发生变化，见图 2-56。

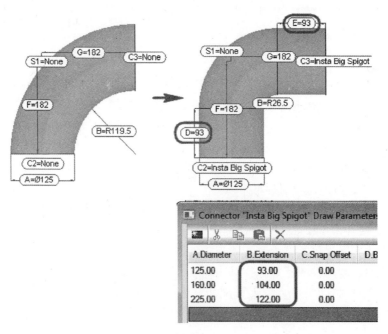

图 2-56

构件的连接件设置经常会影响形体，因此在创建构件时，需要综合考虑构件的主体参数和连接件参数。本例中的弯头构件，若"Bottom/Top Extension"已经设置了数值，连接件中"Extension"项可以不设置。

2.3.6 设置预览图

预制构件的预览图可以通过软件自动生成,也可以使用自定义图片作为预制构件的预览图。

1. 使用构件视图作为预览图

右击预制构件图标并选择"Edit"→选择合适的视图方向和显示样式→在构件视图区域右击并选择"Save As Icon",此时预览图将会自动更新→单击"Cancel"按钮退出对话框,见图 2-57。

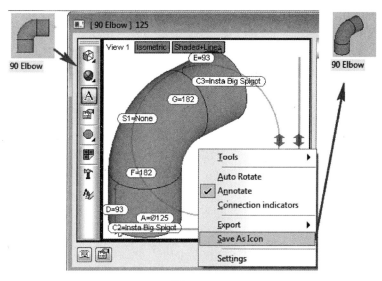

图 2-57

2. 使用自定义图片作为预览图

打开预制构件存储的文件夹,使用自定义图片替换已有的图片,此时软件中新建弯头的预览图将会自动刷新为自定义图片,见图 2-58。

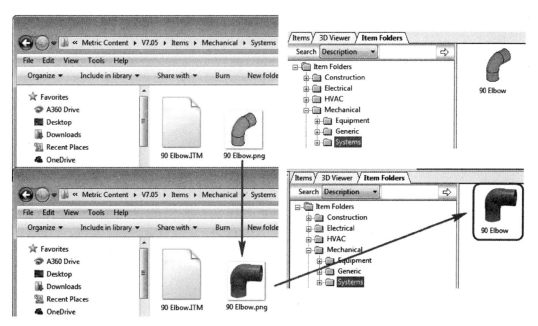

图 2-58

【提示】

① 右击构件图标→单击"Properties"选项→单击"General"选项卡→复制"Path"数值框中的路径,可快速打开预制构件存储的文件夹。

② 替换默认图片前,建议将自定义图片设置为:图片尺寸 64×64、图片名称以及图片格式与默认图片相同。

2.3.7　添加价格信息

右击构件图标并选择"Properties"→选择"Costing"选项卡→单击"M-Rate"右侧的"None",从下拉菜单中选择"Georg Fischer"分组下的"Georg Fischer List Prices"→单击"OK"按钮保存并退出,见图 2-59。

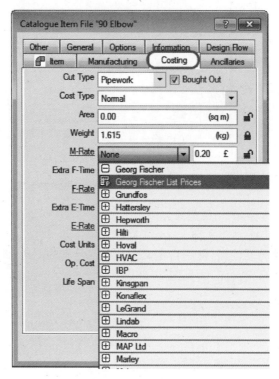

图 2-59

至此,这个弯头构件的创建基本完成。本节主要侧重预制构件的创建和配置,构件配置的材料、连接件和价格表等数据库中的内容详见后续相关章节。

不同类别的预制构件有不同的创建规则和要点。如果用户要创建新的预制构件,可以参考软件中自带的预制构件,例如管件、风管管件、线管配件和电缆桥架配件等。另外,本书第 8 章中还会介绍风阀、支吊架和阀门预制构件以帮助用户了解并掌握如何创建这三类构件。

第3章 配件数据库

Autodesk® Fabrication 产品的运行由众多的预制构件构成,还需要数据库(Database)的支撑。Autodesk® Fabrication 数据库包括配置(Configuration)、制造(Manufacturing)、配件(Fittings)、设置(Takeoff)和成本(Costing)。

配件数据库是预制构件属性信息的集合。有些信息仅影响预制构件的属性(例如螺栓组的数量信息仅用于材料和价格的统计);有些信息在影响预制构件属性的同时也会影响其几何形体(例如材质不但赋予预制构件材料信息,还在其几何形体上添加外径)。

本章将介绍配件数据库的材质(Materials)、辅助部件(Ancillaries)、支架(Supports)和所有者信息(Owner Information)。本书第 4 章将介绍配件数据库的规格与隔热层规格,第 5 章将介绍配件数据库的连接件。

3.1 材质

在 Autodesk® Fabrication 中,材质(Materials)包括材料(Material)和计量(Gauge)两部分。

材料是为管道、管件添加材料属性,例如 PVC、碳钢等。其中,材料又分为主材料(Main)和隔热层材料(Insulation),见图 3-1。计量由索引(Index)、规格(Specification)、价格(Cost)和"Pipework"列表等信息组成。同一材料可以根据不同国家或者地区的标准添加多个计量。

图 3-1

在配件数据库中,计量以列表的形式被添加在材料下方,显示索引、规格、价格等,见图 3-2。在预制构件对话框中,计量以下拉菜单的形式呈现在"Material"右侧且仅显示规格,见图 3-3。

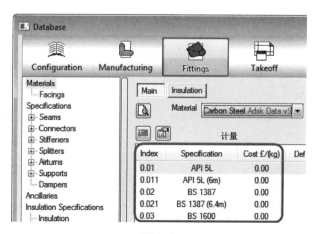

图 3-2

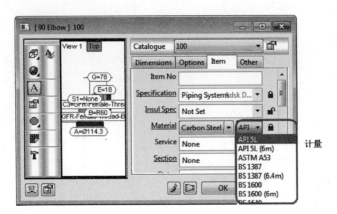

图 3-3

3.1.1 界面介绍

1. 打开材质界面

有两种方式可以打开材质界面，分别从预制构件打开和从配件数据库打开。

（1）从预制构件打开，在编辑预制构件对话框就可以新建或修改材质。在对话框中，单击"Item"选项卡，然后单击"Material"，配件数据库中的"Materials"选项卡就直接打开，见图3-4。

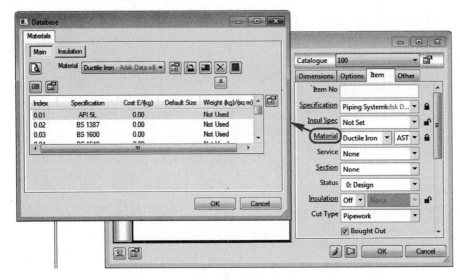

图 3-4

（2）从配件数据库打开，单击功能区"Database"→"Fittings"→"Materials"，见图3-5。

配件数据库中材料界面包含两部分内容，一部分是材料，另一部分是当前材料的计量，见图3-6。

2. 材料

（1）材料部分有两个选项卡，"Main"和"Insulation"分别定义主要材料和隔热层材料，见图3-7。

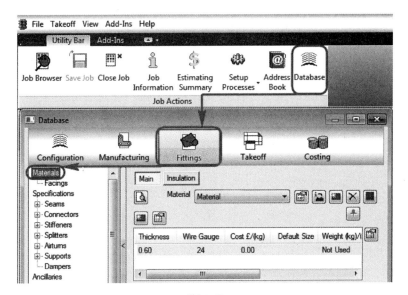

图 3-5

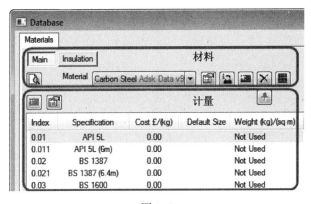

图 3-6

图 3-7

（2）材料部分图标介绍：

Print Material(s)：打印当前材料，包括当前材料中的计量信息。

Properties：属性界面。在属性界面中可以对材料的信息进行修改，例如名称。

Owner Information：材料的所有者信息。详见 3.4 节部分的介绍。

Add New Material to Database Now：在配件数据库中新建材料。

Delete Material：从配件数据库中删除当前材料。

Filter Out Non-User Data：过滤没有添加所有者的材料。例如，若勾选"Adsk

Data",材料的列表中仅显示所有者不是"Adsk Data"的材料和其所在的组(Group);若不勾
选"Adsk Data",材料的列表中显示所有材料和组,见图 3-8。

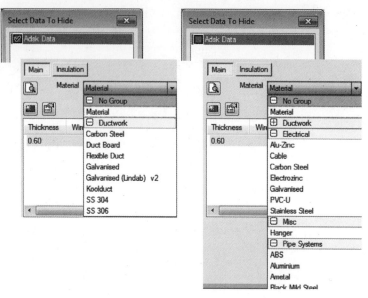

图 3-8

3. 计量

计量列表中包含了索引、规格等,见图 3-9。

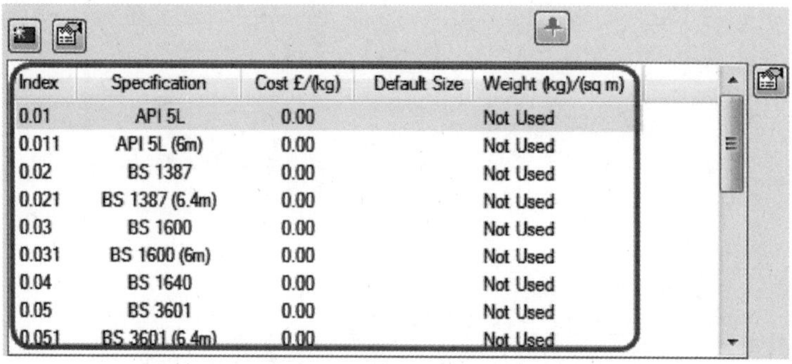

图 3-9

右击选中计量,然后选择"Edit"可以打开"编辑计量"对话框;也可以单击选中计量,然
后单击列表右侧的"Properties"🖼按钮打开"编辑计量"对话框,见图 3-10。

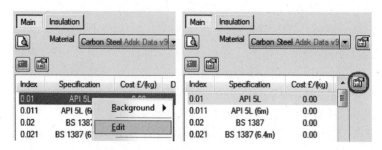

图 3-10

3.1.2 创建新的材料

隔热层材料的创建方式与主材料类似,本章将以主材料为例介绍如何在配件数据库中新建材料。

1. 新建材料

单击"Add New Material to Database Now"后弹出的对话框询问是否复制当前材料所包含的计量和默认尺寸。选择"Yes",新建的材料将保留除"Connectivity""Density"和"Abbreviation"之外的参数信息;选择"No",新建的材料将不保留当前材料的任何信息,见图 3-11。

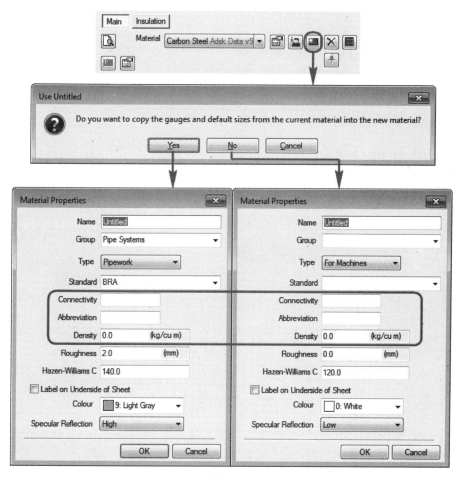

图 3-11

2. 配置材料

根据上述方法打开材料属性(Material Properties)对话框后,需要对新建的材料进行配置,以碳钢(Carbon Steel)为例,见图 3-12。

(1) Name:新建材料的名称,例如"Carbon Steel"。

(2) Group:材料所在的组。通过组可以有效管理配件数据库中的材料。软件默认以专业分组,例如在"Pipework"中的材料均为管道系统使用。

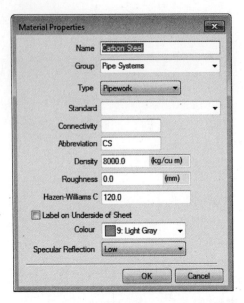

图 3-12

　　新建材料时需要在组的下拉菜单中选择合适的组，例如新建的材料将被用于管道系统，则在下拉菜单中选择"Pipe Systems"。如果输入自定义的组名称，例如"Testing"，新的组将随着材料被创建。在配件数据库材料的下拉菜单中可以找到新建的组"Testing"以及属于该组的新建材料"Carbon Steel"，见图 3-13。

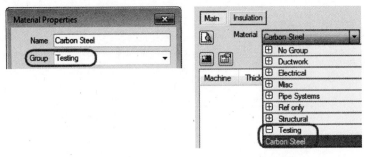

图 3-13

　　（3）Type：材料的类型。软件根据系统定义了可选的类型，从"Type"的下拉菜单中选择该新建材料所服务的系统类型，例如"Pipework"。

　　（4）Standard：定义材料数据来源，例如"CHS"是指该材料数据参照中国标准。可以从右侧下拉菜单中选择配件数据库中已有选项，也可以在空白区域手动输入，当新的字符被输入，软件会自动将其添加至下拉菜单中，见图 3-14。

　　（5）Abbreviation：材料名称的英文缩写，例如"CS"是材料"Carbon Steel"的缩写。

　　（6）Density：材料的密度，例如"8 000.0 kg/cum"。

　　（7）Roughness：材料的粗糙度，用于计算压力损失，例如"0.05 mm"。

　　（8）Hazen-Williams C：海增威廉系数，海增威廉公式 $h=(10.67Q^{1.852}L)/(C^{1.852}D^{4.87})$ 中系数 C 的值。塑料管 C＝150，新铸铁管 C＝130，混凝土管 C＝120，旧铸铁管和旧钢管 C＝100。

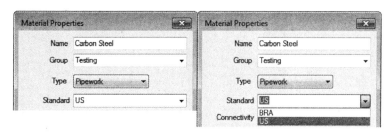

图 3-14

（9）Colour：材料的颜色。在绘图区放置预制构件时，管道和管件可显示为指定的材料颜色，例如"9：Light Gray"，见图 3-15。

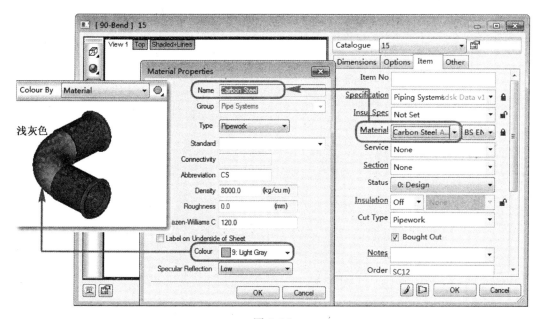

图 3-15

【提示】 预制构件被添加在绘图区域的默认颜色为其所在服务指定的颜色，例如蓝色。将绘图区域的"Colour By"参数设置为"Material"，可以使预制构件显示为其材料指定的颜色，见图 3-16。

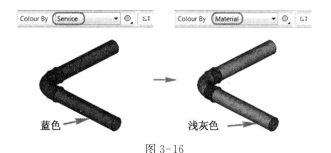

图 3-16

（10）Specular Reflection：材料的镜面反射特性。默认设置为"Low"。

3.1.3 创建新的计量

1. 新建计量

新建计量有两种方法：

(1) 单击界面上计量部分的 ⊞ 为材料添加新计量，见图 3-17。

(2) 在计量列表的空白处右击然后选择"New"，见图 3-18。

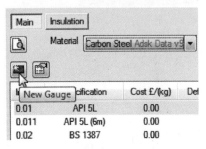

图 3-17

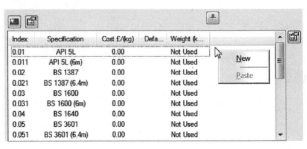

图 3-18

图 3-19

通过上述两种方法均可以打开"Edit Gauge"对话框，默认索引（Index）为"1 000.00"，见图 3-19。

2. 配置计量

新建计量之后，需要对其进行配置，以规格"ASTM A53"为例，见图 3-20。

(1) Index：计量的索引，在当前配置的数据库中应当唯一，例如"0.13"。在新建计量前需要查看并记录当前配置的数据库中已使用的索引值，避免重复。

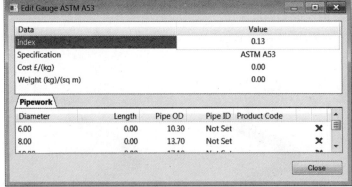

图 3-20

【提示】 凡是索引、产品编号等用于为数据编号的参数在预制配置中都是唯一的。

(2) Specification：计量的规格。一般设定为当前计量管道标准名称，例如"ASTM A53"。

(3) Cost £/(kg)：价格。

（4）Weight（kg）/（sq m）：重量。

（5）"Pipework"列表：列表中可添加标准中指定的每个尺寸管道的标准长度（Length）、管道外径（Pipe OD）、管道内径（Pipe ID）以及产品编号（Product Code），见图 3-21。

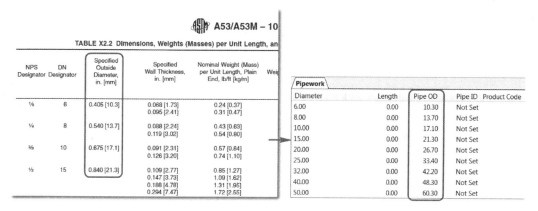

图 3-21

在"Pipework"列表中，单击尺寸列表底部的新建按钮可以添加尺寸，单击尺寸右侧的删除按钮可以删除该尺寸，见图 3-22。

如果"Pipework"列表中的尺寸不包含预制构件某尺寸，则预制构件会自动调用比其大一个尺寸的计量信息。以某弯头为例，该弯头含有尺寸"75"，而被指定的材料"Ductile Iron"中的计量"ASTM A53"不含该尺寸，弯头 75 mm 尺寸的外径调用了 80 mm尺寸的外径"88.9"，见图 3-23。

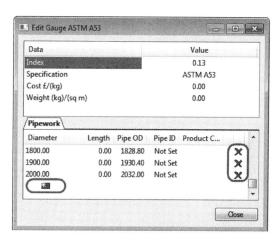

图 3-22

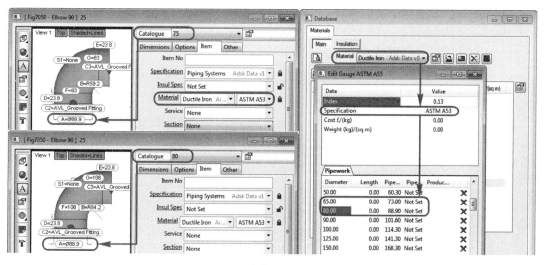

图 3-23

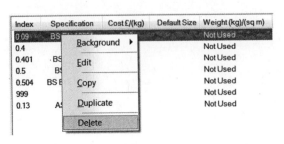

图 3-24

当需要删除材料中的计量时,右击该计量然后选择"Delete",见图 3-24。

3. 复制计量

不同的材料可以共享同一计量。以下介绍复制计量的步骤。

(1) 打开包含需要复制计量的源材料,选择需要复制的计量,右击并选择"Copy",例如材料"Carbon Steel"中的计量"ASTM A53",见图 3-25;

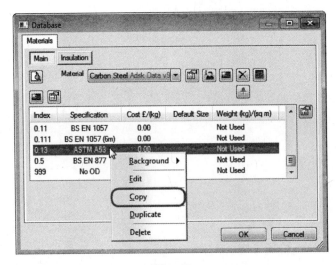

图 3-25

(2) 打开目标材料,在计量列表的空白区域右击并选择"Paste",该计量及其所有数据均被复制到目标材料中。例如将计量"ASTM A53"复制到材料"Cast Iron"中,见图 3-26。

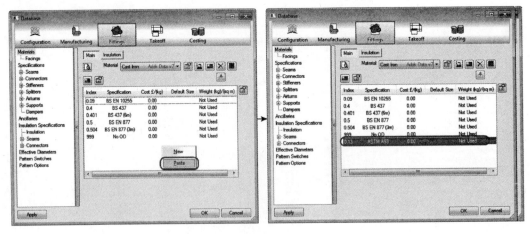

图 3-26

材料"Cast Iron"中新的计量"ASTM A53"含有材料"Carbon Steel"中源计量

"ASTM A53"的所有参数,见图 3-27。

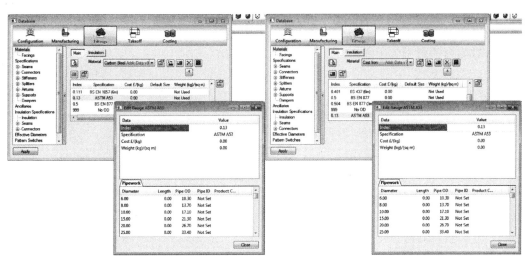

图 3-27

完成复制后,新计量和源计量中的数据不再关联。例如,修改材料"Carbon Steel"中源计量"ASTM A53"的重量,材料"Cast Iron"中新计量"ASTM A53"的重量不会改变。

3.2 辅助部件

Autodesk® Fabrication 配件数据库中的辅助部件(Ancillaries)(例如螺栓、垫圈、法兰)可以被添加到连接件、预制构件、材料价格表(Price List)、加工或安装时间信息(Fabrication/Installation Time)中,帮助用户获得更为精准的成本、安装及制造时间的估算。

3.2.1 辅助部件类型

单击功能区"Database"→"Fittings"→"Ancillaries"。辅助部件在下拉菜单中提供13 个类型,见图 3-28。

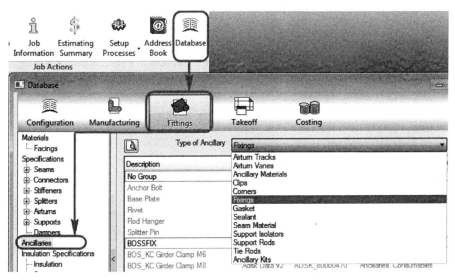

图 3-28

辅助部件的创建和编辑方法类似,本节会以辅助材质(Ancillary Materials)和辅助套件(Ancillary Kits)为例进行介绍。

3.2.2　辅助材质的创建

1. 新建辅助材质

单击"Type of Ancillary"的下拉菜单并选择"Ancillary Materials",然后单击下拉菜单右侧的 ![按钮] 按钮新建辅助材质。

在没有选中已有辅助材质的情况下单击"新建"按钮,会直接出现"Ancillary Materials：Untitled"对话框。当选中某已有辅助材质,单击"新建"按钮,会出现"New Ancillary"的判断对话框,见图 3-29。

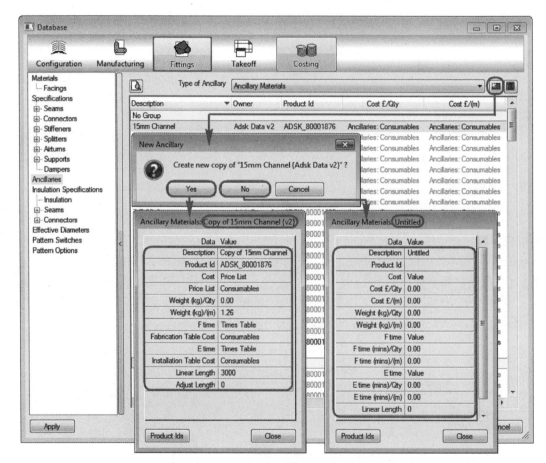

图 3-29

（1）"Yes"：继承选中辅助材质的信息。

（2）"No"：新建一个完全空白的辅助材质。

2. 配置属性

（1）Description：辅助材质的名称；

（2）Product Id：辅助材质产品编号(Product Id)。该产品编号将与材料价格表(Price List)或制造时间(Fabrication Time)中的这个辅助材质的产品编号对应,见图 3-30,从而使该辅助材质参与后续价格的计算。

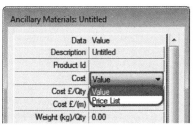

图 3-30

（3）Cost：辅助材质的价格。在下拉菜单中有两个选项，一个是数值（Value），另一个是材料价格表（Price List），见图 3-31。

① "Value"：若按照数量计算，给"Cost £/Qty"赋值。若按照长度计算，给"Cost £/(m)"赋值。当同时赋值时，见图 3-32，价格估算会按照公式"Qty of Ancillary Item x Cost £/（Qty）＋Total length of Item x Cost £/（m）"进行计算。

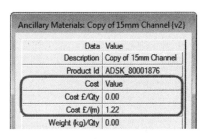

图 3-31　　　　　　　　　　　图 3-32

② "Price List"：当选择材料价格表时，需要选择一个包含当前辅助材质产品编号的材料价格表，例如"Consumables"，见图 3-33。

（4）"Weight""F time"和"E time"分别是对辅助材质的重量、制造时间、安装时间的定义，设置原理同"Cost"，见图 3-34。

（5）Linear Length：辅助材质的单位长度。英制默

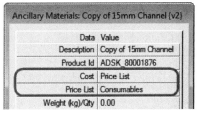

图 3-33

认单位是英寸(Inch);公制默认单位是毫米(mm)。例如输入"3 000",则代表单根"15 mm Channel"的长度是 3 000 mm,见图 3-35。

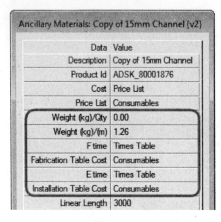

图 3-34

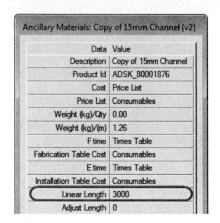

图 3-35

3.2.3 辅助套件的创建

辅助套件是不同的辅助部件的集合。

1. 新建辅助套件

在"Type of Ancillary"的下拉菜单中选择"Ancillary Kits",然后单击右侧 ▦ 按钮新建辅助套件,见图 3-36。

图 3-36

与辅助材质类似,在"New Ancillary"对话框中可以选择"Yes"继承现有辅助套件信息以复制的形式创建。在"New Ancillary"对话框中选择"No"新建空白的辅助套件后,出现没有继承任何信息的"Ancillary Kit"对话框,见图 3-37。

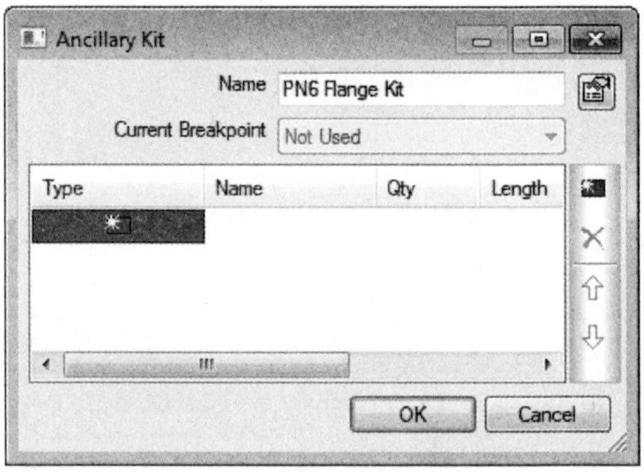

2. 属性配置

(1) Name:辅助套件的名称,例如"PN6 Flange Kit"。

(2) Current Breakpoint:辅助套件的尺寸列表,在新建的空白辅助套件对话框中默

图 3-37

认为灰显。当在"Current Breakpoint"对话框中添加了尺寸后,该下拉菜单会高亮显示并提供含有已被添加尺寸的下拉菜单。

单击 ▦ 按钮,在弹出的"Setup Kit Breakpoints"对话框中根据辅助套件的形状从"Type"的下拉菜单中选择类型,例如"1D(LS/Diameter)"。然后单击该对话框中的 ▦ 新建按钮并输入不同的尺寸值,例如"10.00"和"20.00",见图 3-38。

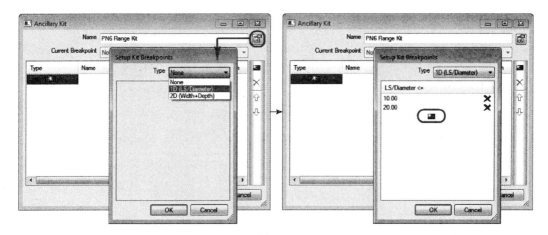

图 3-38

单击"OK"按钮退出"Setup Kit Breakpoints"对话框后，"Current Breakpoint"已经被高亮显示。单击下拉菜单可以选择已被添加的尺寸值，例如"≤＝10.00"，见图 3-39。

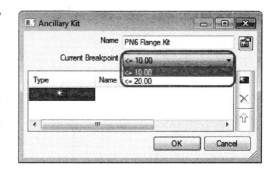

（3）Type：辅助套件中所包含的辅助部件类型。配件数据库中为"Type"预设了一些类型，例如"Fixings"。单击"Type"下方的 █，在空白区域新建一行，单击两次"Type"下方的"None"后，"None"变成一个下拉菜单（第一

图 3-39

次单击为选中"None"，第二次单击以切换"None"的状态）。展开下拉菜单并从配件数据库提供的辅助部件类型中选择，例如"Fixings"，见图 3-40。

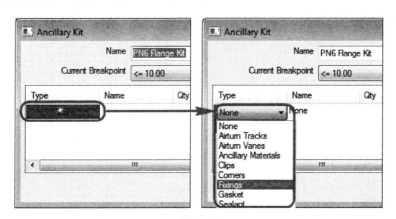

图 3-40

（4）Name：辅助部件的名称。配件数据库根据选定的辅助部件类型提供了含有相应的辅助部件名称的下拉菜单。同"Type"，将"Name"下方"None"的状态切换为下拉菜单，然后选择对应的辅助部件名称，例如选择螺纹规格为 M10 的配套法兰螺栓组"M10 Flange Bolts"，见图 3-41。

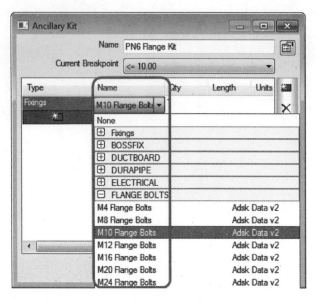

图 3-41

（5）Qty：定义该辅助部件的数量。当选择了辅助部件"M10 Flange Bolts"时，该值是螺栓/螺栓孔的数量。在法兰及螺栓标准中可以找到对应螺纹规格 M10 的配套法兰螺栓数量，见图 3-42。

表 1 PN6.0MPa 平面、突面整体钢制法兰   mm

公称直径	连接尺寸					密封圈	法兰厚度	法兰颈	
	法兰外径	螺栓孔中心圆直径	螺栓孔径	螺栓					
				数量	螺栓规格				
DN	D	K	L	n					
10 75		50	11	4	M10				
15 80		55	11	4	M10				
20 90		65	11	4	M10				
25 100		75 11		4	M10				
32 100		90 14		4	M10				
40 130		100	14	4	M10				

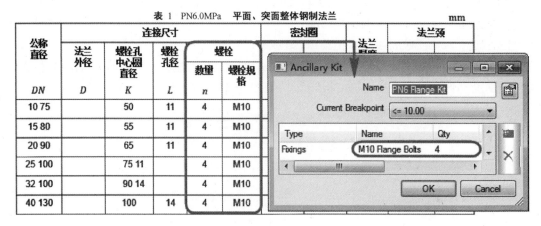

图 3-42

3.3 支架

3.3.1 支架的创建

单击功能区"Database"→"Fittings"→"Supports"，可以查看数据库中已有的支架，见图 3-43。

单击"New"按钮新建支架，见图 3-44。

在弹出的对话框中"Name"处输入支架名称，例如"Rectangular Bearer"，单击"Type"的下拉菜单为支架选择类型，例如"Profiled Bearer"，见图 3-45。

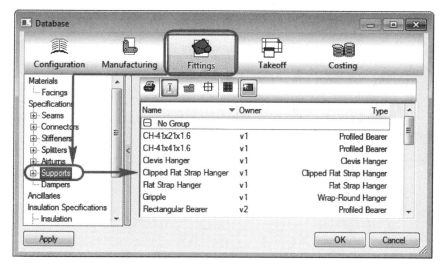

图 3-43

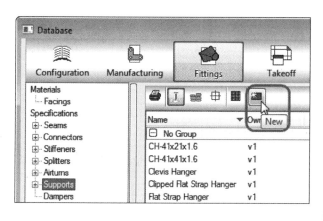

图 3-44

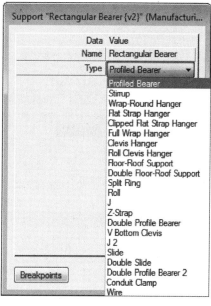

图 3-45

3.3.2 参数介绍

以"Rectangular Bearer"为例,单击"Breakpoints"后弹出"Support Ancillaries"对话框,有"Bearer""Support"和"Top Fixings"三个选项卡,见图 3-46。

1. "Bearer"选项卡

该选项卡中包含与横档相关的参数,界面见图 3-47。

Width/Depth:横档的长和宽。当长和宽的数值不一样时,表示该横档为矩形或椭圆形;当长和宽的数值相同时,表示该横档为圆形,此时长和宽为直径。另外,"Width"和"Depth"的赋值是定义取值范围,例如在"Width"和"Depth"输入"1 000",直径小于 1 000 的横档,仍调用直径为 1 000 的相关参数。

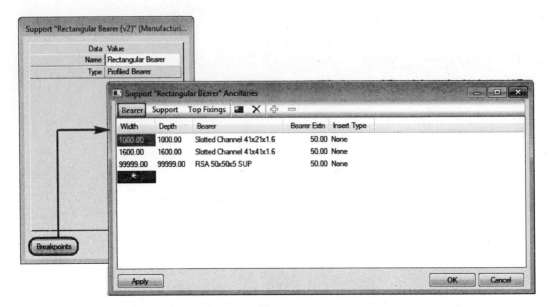

图 3-46

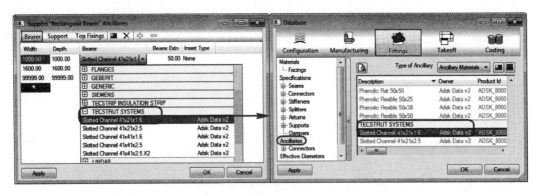

图 3-47

Bearer：从下拉菜单中选择数据库中已有的辅助材料，见图 3-48。

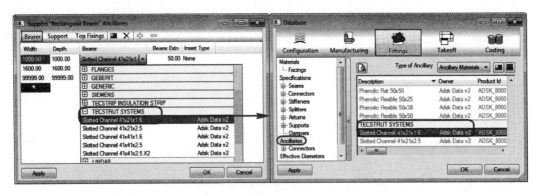

图 3-48

Bearer Extn：横档的长度，例如"50.00"。

Insert Type：减震配件。从下拉菜单中选择数据库中已有的辅助材料。

2. "Support"选项卡

该选项卡中包含吊杆、螺栓等相关的参数，见图 3-49。

Width/Depth：参数定义同"Bearer"。

Width	Depth	Rod	Rod Extn	Isolator	Bolts	Qty	Clips	Qty
1000.00	1000.00	M8	36.00	None	M8	2	None	0
1600.00	1600.00	M10	56.00	None	M10	2	None	0
99999.00	99999.00	M10	15.00	None	M10	2	None	0

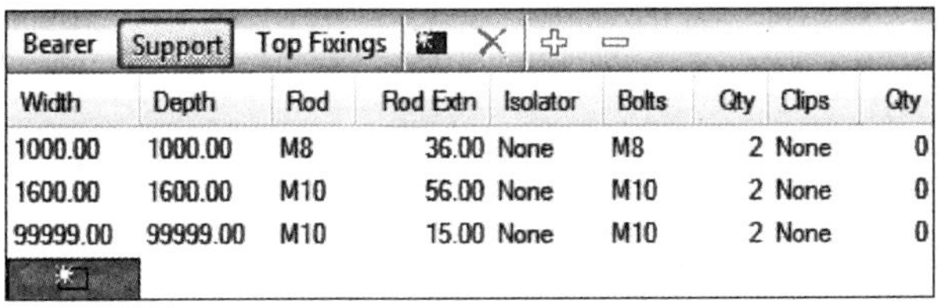

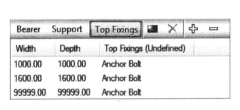

图 3-49

Rod/Isolator/Bolts/Clips：吊杆、隔振、螺栓及夹子所用的辅助材料。同“Bearer”，分别单击打开下拉菜单可以从数据库相应的辅助部件类型中进行选择。

Rod Extn：吊杆长度。

Qty：螺栓/夹子的数量。

3. “Top Fixings”选项卡

该选项卡中的参数均为吊杆与结构固定的参数，见图 3-50。

(1) Width/Depth：参数定义同“Bearer”。

(2) Top Fixings：从下拉菜单中选择数据库中已有的辅助材料。

【提示】 用户需要结合不同的支架类型判断是否需要设置上述参数。例如，支架“Clipped Flat Strap Hanger”没有横档，因此针对该支架不需要对 Bearer 进行设置，见图 3-51。

Width	Depth	Top Fixings (Undefined)
1000.00	1000.00	Anchor Bolt
1600.00	1600.00	Anchor Bolt
99999.00	99999.00	Anchor Bolt

图 3-50

Width	Depth	Bearer	Bearer Extn	Insert Type
9999.00	9999.00	None	0.00	None

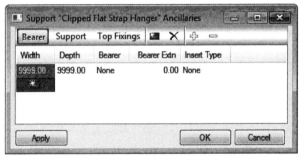

图 3-51

3.4 所有者信息

Autodesk® Fabrication 中，所有者信息(Owner Information)可以应用到预制构件和数据库中。所有者信息可以用来标识和管理数据，也可以保护知识产权。本节将以配件数据库为例介绍所有者信息。

配件数据库中的数据分为两种。一种没有指定所有者，用户可以自行编辑；另一种指定了所有者，仅数据的所有者可以进行编辑。

3.4.1 数据特征

对于数据的非所有者来说，配件数据库中携带所有者信息的数据有以下特征。

1. 灰显

被指定了所有者的数据(例如连接件)灰显，表示不可编辑，见图 3-52。

2. 显示所有者

被指定了所有者的数据(例如辅助部件)在“Owner”列会显示该数据的所有者和版本，见图 3-53。

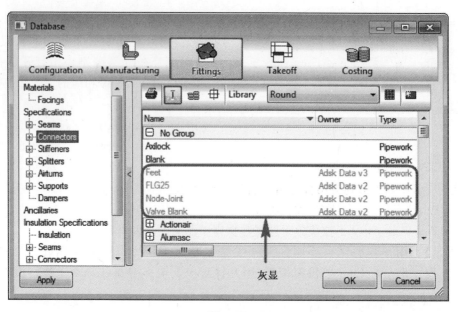

图 3-52

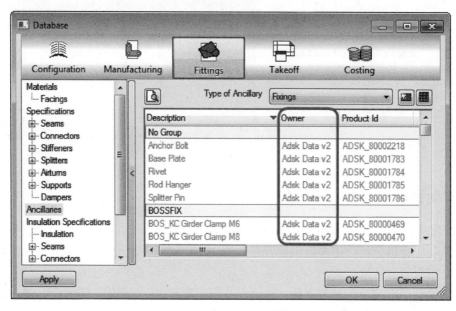

图 3-53

当指定了所有者和版本时,在下拉菜单中数据(例如材料)名称右侧会显示该数据名称、所有者和版本;当没有指定所有者但有版本时,仅显示数据名称和版本;当既没有指定所有者也没有版本时,仅显示数据名称,见图 3-54。

3. 警示对话框

对于一些被指定所有者的数据(例如连接件和辅助部件),非所有者进行编辑时,会弹出警示对话框。单击警示对话框中的"OK"后,仍会弹出该数据的编辑对话框。但只能浏览该对话框中的信息而无法修改,见图 3-55。

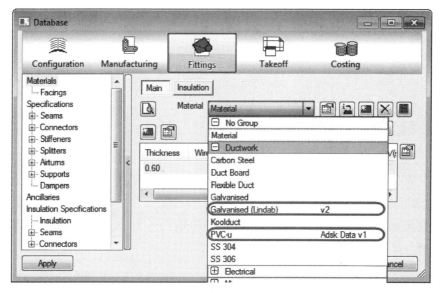

图 3-54

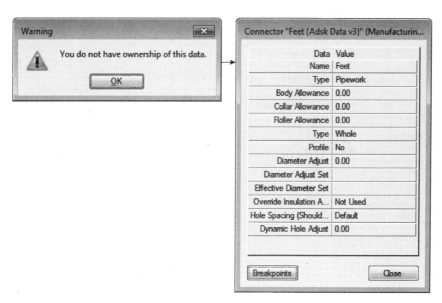

图 3-55

3.4.2 界面介绍

1. 打开方式

配件数据库中存放的数据有两种形式。一种是下拉菜单型数据,即数据作为下拉菜单的形式呈现,这种存放形式的数据有材料、隔热层规格等;另一种是列表型数据,即数据以列表的形式呈现,这种存放形式的数据有连接件、辅助部件等。

（1）下拉菜单型数据。以材料为例,当鼠标悬停在下拉菜单右侧的"Owner Information"按钮时,会显示当前材料的所有者以及版本,见图 3-56。

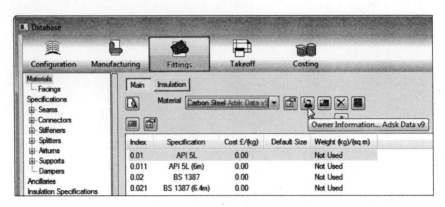

图 3-56

（2）列表型数据。以连接件为例，在列表中的任一数据上右击，然后选择"Owner Information"，见图 3-57。

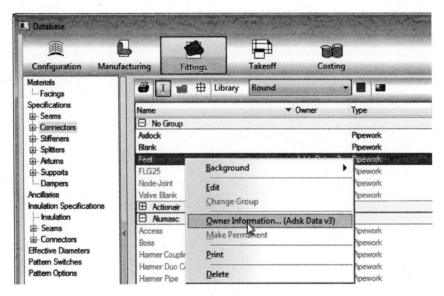

图 3-57

2. 参数介绍

在"Database Owner Information"对话框中，所有者信息包括所有者（Owner）、版本（Version）和历史记录（History）三部分内容，见图 3-58。

图 3-58

（1）Owner：数据的所有者，若没有第三方开发 API，默认的所有者选项只有"User

Defined",而选择"User Defined"作为所有者时,效果与不选择所有者相同。数据库中大部分数据指定"Adsk Data"为 Autodesk® 所有。

（2）Version：数据的版本,修改数据需要对版本进行升级,例如从"4"到"5"。

（3）History：版本升级的历史记录。单击"History"可以展开历史记录,详细记录了版本的变更、版本变更的时间和原因,见图3-59。

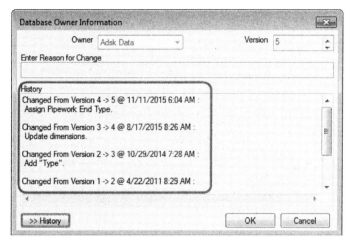

图 3-59

【提示】 复制数据与新建数据相同,都没有指定所有者。但不同于新建数据的是,复制的数据将沿用原始数据的版本而且历史记录中已经记载了本次操作,见图3-60。新建数据的所有者信息均为空白,见图3-61。

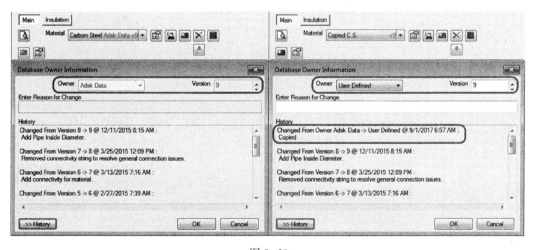

图 3-60

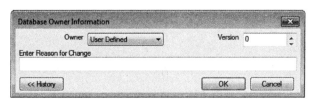

图 3-61

第4章 规格与隔热层规格

在 Autodesk® Fabrication 产品中,规格(Specification)是一套规则,建立的规格可以自动地设定预制构件中某些参数的制定规则,例如连接件、加强筋、材料标准等。它既可以给单独的预制构件使用,也可以应用于一个服务,对此服务中的所有预制构件起作用。规格在风管系统中用的比较多,深化设计师和风管厂家可通过制定自己的规格管理预制构件及服务,进行生产加工,提高工作效率及产品质量。

隔热层规格(Insulation Specification)与规格类似,区别只在于它是用来制定保温参数的规则。在 Autodesk® Fabrication 零件数据库的隔热层规格中存储了风管、管道及其管件的保温参数,当某个隔热层规格添加到服务中,该服务中所有预制构件的保温层信息均会被自动定义,不需要单独设置。

本章将介绍如何创建、编辑以及添加规格及隔热层规格。

4.1 规格

单击功能区中"Database"→"Fittings"→"Specifications",可查看、新建或编辑规格信息,见图 4-1。

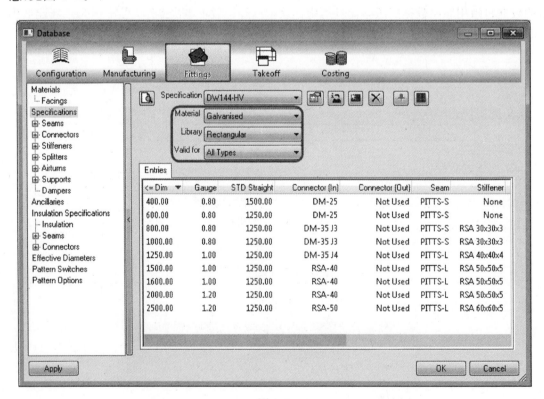

图 4-1

（1）Material：规格对应的材质信息，见图 4-2。

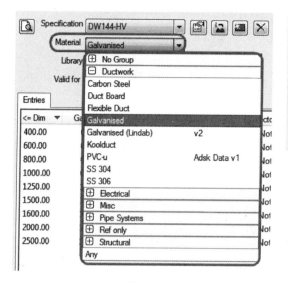

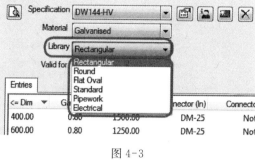

图 4-3

图 4-2

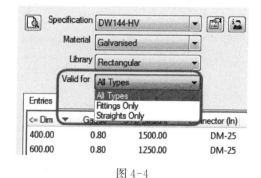

图 4-4

（2）Library：规格对应的不同专业（Pipe-work\Electrical）或者风管的形状（Rectangular \Round\Flat Oval\Standard），见图 4-3。

（3）Valid for：规格应用到直管（Straights Only）、附件（Fittings Only）或者同时应用于风管及其风管附件（All Types）中，见图 4-4。

4.1.1 创建规格

1. 规格创建

单击功能区中"Database"→"Fittings"→"Specifications"，单击 🖼 新建，见图 4-5。

- 选择"Yes"：继承当前选中规格的信息；
- 选择"No"：新建一个信息完全空白的规格。

（1）Name：规格名称，手动输入。

（2）Group：指定创建的规格属于哪个组，既可以在下拉菜单中选择一个现有的组，也可以直接在空白处手动输入名字，创建一个新组，见图 4-6。

（3）Abrv：名称的缩写，在标签或者报告中被使用，见图 4-7。

（4）Breakpoint Type：分界点类型，制定规格的分界标准，可通过下拉菜单选择，一共有4 个标准可供选择，见图 4-8。

① Single Dimension：单边尺寸，按照风管的长边尺寸确定分界点（Dim），见图 4-9。

- 当风管的最长边尺寸≤600（<=600），计量（Gauge）为 0.8，连接件（Connector）为"DM-25"，接缝（Seam）为"PITTS-S"，没有加强筋；
- 当风管的最长边尺寸≤2 000（<=2 000），计量为 1.2，连接件为"RSA-40"，接缝为"PITTS-L"，加强筋为"RSA 50x50x5"。

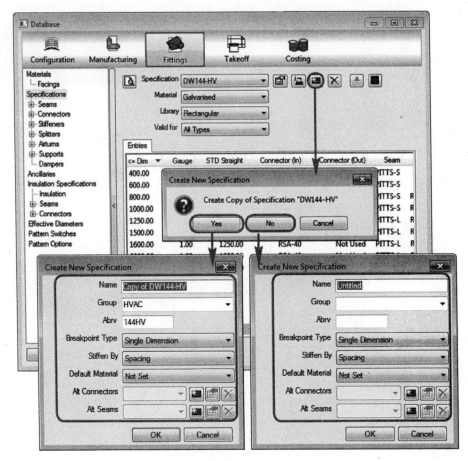

图 4-5

图 4-6

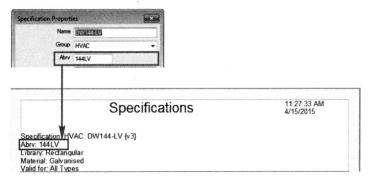

图 4-7

图 4-8

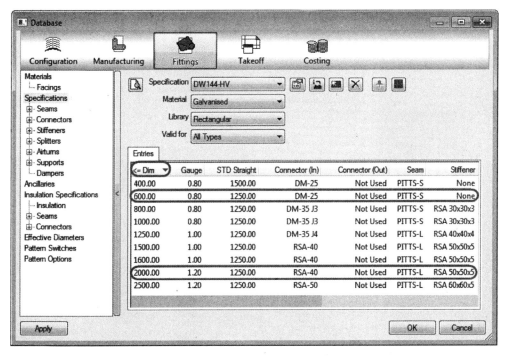

图 4-9

② LS/SS Dimensions：长边/短边尺寸，按照风管的长边尺寸和最短边尺寸来确定分界点(Dim)，见图4-10。

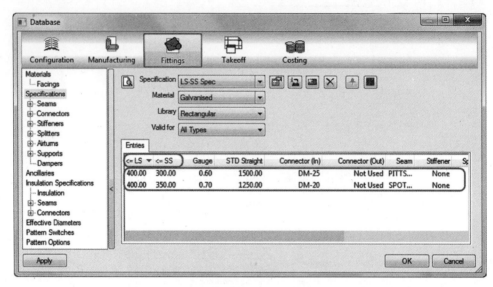

图4-10

· 当风管的长边尺寸≤400(<=400)，短边尺寸≤300(<=300)，计量为0.6，连接件为"DM-25"，接缝为"PITTS-S"；

· 当风管的长边尺寸≤400(<=400)，短边尺寸≤350(<=350)，计量为0.7，连接件为"DM-20"，接缝为"SPOT 15/0"。

③ Single Dimension+Length：单边尺寸+长度，按照风管的长边尺寸以及风管长度作为分界点(Dim)，见图4-11。

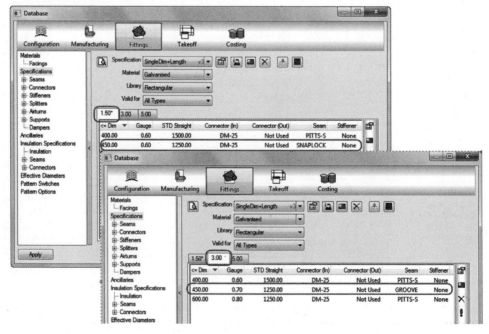

图4-11

- 当风管长度≤1.5 m(<=1.5m),风管的长边尺寸(Dim)≤450(<=450),计量为0.6,连接件为"DM-25",接缝为"SNAPLOCK";
- 当风管长度≤3.0 m(<=3.0 m),风管的长边尺寸(Dim)≤450(<=450),计量为0.7,连接件为"DM-25",接缝为"GROOVE"。

风管长度的分界点通过表格里新增的选项卡来实现:单击 ,可以添加风管长度,见图4-12;单击 ,可以设置该风管长度为当前规格的默认选项,见图4-13。

图 4-12　　　　　　　　　　　　　　　　　　　　图 4-13

④ LS/SS Dimensions+Length:长边/短边尺寸+长度,按照风管的长边尺寸和短边尺寸以及风管长度作为分界点,机制和"单边尺寸+长度"一样,只不过增加了短边的尺寸判断,见图4-14。

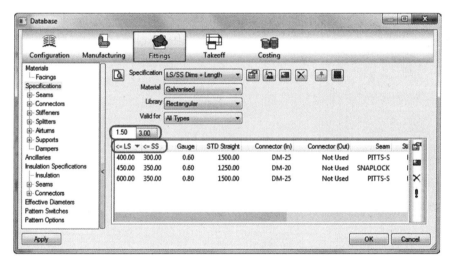

图 4-14

(5) Stiffen By:设置风管加强筋的标准,有两个选择,一是,按照间距"Spacing"来确定,另一个是按照数量"Qty"来确定,见图4-15。

(6) Default Material:选择规格对应的材质,从下拉菜单中可选择数据库中的各种材质,见图4-16。

(7) Alt Connectors:除了默认的连接件外,还可以添加更多的连接件给用户进行设置。

(8) Alt Seams:除了默认的接缝外,还可以添加更多的接缝给用户进行设置。

"Alt Connectors"或"Alt Seams"的添加及应用参见以下步骤:

① 单击 ,添加新的"Alt Connectors"或"Alt Seams";

② 在弹出的对话框中输入一个新的名字,例如"MV1";

③ 添加完成后可以在规格表格里看到新增了两列,即"Connector(MV1)"和"Seam(MV1)",见图4-17。

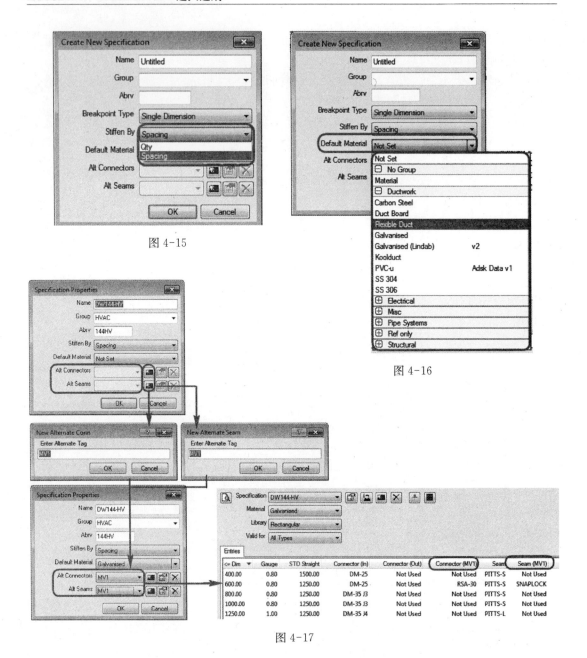

图 4-15

图 4-16

图 4-17

（9）打开一个风管矩形弯头的预制构件，在"Other"选项卡中，C3 及 S1 的"Alt"列的空格中输入"MV1"，在"Item"选项卡中，Specification 后的选项中选择"DW144-HV"，见图 4-18。

（10）单击"Add To Job"，在图纸中双击加入的三通预制构件，当尺寸设置为 600 时，它的连接件和接缝参数继承了 DW144-HV 中对"Alt Connectors"或"Alt Seams"设置的规则，见图 4-19。

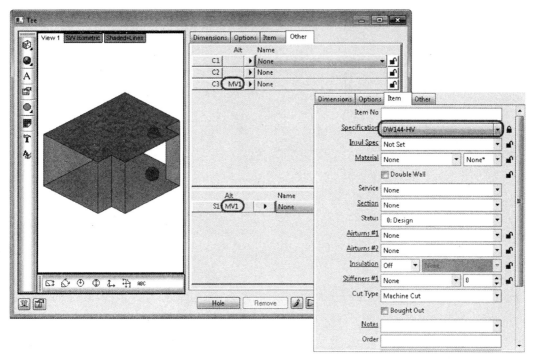

图 4-18

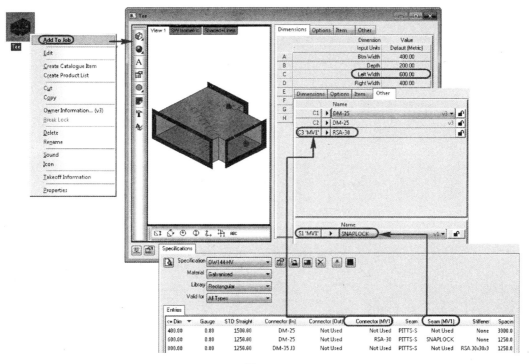

图 4-19

2. 新建条目（Entry）

在空白处右击，选择"New"，为当前的规格新建条目，见图 4-20。

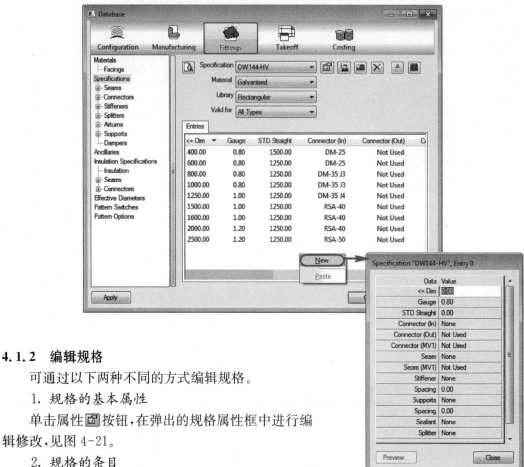

图 4-20

4.1.2 编辑规格

可通过以下两种不同的方式编辑规格。

1. 规格的基本属性

单击属性按钮,在弹出的规格属性框中进行编辑修改,见图 4-21。

2. 规格的条目

选中一个尺寸,双击或者右击选择"Edit",在弹出的对话框中,对各个参数进行编辑,见图 4-22。

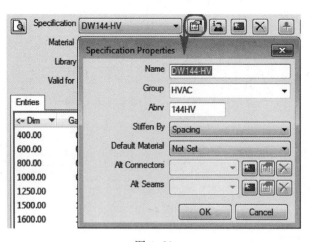

图 4-21

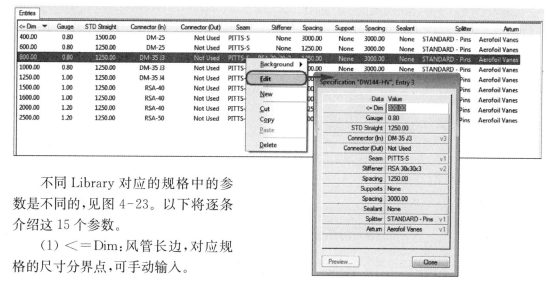

不同 Library 对应的规格中的参数是不同的,见图 4-23。以下将逐条介绍这 15 个参数。

(1) <=Dim:风管长边,对应规格的尺寸分界点,可手动输入。

图 4-22

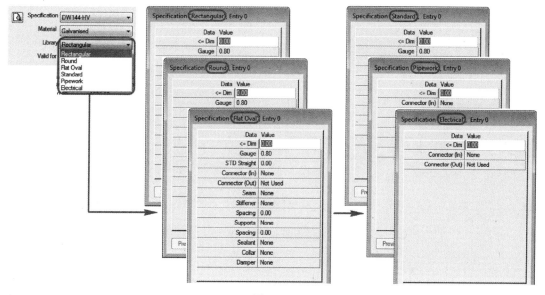

图 4-23

① 当 Breakpoint Type 选择的是"Single Dimension"时,显示的是<=Dim;

② 当 Breakpoint Type 选择的是"LS/SS Dimensions"时,则显示<=LS,<=SS。

(2) Gauge:计量,根据选定的材质,在下拉菜单中选择相关的计量,见图 4-24。

(3) STD Straight:风管的标准长度,可手动输入,见图 4-25。

以一个矩形直管预制构件为例来介绍 STD Straight 是如何起作用的。此预制构件的"Specification"选择为"DW144-LV",见图 4-26。

在"DW144-LV"中,可以看到风管标准长度的设置规则,不同的风管尺寸,对应了不同的风管标准长度,见图 4-27。

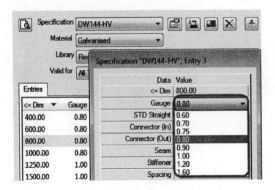

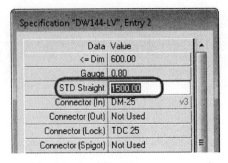

图 4-24   图 4-25

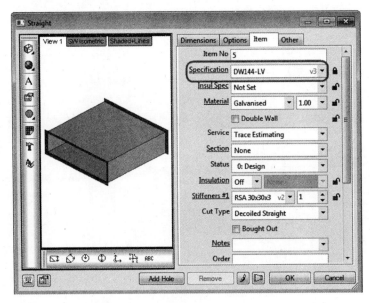

图 4-26

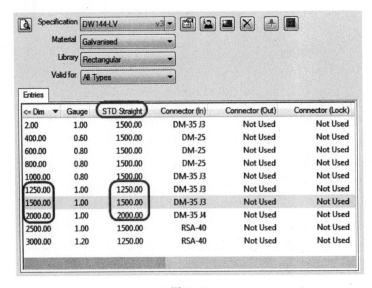

图 4-27

单击"Add To Job"把矩形直管预制构件放置到图纸中,在图纸中双击加入的风管预制构件,可以看到按照规格"DW144-LV"中设定的 STD Straight 的规则,当风管最长尺寸的值不同时,对应的风管标准长度也不相同,见图 4-28。

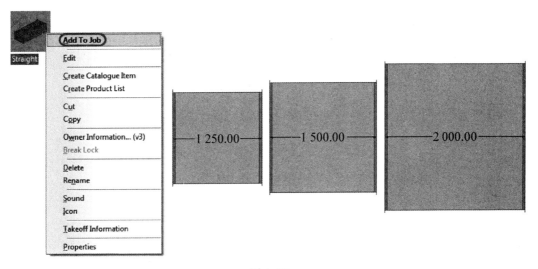

图 4-28

【提示】　只有在"Dimensions"选项卡中的"Length"设置为"Auto"且处于不锁定状态时,对应的规格中设置的规则才会起作用,见图 4-29。

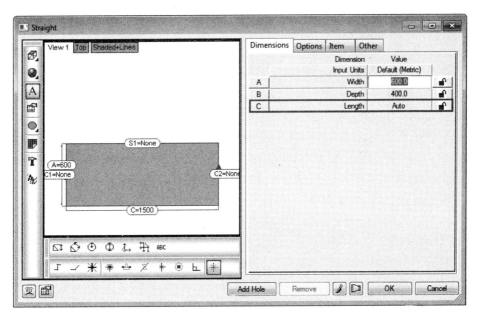

图 4-29

(4) Connector(In)/Connector(Out):连接件类型,可在下拉菜单中选择现有数据库中的连接件,见图 4-30。

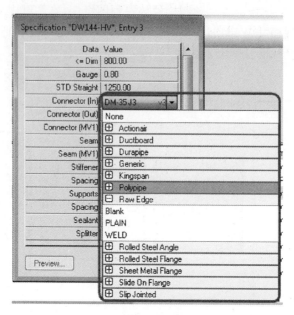

图 4-30

（5）Seam：风管或风管附件的接缝类型，单击数值框可在下拉菜单中选择数据库中现有的接缝。

（6）Stiffener：用于风管或风管管件上的加强筋，单击数值框可在下拉菜单中选择数据库中现有的加强筋。

（7）Spacing：加强筋间距，可手动输入，用于指定放置一个加强筋的节点间距。

（8）Supports：支架，单击数值框可在下拉菜单中选择数据库中现有的支架。

（9）Spacing：支架间距，可手动输入，用于指定放置一个支架的节点间距。

（10）Sealant：密封剂，单击数值框可在下拉菜单中选择数据库中现有的密封剂。

（11）Splitter：导流板，单击数值框可在下拉菜单中选择数据库中现有的导流板，这只有在矩形风管的弧形弯头或者矩形裤衩三通中会使用到。

（12）Airturn：导流叶片类型，单击数值框可在下拉菜单中选择数据库中现有的导流叶片，这只有在矩形风管的矩形直角弯头或者矩形直角三通中会使用到。

（13）Collar：指定卷边类型，单击数值框可在下拉菜单中选择数据库中现有的卷边类型，这只有在圆形、椭圆形或者标准风管或风管附件中会使用到。

（14）Damper：指定风阀类型，单击数值框可在下拉菜单中选择数据库中现有的风阀类型，这只有在圆形、椭圆形、标准风管或风管附件中会使用到。

（15）Pipe OD：指定管道外径，可手动输入的，只有管道系统才会使用到。

4.1.3　添加规格

1. 添加到单个预制构件

以一个方形弯头预制构件为例，它的"Specification"设置为"DW144-HV"，见图 4-31。

在规格"DW144-HV"中，对于连接件、密封剂、加强筋、导流板及导流叶片，根据不同的风管尺寸，对这些参数做了不同的规则设置，见图 4-32。

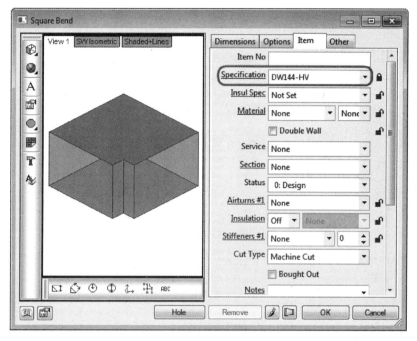

图 4-31

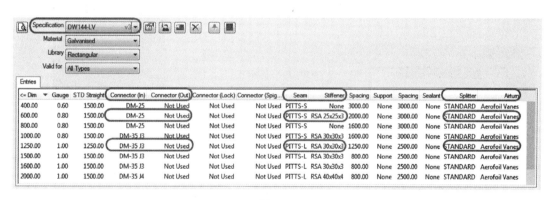

图 4-32

单击"Add To Job"，把不同风管尺寸的矩形风管的矩形弯头预制构件放置到图纸中，例如"600x400""1 250x400"，它们对应的连接件、接缝等参数按照规格"DW144-HV"的规则设置因尺寸的不同而不同，见图 4-33。

【提示】 以连接件为例，只有确保此参数在预制构件中不被锁定，规格中参数设置的规则才会起作用，见图 4-34。

2. 添加到服务

单击"Service"，在"Service Specification"下拉菜单中可以选择需要应用到当前服务的规格，例如 DW144-LV，见图 4-35。

设置完成后，该规格中对于风管标准长度、连接件、加强筋、接缝等参数的规则设置，就会统一应用到当前服务中所有的风管及风管管件预制构件而无须逐一对单个预制构件进行设置，见图 4-36。

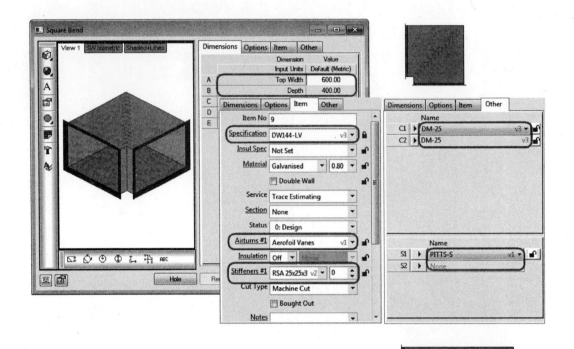

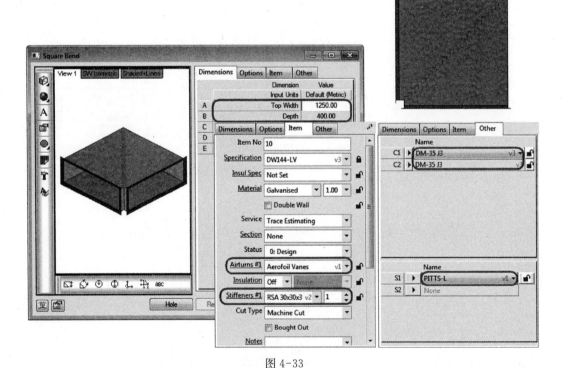

图 4-33

【提示 1】 要确保服务中每个预制构件的风管标准长度、规格、材质、连接件等各个参数设置为"None"且保持解锁的状态,服务中设置的规格才能发挥作用,见图 4-37。

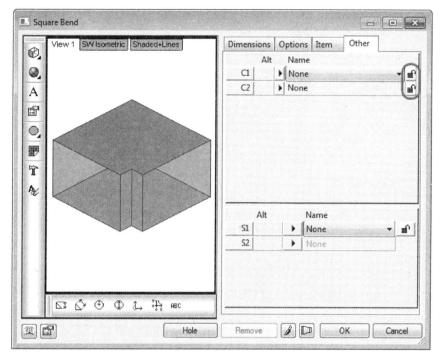

图 4-34

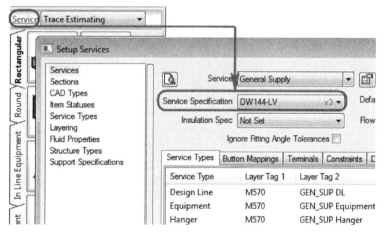

图 4-35

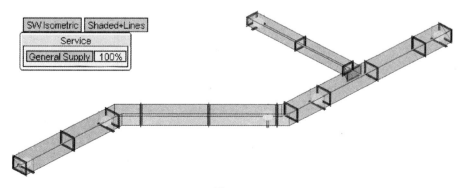

图 4-36

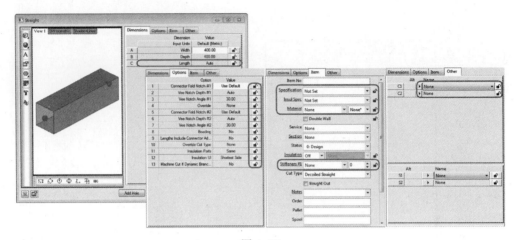

图 4-37

【提示 2】 当服务中设置了规格,而此服务中的预制构件同时设置了不同的规格,则预制构件中设置的规格优先起作用。例如,服务"General Supply"中,服务规格为"DW144-LV",而其中的圆形风管弯头预制构件"B60"的规格为"Lindab 2010",当加入到图纸中时,遵守的是规格"Lindab 2010"中制定的规则,见图 4-38。

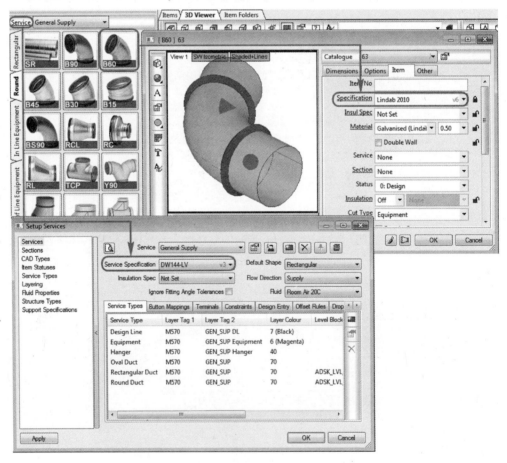

图 4-38

4.2　隔热层规格

单击功能区中"Database"→"Fittings"→"Insulation Specification",可查看、新建或编辑隔热层规格信息,见图 4-39。

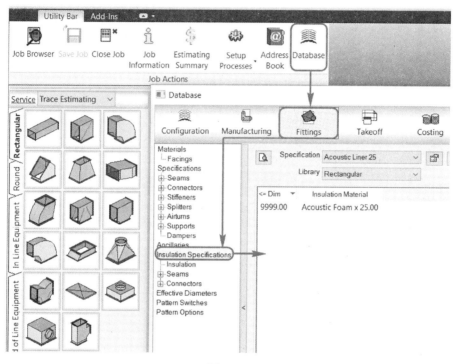

图 4-39

Library:隔热层规格创建完成后,对应不同专业(Pipework\Electrical)或者风管的各种形状(Rectangular\Round\Flat Oval),见图 4-40。

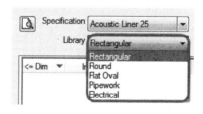

图 4-40

当同一个隔热层规格既要给矩形风管又要给圆形风管使用时,同样的保温材料需要在不同的 Library 各添加一次,见图 4-41。

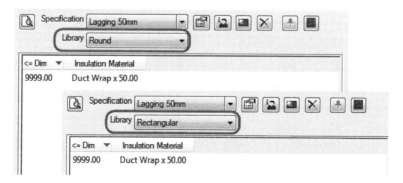

图 4-41

4.2.1 创建隔热层规格

单击功能区中"Database"→"Fittings"→"Insulation Specifications",单击▣新建,见图4-42。

① 选择"Yes":继承当前选中隔热层规格的信息。

② 选择"No":新建一个信息完全空白的隔热层规格。

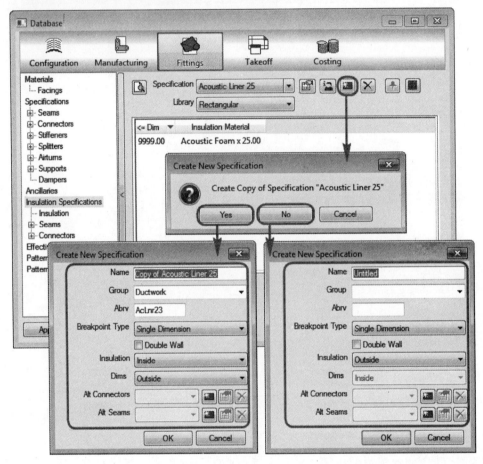

图 4-42

（1）Name:隔热层规格名称,可手动输入。

（2）Group:指定创建的隔热层规格属于哪个组,既可以在下拉菜单中选择一个现有的组,也可以直接在空白处手动输入名字创建一个新组,见图4-43。

（3）Abrv:名称的缩写,在标签或者报告中使用。

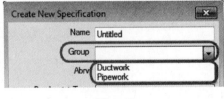

图 4-43

（4）Double Wall:不勾选,仅显示保温层（Insulation）;勾选的话显示为"Skin",表示除了保温层外,还要加上保温保护层,见图4-44。

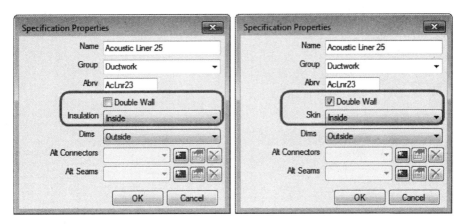

图 4-44

当勾选 Double Wall 后,隔热层规格中会增加对保温保护层(Skin)相关的设置,见图 4-45。

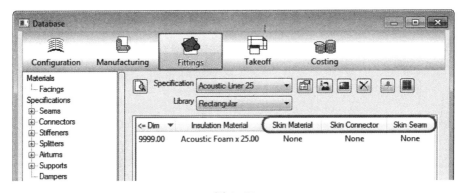

图 4-45

(5) Insulation/Skin:在下拉菜单中可选择的是内保温或者是外保温,见图 4-46。

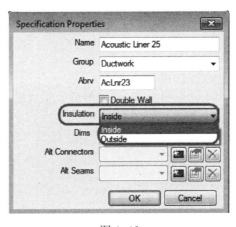

图 4-46

(6) Dims:在下拉菜单中,可选择标注的是内部尺寸或者外部尺寸,见图 4-47。
Breakpoint Type,Alt Connectors 和 Alt Seams 同本章 4.4.1 节中的介绍。

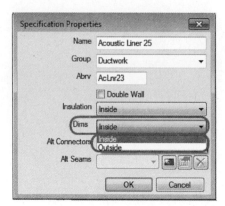

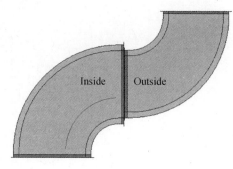

图 4-47

图 4-48

4.2.2 编辑隔热层规格

可通过以下两种不同的方式来编辑隔热层规格：

（1）隔热层规格的基本属性：单击属性 按钮，在弹出的规格属性框中进行编辑修改，见图4-48。

（2）隔热层规格参数：选中一个尺寸，双击或者右击选择"Edit"，在弹出的对话框中，对参数进行编辑，见图4-49。

① ＜＝Dim：风管长边对应规格的尺寸分界点，可手动输入；

② Insulation Material：保温材料，可在下拉菜单中选择现有数据库中的保温材料。

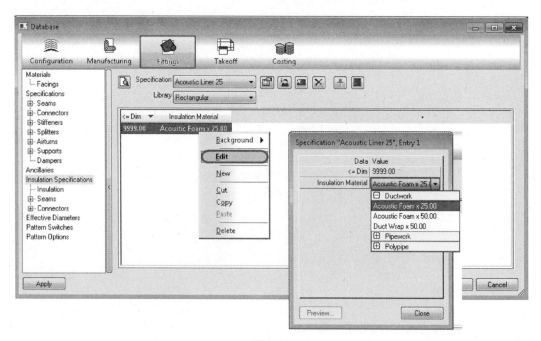

图 4-49

4.2.3 添加隔热层规格

（1）添加到单个预制构件，在"General Insulation"隔热层规格中，根据不同的风管尺寸，对保温层厚度做了不同的规则设置，见图 4-50。

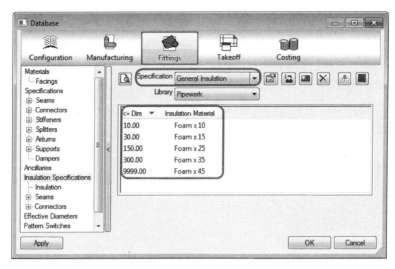

图 4-50

在管道弯头预制构件中，当它的"Insul Sepc"设置为"General Insulation"时，遵照隔热层规格的规则设定，不同的管道管径对应的保温厚度不同，见图 4-51。

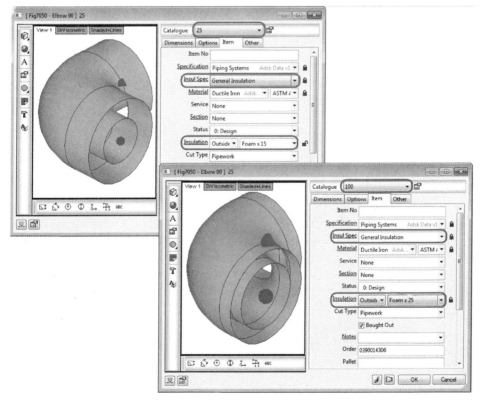

图 4-51

【提示】 仅当"Insulation"参数在预制构件中不被锁定时,隔热层规格中参数设置的规则才会起作用,见图 4-52。

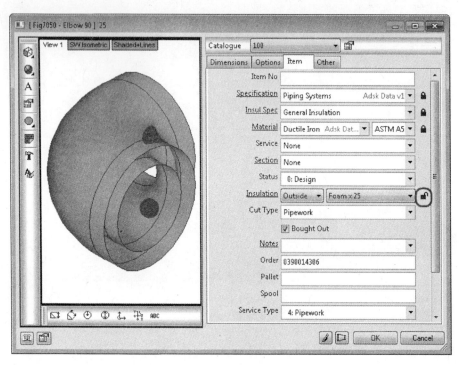

图 4-52

(2) 添加到服务。单击"Service",在"Insulation Spec"下拉菜单中,可以选择需要应用到当前服务的隔热层规格,例如"Lagging 50 mm",见图 4-53。

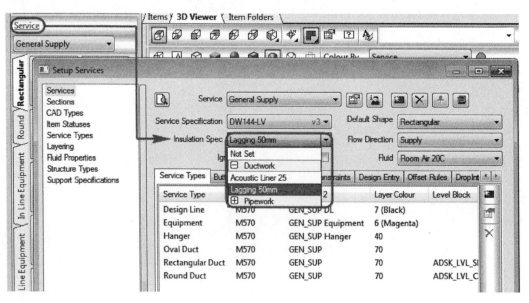

图 4-53

　　设置完成后,隔热层规格会应用到当前服务中所有的风管及风管管件预制构件。当绘制风管系统时,就可以看到风管及保温的双层显示,见图 4-54。

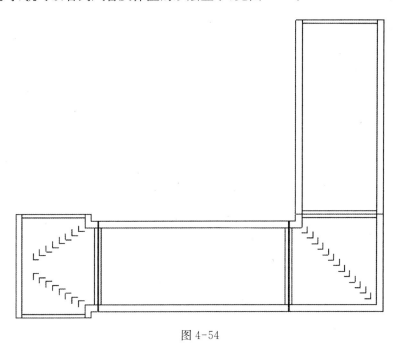

图 4-54

第 5 章 连 接 件

在 Autodesk® Fabrication 产品中，连接件是连接预制构件的媒介，可以真实体现预制构件在实际安装中的连接方式。连接件创建的正确性和准确性对管路的绘制有重要影响。

本章将介绍连接件的定义，创建步骤以及参数。然后通过实例介绍创建常用管道连接件的参数，帮助用户理解如何从管道规范和厂家资料中筛选和整合连接件数据。最后介绍连接件的导出和导入，方便用户重复使用已经创建的连接件。

5.1　连接件的定义

连接件在 Autodesk® Fabrication 中被称为"Connector"，是预制构件的一部分。连接件可以表达连接类型和几何形体。

1. 表达连接类型

图 5-1 是某公螺纹连接件的弯头和某母螺纹连接件的大小头，连接件的连接属性使二者能够成功连接，即公螺纹插入母螺纹中，参见图 5-1 中右侧二维线框图。

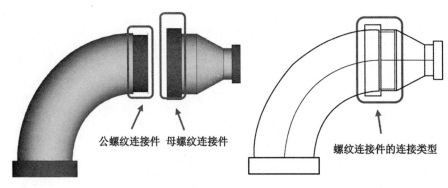

公螺纹连接件　母螺纹连接件　　　　　螺纹连接件的连接类型

图 5-1

2. 表达几何形体

在几何形体上，用户也可以根据自己的需要创建连接件的形状，图 5-2 是部分连接件形状展示。

圆形	型段形状	六边形

图 5-2

5.1.1　连接件界面

在 Autodesk® Fabrication 中,连接件是配件数据库的一部分。

单击"Utility Bar",打开"Database",见图 5-3。

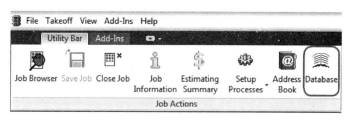

图 5-3

单击功能区中"Fittings"→"Connectors",打开连接件库,见图 5-4。

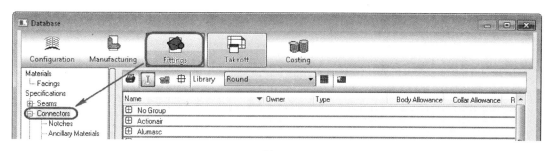

图 5-4

5.1.2　连接件信息组成

连接件由三部分信息组成,分别是制造(Manufacturing)、估算(Estimating)以及制图(Drawing),见图 5-5。

图 5-5

在库(Library)中选定一个连接件形状后,选择某连接件右击,单击"Edit",见图 5-6,可以查看连接件参数。切换制造、估算和制图功能块,弹出对话框参数不一样,各个功能块都有侧重点,见图 5-7。

(1) 制造(Manufacturing):赋予连接件的规程等。

(2) 估算(Estimating):捆绑连接件的垫圈,螺丝螺帽等辅助材料以及人工费的信息,可参考本书第 6 章成本核算。

(3) 制图(Drawing):制作连接件的几何形状,与管配件之间的连接限制,连接件的公母设定。

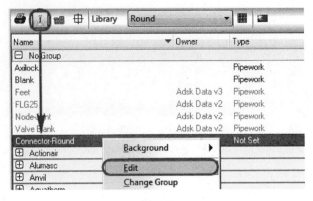

图 5-6

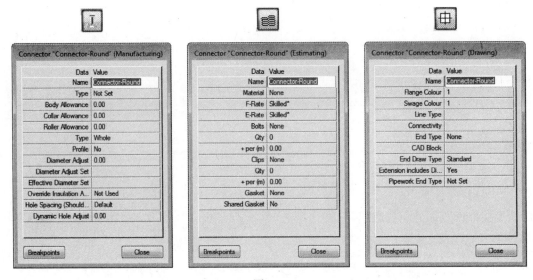

图 5-7

（4）库：把连接件按形状分为矩形、圆形和椭圆形，用户可根据所要创建的连接件形状进行切换。

5.1.3　连接件的形状分类

单击连接件的库，下拉菜单有三个选项：矩形（Rectangular），圆形（Round），椭圆形（Oval），见图 5-8。圆形可用于管道、风管连接件，矩形可用于风管以及电缆桥架的连接件，椭圆形可用于风管连接件。

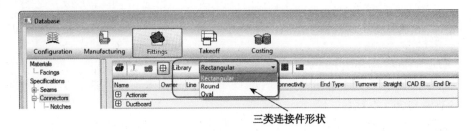

三类连接件形状

图 5-8

三种形状的连接件在制图功能块中参数也不同的,见图5-9。

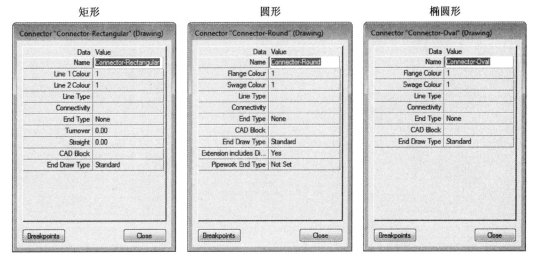

图 5-9

5.2 连接件的创建

5.2.1 创建步骤

1. 新建连接件

以圆形连接件为例,打开"Database",单击"Fittings"→"Connectors",在"Library"中调至"Round"→"Drawing",单击"New 🖼",弹出"New"对话框,见图5-10。

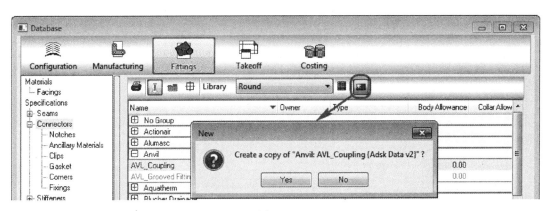

图 5-10

(1) 单击"No",将完全新建一个连接件,见图5-11。

(2) 单击"Yes",将创建一个副本。新建的连接件会继承"AVL_Coupling〔Adsk Data v2〕"除所有者信息以外的信息。

【提示】 从数据库中复制带有所有者信息的连接件,复制连接件将没有所有者,但保留源连接件的其他信息。

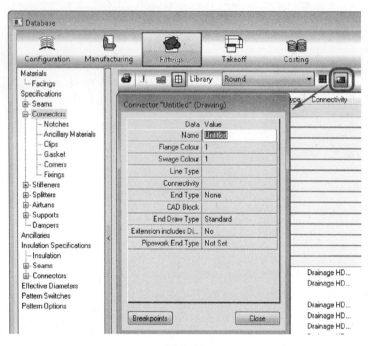

图 5-11

2. 连接件命名

在"New"对话框中，单击"No"，在弹出"Connector "Untitled"（Drawing）"对话框中"Name"栏输入新连接件名称："Connector-Round"，见图 5-12。

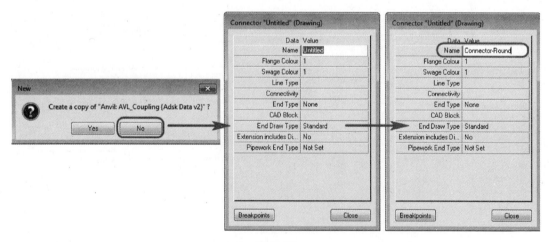

图 5-12

3. 参数赋值

在"Connector "Connector-Round"（Drawing）"对话框中单击"Breakpoints"，见图5-13。在"Connector "Connector-Round" Draw Parameters"对话框中右击"Paste"，粘贴事先复制的数据，可以实时在右侧看到连接件的形体预览图，见图 5-14。单击"OK"退出对话框。再单击"Close"退出"Connector "Connector-Round"（Drawing）"对话框。

图 5-13

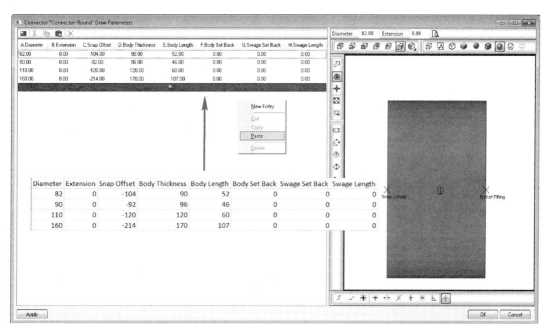

图 5-14

【提示】

当大批量创建连接件或部分参数有运算需要时,可以在"Excel"中事先准备数据,再复制粘贴到"Connector Draw Parameters"中。值得注意的是,在"Excel"中制作的数据必须要与"Connector Draw Parameters"中参数名顺序一致,见图 5-15,否则会出现数据错位。

4. 连接件归类

右击新建的连接件,单击"Change Group",见图 5-16,可以根据需要选择连接件的组别,方便管理。单击"OK"退出。

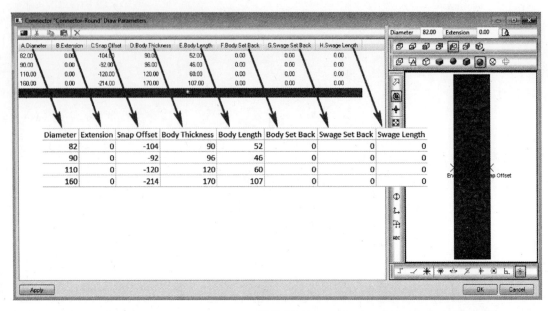

图 5-15

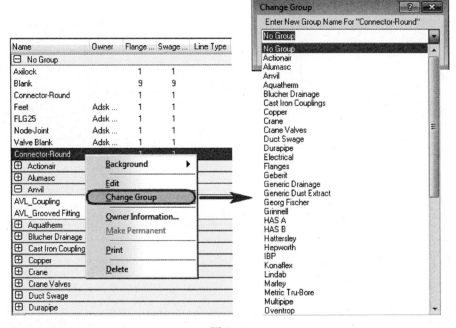

图 5-16

5. 设置连接性和端点类型

在"Connector "Connector-Round"（Drawing）"对话框中，给"Connectivity"栏输入"Tube & Fittings"，在"End Type"下拉框中选择"Female"，见图 5-17。单击"Close"退出。

关于连接性（Connectivity）和端点类型（End Type），请参考本章 5.2.2 节的详细解释。

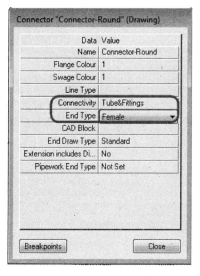

图 5-17

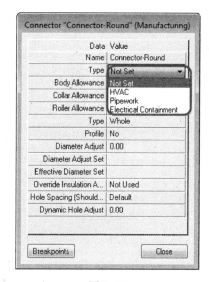

图 5-18

6. 设置类型

创建连接件过程中,上述步骤 1—步骤 5 都是在制图对话框中设置,类型(Type)的设置在制造对话框中进行。单击"Manufacturing ①",选中连接件"Connector-Round",右击连接件并单击"Edit",可以看到"Type"选项,可以在下拉菜单中选择连接件的专业分类,见图5-18。

以上 6 个步骤可以完成一个连接件的基本创建。

5.2.2 制图对话框参数

本小节对连接件的制图窗口的重要参数,如端点绘图类型(End Draw Type)、边缘颜色(Flange Colour)、型段颜色(Swage Colour)、直径伸展(Extension includes Diameter)等,进行详细解释。

1. 颜色设置

用户可以通过设置颜色管理数据库中的连接件。在绘图过程中可以通过颜色辨别连接件。当库切换形状时,设置颜色的参数也不同,见表 5-1。

表 5-1　　　　　　　　　　　　　　　　颜色参数

形状	参数	示意图
矩形(Rectangular)		

续表

形状	参数	示意图
圆形（Round）	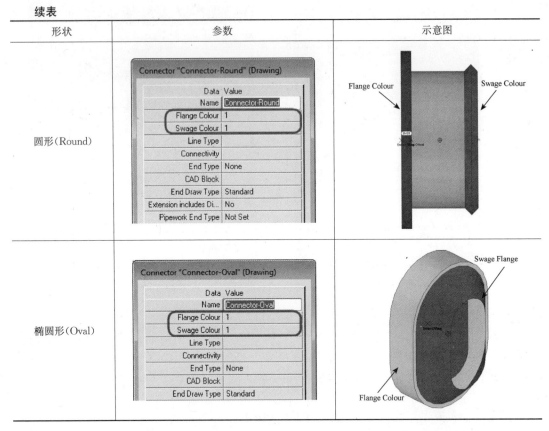	
椭圆形（Oval）		

颜色是根据 AutoCAD® 调色板中的"Index color"来定义，见图 5-19，用户可以根据需求输入"Index color"的数字，控制连接件颜色。

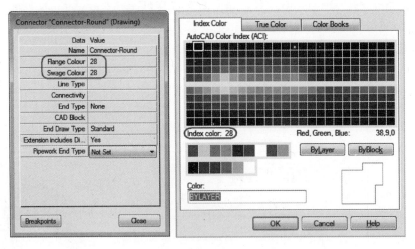

图 5-19

2. 线型设置

线型设置（Line Type）可以设置预制构件在 AutoCAD® 中的图层。在 Autodesk® Fabrication CADmep™ 中，线型设置继承了 AutoCAD® 图层的管理原则，通常有"ByLayer" "Hidden"等，用户可以直接在线型设置栏中直接输入选项，见图 5-20。

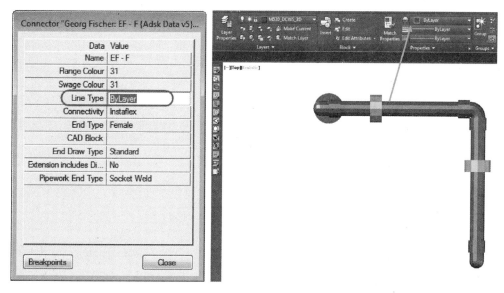

图 5-20

3. 连接性和端点类型

连接性(Connectivity)和端点类型(End Type)是决定管道和配件能否成功连接的重要因素。二者息息相关又相互约束。

1) 连接性(Connectivity)

通常使用表明连接方式的字符来设置连接件的连接性。例如,螺纹连接的连接件的连接性设置为"Threaded",见图 5-21。连接性字符相同是实现预制管件相连的先决条件。

Name	Owner	Flange …	Swage …	Line Type	Connectivity	End Type	CAD Bl…	End Dra…	Exten…	Pipework End Type
⊞　No Group										
⊞　Actionair										
⊞　Alumasc										
⊞　Anvil										
⊞　Aquatherm										
⊞　Blucher Drainage										
⊞　Cast Iron Couplings										
⊞　Copper										
⊟　Crane										
CRN-Female-Thread-Blk	Adsk …	1	1		Threaded	Female		Stand…	No	Screwed
CRN-Female-Thread-Glv	Adsk …	1	1		Threaded	Female		Stand…	No	Screwed
CRN-Male-Thread-Blk	Adsk …	1	1		Threaded	Male		Stand…	No	Screwed
CRN-Male-Thread-Glv	Adsk …	1	1		Threaded	Male		Stand…	No	Screwed

图 5-21

表 5-2 罗列了软件当前数据库中连接性字符。用户也可以根据自己的需要设置连接件的连接性。连接性允许输入任意字符,也可以留白,但只能与连接性同样留白的连接件相连。

表 5-2　　　　　　　　　　　　连接性常用字符

连接方式	连接性	连接方式	连接性
螺纹	Threaded	沟槽式	Grooved
法兰连接	Flange xxx	对接焊缝/承插焊缝	Welded
焊接/平管口/承插式/	Tube & Fittings		

【提示1】 "Flange xxx"中，xxx表示的是法兰的压力等级，如 Flange 125，Flange 250 等。保证相同压力等级的法兰管件才能相连。

【提示2】 风管及管件连接件的连接性通常通过规格来控制，可参考本书第4章规格。

2）端点类型

端点类型（End Type）是除连接性之外控制连接的另一参数。在软件中提供了三个选项，分别是"Male""Female"和"None"。公连接件端点类型应设定为"Male"，母连接件端点类型应设定为"Female"，法兰连接件端点类型应设置成"None"。

3）连接性和端点类型的作用关系

以螺纹连接为例，当公螺纹连接件与母螺纹连接件相连接时，连接性和端点类型设置见图5-22。

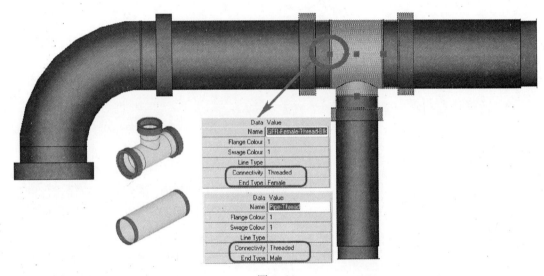

图 5-22

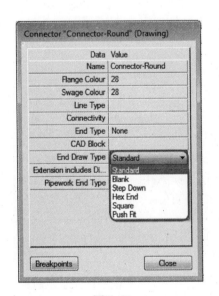

图 5-23

由此可见，要成功连接管路，除连接性字符一致外，端点类型也要配对。在实际项目中，遇到连接方式的转变，要特别注意连接性和端点类型参数的设置。例如，把螺纹连接转换为对焊连接的活接头，连接件一头设置螺纹的连接性，另一头设置对焊的连接性，并注意匹配与之相连接的连接件的端点类型。

4. 端点绘图类型

在库中，三个形状有各自的端点绘图类型（End Draw Type），图5-23所示的是圆形连接件端点绘图类型。端点绘图类型可以控制连接件端点的形体。创建时应根据端点形状相应选择，表5-3为圆形连接件端点绘图类型示例。

表 5-3　　　　　　　　　　　　　圆形连接件端点绘图类型示例

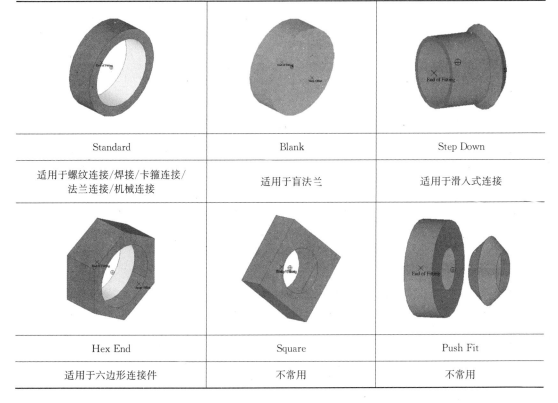

Standard	Blank	Step Down
适用于螺纹连接/焊接/卡箍连接/法兰连接/机械连接	适用于盲法兰	适用于滑入式连接
Hex End	Square	Push Fit
适用于六边形连接件	不常用	不常用

5. 直径伸展

直径伸展（Extension includes Diameter）是圆形连接件的特有参数，有"Yes"和"No"两种选项，见图 5-24。

该选项会影响连接件"Body Thickness"参数定义。由表 5-4 可以看出，当选择"Yes"时，"Body Thickness"包含了管道外径和管道壁厚；当选择"No"时，"Body Thickness"指管道壁厚。

Connector "Connector-Round" (Drawing)

Data	Value
Name	Connector-Round
Flange Colour	1
Swage Colour	1
Line Type	
Connectivity	
End Type	None
CAD Block	
End Draw Type	Standard
Extension includes Di...	No
Pipework End Type	Not Set

光标悬浮此处单击可切换至'Yes'

Breakpoints　　　　Close

图 5-24

表 5-4	"Body Thickness"参数意义
形体描述	参数设置
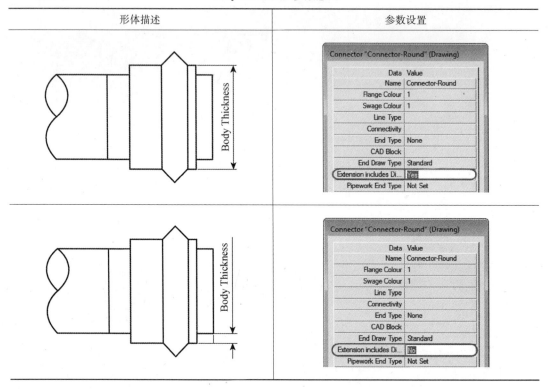	

6. 管道端点类型

管道端点类型(Pipework End Type)是定义管配件的连接类型,用户可以在下拉菜单中根据连接件的连接方式进行选择,见图 5-25,并结合构件属性中"PCF SKey"确定预制构件的 ISO 图例,见图 5-26。

图 5-25   图 5-26

5.2.3 圆形连接件几何形体参数

连接件的几何形体通过一系列参数来驱动。在了解了端点绘图类型、直径伸展参数的含义后，本节将以端点绘图类型为"Standard"的连接件为例，介绍圆形连接件的几何形体参数。

右击连接件"Connector-Round"→"Edit"→"End Draw Type"→"Standard"，见图 5-27。随后单击"Breakpoints"，打开"Connector "Connector-Round"(Drawing)"对话框，见图 5-28，对话框中显示了端点绘图类型为"Standard"的连接件的几何参数。表 5-5 为几何参数的说明及示意。

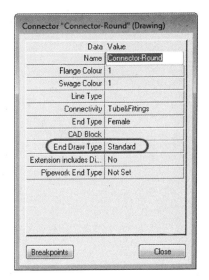

图 5-27

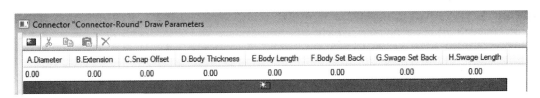

图 5-28

表 5-5	端点绘图类型为"Standard"的圆形连接件几何参数表	
参数	说明	示意图
Diameter	公称直径	—
Extension	公头连接件插入到母头连接件的深度	
Snap Offset	公头连接件与母头连接件的接触点	

续表

参数	说明	示意图
Body Thickness	"Extension Includes Diameter"＝"Yes"，为连接件宽度	
	"Extension Includes Diameter"＝"No"，为管件的壁厚	
Body Length	管件连接头的长度	
Body Set Back	连接件与配件末端距离	
Swage Set Back	型段与连接件的距离	

续表

参数	说明	示意图
Swage Length	型段长度	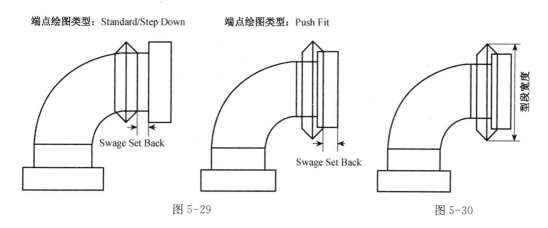

【提示 1】 "Swage Set Back"参数在端点绘图类型"Standard""Step Down""Push Fit"中表达的意义不同,见图 5-29。

端点绘图类型: Standard/Step Down   **端点绘图类型:**Push Fit

图 5-29   图 5-30

【提示 2】 型段的宽度见图 5-30,软件将自动将其宽度与连接件宽度设置成一定比例。

5.3 管道连接件的参数使用实例

预制构件大都是根据厂家的产品目录或管道规范来创建的。新建管道连接件,需要将厂家或管道规范的数据输入相应的参数。本小节将介绍部分常用管道连接件时,软件中连接件参数与厂家或规范中尺寸的对应关系。

在本节中介绍到的连接件类型不存在型段形体,"Swage Set Back"和"Swage Length"这两个参数,默认被设置为"0"。而参数"Body Set Back"无须使用,同样也被默认设置为"0"。在参数使用实例中不再列举这三个参数。

5.3.1 母螺纹连接件

图 5-31 是某母螺纹管件尺寸图,对照表 5-5 的参数说明,可以将母螺纹尺寸图中的尺寸和创建连接件的参数对应起来,见表 5-6。

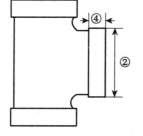 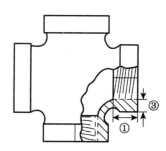

图 5-31

表 5-6   母螺纹参数表

软件参数		厂家或规范对应数据
	Diameter	公称直径
	Extension	母螺纹深度(图 5-31：①)
	Snap Offset	一一(图 5-31：①)
Body Thickness	"Extension includes Diameter"设置"Yes"	连接件宽度(图 5-31：②)
	"Extension includes Diameter"设置"No"	壁厚(图 5-31：③)
	Body Length	连接件的宽度(图 5-31：④)

【提示】 对于母连接件来说"Snap Offset"的值通常为负值,即公连接件与母连接件接触位置与公连接件插入到母连接件的深度重合。当"Snap Offset"为正值,零和负值时,公头和母头接触位置不同,详见表 5-7。

表 5-7   公头与母头接触位置

Snap Offset	公头与母头接触位置
正值	
零	
负值	

创建母螺纹连接件时,图 5-31 明确标出了公头的插入位置,因此母螺纹的"Snap Offset"可以直接采用值"一①"。如厂家或者管道规范没有给出插入位置,"Snap Offset"可采用"一2xExtension"。

5.3.2 公螺纹连接件

公螺纹和母螺纹是配套使用的。在实际施工时,管配件在连接时公螺纹,公螺纹不能完全被拧入,出现一段失效螺纹。螺纹深度这个参数定义公螺纹插入母螺纹的深度,见图5-32。创建公螺纹连接件参数对照表见表5-8。

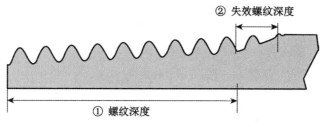

图 5-32

表 5-8 公螺纹连接件参数表

软件参数		厂家或规范对应数据
Diameter		公称直径
Extension		公螺纹此数值设定为0
Snap Offset		螺纹深度×2(图5-32:①×2)
Body Thickness	"Extension includes Diameter"设置"Yes"	0.9×外径
	"Extension includes Diameter"设置"No"	一公称直径/10
Body Length		一螺纹深度(图5-32:一①)

5.3.3 轮毂连接件

创建某轮毂连接件,见图5-33。

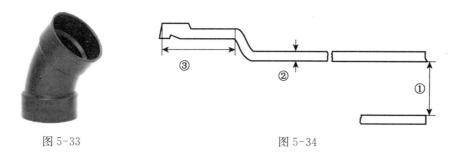

图 5-33   图 5-34

图5-34为某轮毂连接规范中轮毂接头的尺寸图,"①""②"和"③"是创建连接件所需的参数。

连接件参数参照如表5-9所示,得到轮毂连接件相关参数的计算公式。

表 5-9 轮毂连接件参数表

软件参数	厂家或规范对应数据
Diameter	公称直径
Extension	=压缩长度(图5-34:③)
Snap Offset	=-2xExtension

续表

软件参数		厂家或规范对应数据
Body Thickness	Set"Yes"	=轮毂宽度(图 5-34:①+2×②)
	Set"No"	=壁厚(图 5-34:②)
Body Length		=轮毂长度(图 5-34:③)

5.3.4 法兰连接件

法兰连接在管道设计的应用非常广泛。本小节将介绍法兰连接相关参数。承插法兰、对焊法兰、螺纹法兰等类型在软件中的几何表达无区别。

对于法兰连接件的创建最重要的参数就是法兰外径(Outside Diameter of Flange)以及法兰壁厚(Minimum Thickness of Flange),在法兰连接规范找到相应数据,见图 5-35。

对应规范中的参数以及连接件参数定义,可以得到法兰连接件创建的参数见表 5-10。

1	2	3
Nominal Pipe Size, NPS	Outside Diameter of Flange, O	Minimum Thickness of Flange t_f [Notes (2)·(4)]
$\frac{1}{2}$	90	9.6
$\frac{3}{4}$	100	11.2
1	110	12.7
$1\frac{1}{4}$	115	14.3
$1\frac{1}{2}$	125	15.9
2	150	17.5
$2\frac{1}{2}$	180	20.7
3	190	22.3
$3\frac{1}{2}$	215	22.3
4	230	22.3
5	255	22.3
6	280	23.9
8	345	27.0
10	405	28.6
12	485	30.2
14	535	33.4
16	595	35.0
18	635	38.1
20	700	41.3
24	815	46.1

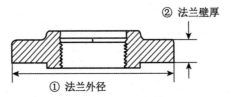

② 法兰壁厚

① 法兰外径

图 5-35

表 5-10　　　　　　　　　　　　法兰连接件参数表

参数名称	类型	说　明
Diameter		公称直径
Extension		=0
Snap Offset	公制	=2×0.75 两片法兰之间保持 1.5 mm 的距离为一个经验值
	英制	=2×0.025 两片法兰之间保持 0.05 inch 的距离为一个经验值
Body Thickness		法兰外直径(Outside Diameter of Flange)(图 5-35:①)
Body Length		情况一:法兰壁厚(Minimum Thickness of Flange)(图 5-35:②) 情况二:法兰壁厚(Minimum Thickness of Flange)+凸起面厚度(图 5-35:②)

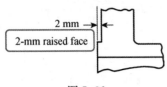

2 mm

2-mm raised face

图 5-36

【提示】 对于凸面法兰,在法兰片的一侧有凸面(Raised Face)。目前形体上并不表达这一凸面小薄片。在制作凸面法兰连接件时,一般将凸面厚度的参数值计算至"Body Length"中,见图 5-36。

5.3.5 公头连接件

Autodesk® Fabrication Estmep™中,除了公螺纹连接的创建较为特殊外,其他公头都通用一套参数,见表 5-11 公头连接件的参数。与母头连接件连接时,公头连接件会自适应插入深度。

表 5-11　　　　　　　　　　　　公头连接件的参数

参数名称	参数值	参数名称	参数值
Diameter	=999	Body Length	=0
Extension	=0	Body Set Back	=0
Snap Offset	=0	Swage Set Back	=0
Body Thickness	=0	Swage Thickness	=0

5.3.6 六边形连接件

连接件中的六边形可以通过端点绘图类型"End Draw Type"中的"Hex End"来实现。需要设置"Hex Height"和"Hex Length"两个参数。

选中连接件"Untitled"右击并单击"Edit",重命名为"Hex End",端点绘图类型选择"Hex End",直径伸展设为"Yes",见图 5-37。

当"End Draw Type"被设定为"Hex End"时,在"Breakpoints"中会出现"Hex Height"和"Hex Length"两个参数,来定义六边形的形体,见图 5-38。

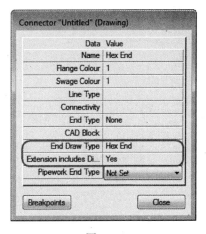

图 5-37

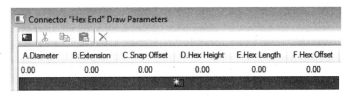

图 5-38

"Hex Height"和"Hex Length"的计算值,参见表 5-12。

表 5-12　　　　　　　　　　　　六边形连接件参数

参数名称	说　明	备　注
Diameter	=公称直径	
Extension	=母头深度(③)	
Snap Offset	=−2×Extension	
Hex Height	=2×(管道内径+2×壁厚)×SQRT(1/3)　管道内径=①,壁厚=②	
Hex Length	=Extension(③)	
Hex Offset	=0	

5.4 连接件的导出和导入

当前软件数据库中已经有大量的连接件,可以利用导出和导入的方法重复利用连接件数据。

5.4.1 连接件的导出

连接件可以直接导出为"mct"文件。

(1)"File"→"Export"→"Database Export",见图 5-39。

(2)在弹出的"Database Export"对话框,选择"Connectors",勾选要导出的连接件,单击"OK",见图 5-40。在"Export to File"的对话框中,选择保存文件的路径,并将"Save as type"选择为"Connectors(* . mct)",见图 5-41。

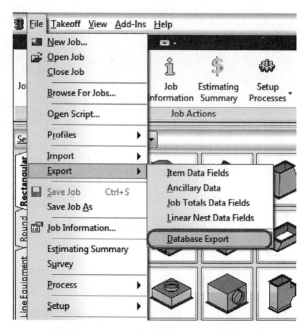

图 5-39

至此,选中的连接件就被导出为.mct 文件。

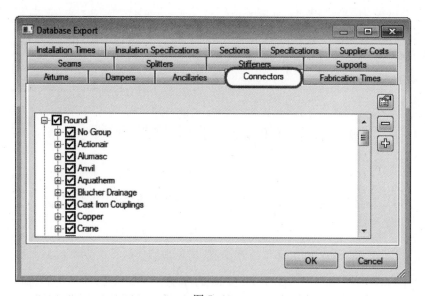

图 5-40

5.4.2 连接件的导入

新建一个轮廓时,打开数据库,连接件库中是空白的,见图 5-42。如果要重复使用已有的连接件,可以将已有的连接件通过 MCT 文件导入到新的轮廓中。

"File"→"Import"→"Database Import",选中需要被导入的 MCT 文件,见图 5-43。目标连接件就被导入到新建轮廓的数据库中。

【提示】 由图 5-43 可知,在数据库中,除连接件外,还有很多内容可以被导入导出,用户可以根据需要灵活使用。

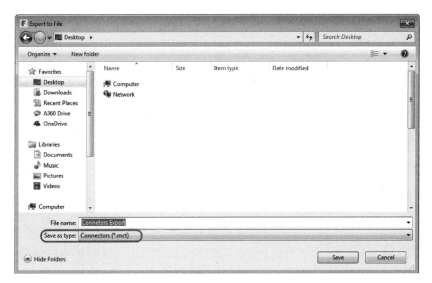

图 5-41

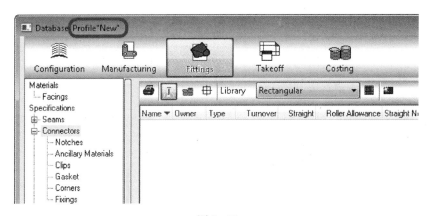

图 5-42

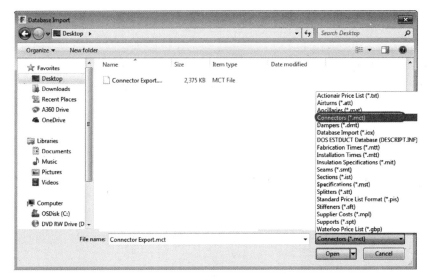

图 5-43

第6章 成本核算

Autodesk® Fabrication 产品的数据库中含有丰富的成本核算信息。用户在产品数据库中可以自定义各类信息表,并将此信息表赋予相对应的预制构件。当用户使用预制构件绘制项目设计图时,成本核算信息也同步生成。成本核算信息会随着模型的更新智能化实时更新,从而提高成本核算的准确性及效率。

本章将分三节详细介绍如何应用 Autodesk® Fabrication 产品进行成本核算。6.1 节介绍成本核算信息的组成,6.2 节会介绍成本信息核算信息如何同预制构件关联,6.3 节详解成本核算信息,成本核算包含材料成本、加工成本及安装成本。各个成本中分别包含了主材价格、连接件价格、保温价格。除了安装成本外,材料成本和加工成本还包含了表面涂料价格,见图 6-1。

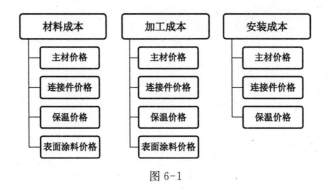

图 6-1

6.1 成本核算信息的组成

成本核算信息主要由材料价格、加工价格及安装价格三部分信息组成。在 Autodesk® Fabrication 产品中,也有对应的三张价格信息表。材料价格表(Price List)涵盖了预制构件被购买并运输至实际施工现场所发生的材料价格成本。安装时间表(Installation Time)和加工时间表(Fabrication Time)涵盖了预制构件在实际施工现场安装、加工所发生的时间。再根据实际施工的工时成本可计算得出安装及加工的价格成本。见图 6-2。

6.1.1 材料价格表的创建

材料价格表包含了主材及连接件材料价格的设置。

单击功能区中"Database"→"Costing"→"Price Lists"→"新建"■按钮,进入材料价格表的创建,见图 6-3。

1. 供应商信息的创建

新建供应商类别组,对其名称及相关费率进行设置,见图 6-4。

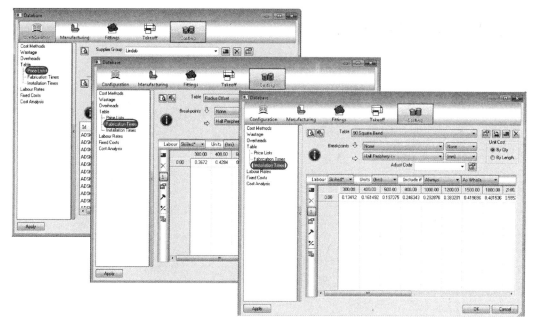

图 6-2

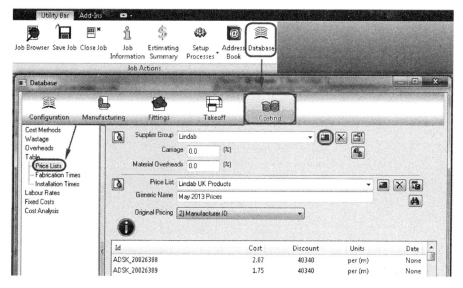

图 6-3

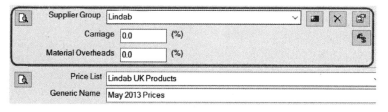

图 6-4

（1）Supplier Group：输入供应商类别组的名称。

📖 打印所有供应商组下的所有价格表；

🖼 新建全新的供应商组；

❌ 删除当前的供应商组；

📑 设置材料价格折扣率。

单击📑，在对话框中设置材料单价折扣率。在"Type"中选择不同的折扣类型，例如下浮利率"%ge Decrease"。选好类型后，单击新建按钮🖼，在"Code"列中输入预制构件的名称，例如"90 Elbow"，在"Value"列输入折扣率，例如 5。材料单价将考虑此部分折扣率，公式为：材料单价＝材料单价×（1－Value%），见图 6-5。

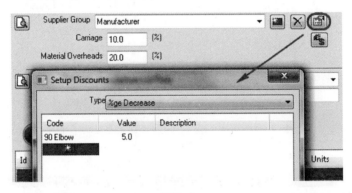

图 6-5

（2）Carriage：运输费用百分比率，材料单价将考虑此部分运输费用，公式为"材料单价＝材料单价×（1＋Carriage%）"。

🖼 供应商的更新，在弹出的对话框中选中对应的 CSV 文件并加载进来。

（3）Material Overheads：材料总价上浮百分比率，材料总价将考虑此上浮率，公式为"材料总价＝材料总价×（1＋Material Overheads%）"。

2. 不同类型价格信息表的创建

（1）价格信息表：价格信息表相关设置，见图 6-6。

图 6-6

① Price List：价格表名字，在下拉框中可见不同的价格表名，这些价格表都归属于当前选中的同一个供应商。

📖 打印当前价格表；

🖼 新建全新的价格表；

❌ 删除当前的价格表；

📑 导入价格表数据。

② Generic Name：可以为当前价格表进行补充备注，例如价格表建立或更新的时间。

● 🔍查找价格表的数据；

● 单击，新建价格信息表，见图 6-7；

● Create New Empty Table：新建一个全新空白表格；

● Copy Current Table"Untitled"：从当前选中的信息表进行复制；

● Copy From Other Price List：选择信息库中已有的信息表进行复制。

当选择"Create New Empty Table"时，需在"Type of Table"中选择表格类型，有"Product List"和"Breakpoint Table"两种类型，可以创建不同格式的信息表。

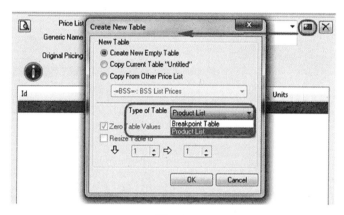

图 6-7

（2）"Product List"型

此类型适用于有"Product List"的预制构件。预制构件的尺寸参数通过"Product List"方式创建，通过预制构件具体尺寸对应的 ID 号同价格表内的 ID 号关联来获取材料价格，见图 6-8。

① 选择"Create Empty Table"新建一个全新的表格，选择"Type of Table"为"Product List"，见图 6-9。

② Price List：输入价格信息表的名称，例如"Elbow-90"，见图 6-10。

③ 定义信息表格：右击信息表标题行，选择"Customize Product Info"，在"Define Product Info"对话框中的左侧框列表中选择需要的设置参数，单击" ⇨ "添加到右侧框中。单击" ⇦ "可以把已有的参数从右侧框中移除。通过" ⬆ "" ⬇ "调整参数的前后顺序，见图 6-11。

④ 默认的常用参数见图 6-12 框选部分。

Id：产品编号，与预制构件对话框 Product List 中 Id 一致；

Cost：产品单价；

Discount：产品折扣，若在供应商组界面中设置了折扣率，Discount 处会有下拉框选择相应折扣率；

Units：产品单位；

Date：产品价格创建时间；

Status：产品价格状态，例如产品价格状态是有效还是已经过时；

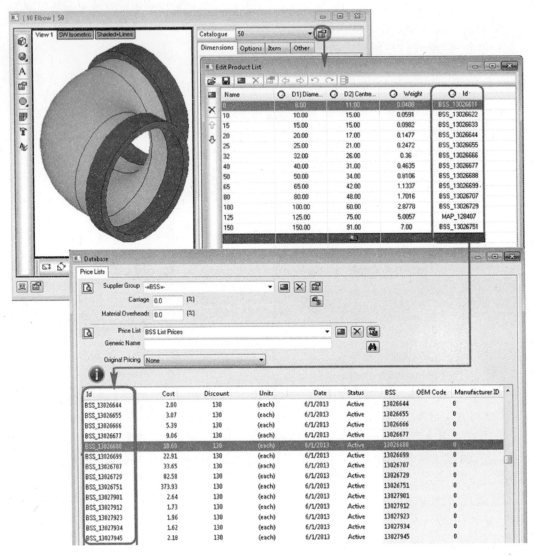

图 6-8

图 6-9

图 6-10

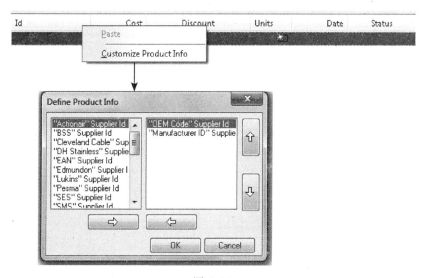

图 6-11

Id	Cost	Discount	Units	Date	Status	OEM Code	EAN	Manufacturer ID
ADSK_...	2.07	40340	per (m)	None	Active	160059	0	129-160059
ADSK_...	1.75	40340	per (m)	None	Active	160061	0	129-160061
ADSK_...	2.07	40340	per (m)	None	Active	160063	0	129-160063
ADSK_...	2.41	40340	per (m)	None	Active	160066	0	129-160066

图 6-12

- OEM Code：原始设备制造商生产编号；
- EAN 国际物品编码协会制定的商品条码编号；
- Manufacture ID：加工商生产编号；
- UPC Code：美国统一代码委员会制定的商品条码，主要用于美国和加拿大地区。

⑤ 按照上述步骤，材料价格表便建立完成，单击"OK"键保存即可，见图 6-13。

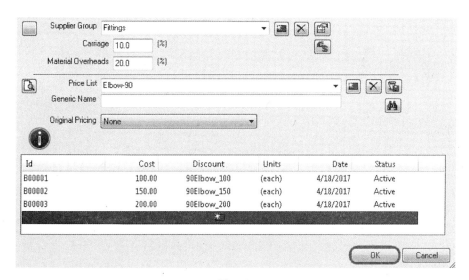

图 6-13

【技巧】 当数据量大，可以在 Excel 中编辑，完成后批量粘贴到软件里，见图 6-14。

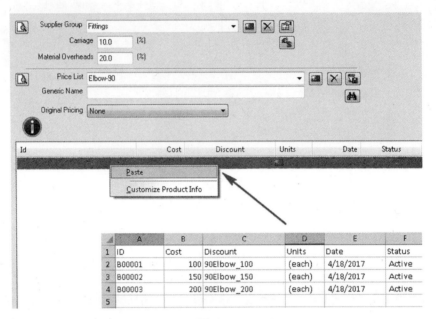

图 6-14

粘贴时勾选"Data Contains Field Names"，标题列名称一一对应。Currency 处可以选择价格单位，粘贴完成后，会弹出"Price List Update"的对话框，显示有 3 条新价格明细被添加，见图 6-15。

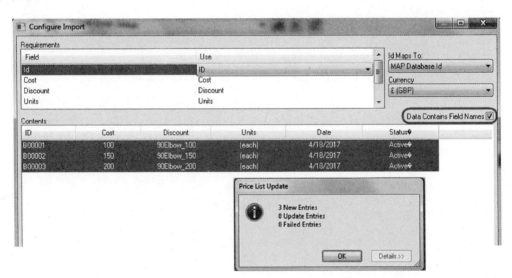

图 6-15

（3）"Breakpoint Table"型：此类型适用于没有"Product List"的预制构件。通过预制构件具体尺寸同材料价格表中的具体尺寸一一对应关联，见图 6-16。

① 选择"Create Empty Table"新建一个全新的表格，选择"Type of Table"为"Breakpoint Table"，见图 6-17。

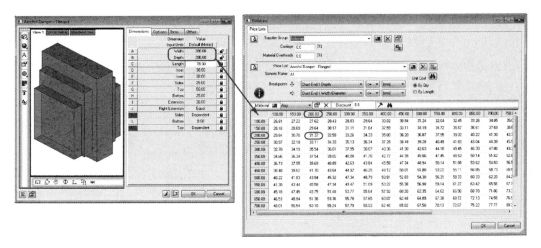

图 6-16

② Price List：输入价格信息表的名称，例如
"Rectangular VCD"，见图 6-18。

③ Breakpoints：由以下几部分组成：

Price List：价格表名字，在下拉框中可见不同的
价格表名，这些价格表都归属于当前选中的同一个供
应商；

Generic Name：可以为当前价格表进行补充备注；

Breakpoints ⬇：表格纵列；

Breakpoints ➡：表格横列；

Area：表格纵列的面积数值，可通过下拉框选择
其他的类型，不同的单位；

图 6-17

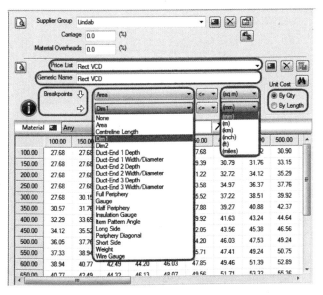

图 6-18

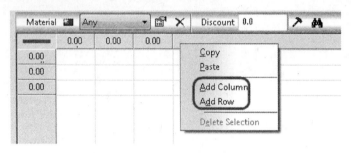 :表格横列的直径数值,可通过下拉框选择其他的类型,不同的单位;

Unit Cost:可选择以数量或以长度为计量单位,例如风阀可以选择"By Qty",如果是风管,可以选择"By Length"。

④ 定义信息表格:

右击纵列或横列,添加纵列和横列的数量,见图6-19。

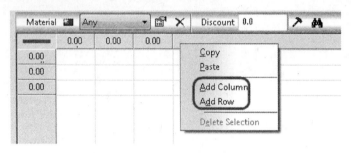

图 6-19

将数据添置到表格中完成,单击"OK"保存即可,见图6-20。当数据量大的时候,同样可以在 Excel 中处理后复制到软件。

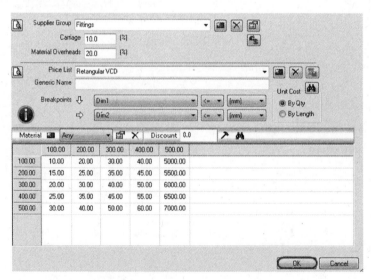

图 6-20

6.1.2 加工时间表的创建

加工时间表包含了主材及连接件加工价格的设置。

(1)在创建加工表前,首先要在数据库中添加不同工种及工时成本。单击功能区中"Database"→"Costing"→"Labour Rates"→"Fabrication Rate",见图6-21。

(2)单击▦添加不同工种及工时价格,见图6-22。

(3)单击功能区中"Database"→"Costing"→"Fabrication Times",进入加工表创建,见图6-23。

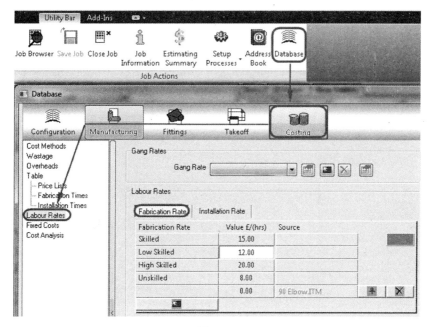

图 6-21

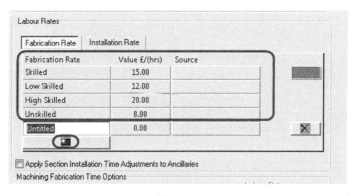

图 6-22

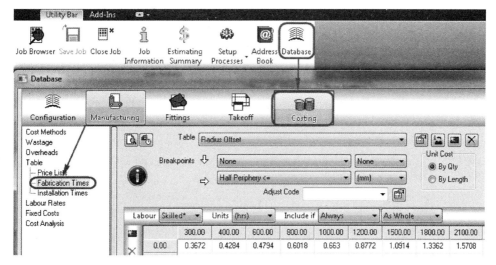

图 6-23

（4）单击圖创建加工表，见图 6-24。

Create New Empty Table：新建一个全新空白表格；

Copy Current Table"Radius Offset"：从当前选中的信息表进行复制；

Copy From Other Price List：选择信息库中已有的信息表进行复制。

当选择"Create New Empty Table"时，要在"Type of Table"中选择表格类型，有"Product List"和"Breakpoint Table"两种类型，可以创建不同格式的信息表。

图 6-24

（5）选择"Create Empty Table"新建一个全新的表格，选择"Type of Table"为"Product List"。

① Table：定义加工表名称以及归属的类别组，见图 6-25。

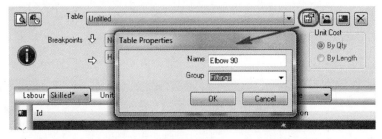

图 6-25

② Labour/Unit：设置工种类型及加工时间单位，见图 6-26。

图 6-26

③ 定义信息表格：右击信息表标题行，选择"Customize Product Info"，在"Define Product Info"对话框中的左侧框列表中选择需要的设置参数，单击"　⇨　"添加到右侧框中。单击"　⇦　"可以把已有的参数从右侧框中移除。通过"⬆""⬇"调整参数的前后顺序，见图 6-27。

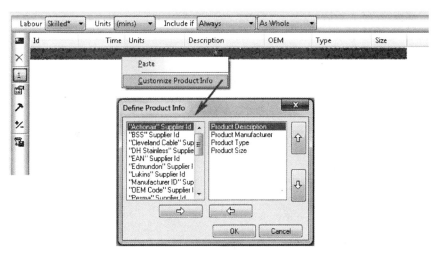

图 6-27

④ 默认的常用参数：输入所需值，单击"OK"保存即可，见图 6-28。

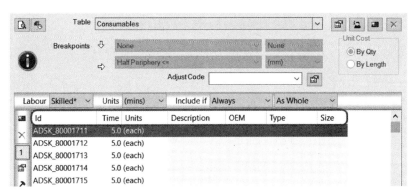

图 6-28

ID：产品编号，与 Item 对话框 Product List 中 Id 一致；

Time：加工时间；

Units：产品单位；

Description：产品描述；

OEM：原始设备制造商生产编号；

Type：产品类型；

Size：产品尺寸。

（6）将相关信息输入，如果数据量大，可以创建 Excel，批量将数据粘贴。

（7）选择"Create Empty Table"新建一个全新的表格，选择"Type of Table"为"Breakpoint Table"，同 6.1 节材料价格表中"Breakpoint Table"型。

6.1.3 安装时间表的创建

与创建加工时间表相同,首先要在数据库中添加不同工种及工时成本。

(1) 单击功能区中"Database"→"Costing"→"Labour Rates"→"Installation Rate",单击▦创建不同工种及工时价格,见图 6-29。

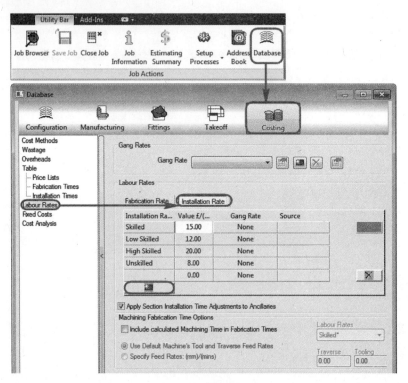

图 6-29

(2) 单击功能区中"Database"→"Costing"→"Installation Times"→▦,进入安装时间表创建,见图 6-30。同 6.1.2 节加工时间表的创建步骤 4—步骤 6。

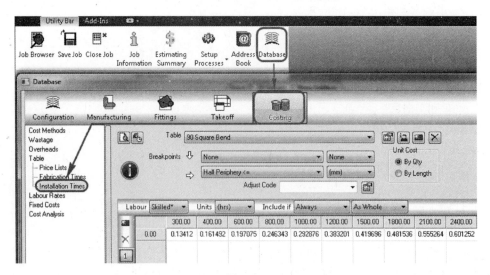

图 6-30

6.2　成本核算信息与预制构件的关联

创建完上面三张信息表后,需要把信息表与预制构件关联起来,预制构件便携带了不同的成本信息,见图 6-31。

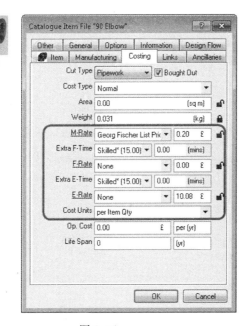

图 6-31

6.2.1　材料价格表与预制构件的关联

在预制构件属性中选择材料价格表,将材料价格与预制构件进行关联。以水管弯头"90 Elbow"为例,右击预制构件,选择属性中"Costing"选项卡。

(1)"M-Rate"处赋予相应的材料价格表,见图 6-32。

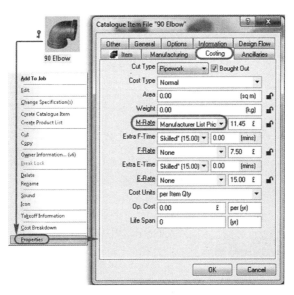

图 6-32

（2）单击"M-Rate"，可进入相关材料价格表，见图6-33。

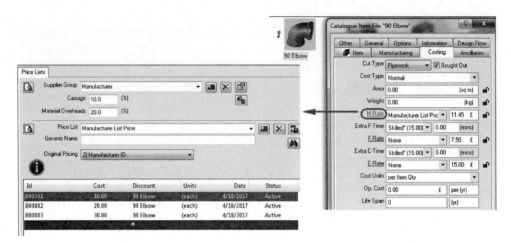

图 6-33

6.2.2　加工时间表与预制构件的关联

在预制构件属性中选择加工时间表，将加工价格与预制构件关联。如果在施工现场发生返工，也可设置额外的加工价。

以空调风管弯头"Square Bend"为例，右击预制构件，选择属性中的"Costing"选项卡。

（1）在"Extra F-Time"处，添加工种及加工时间，预制构件便添加了额外加工成本，见图 6-34。

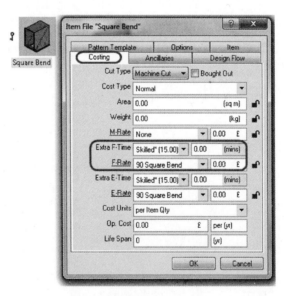

图 6-34

（2）"F-Rate"处赋予加工表。单击"F-Rate"，可自动打开相应加工时间表，见图6-35。

6.2.3　安装时间表与预制构件的关联

在预制构件属性中选择安装时间表，将安装价格与预制构件关联。如果在施工现场发生返工，也可设置额外的安装价。

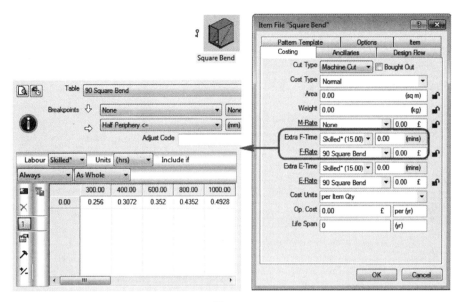

图 6-35

以水管"Mapress Pipe Coated"为例,右击预制构件,选择属性中"Costing"选项卡。

(1) 在"Extra E-Time"处,添加工种及加工时间,预制构件便添加了额外安装成本,见图 6-36。

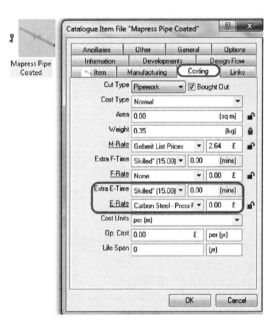

图 6-36

(2)"E-Rate"处赋予安装表时间表,单击"E-Rate",可自动打开相应安装表,见图 6-37。

【提示】 水管的管配件是由生产厂商加工完成的,加工时间表不与预制构件相关联,而设置为"None"。管配件也不需要绑定安装时间表,它的安装时间是通过连接件携带的,见图 6-38。

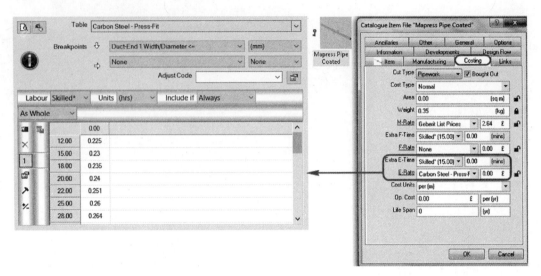

图 6-37

图 6-38

6.3　成本核算信息的详解

右击一个预制构件,在 Cost Breakdown 的对话框中可以看到它的成本核算中的材料成本、加工成本以及安装成本,见图 6-39。

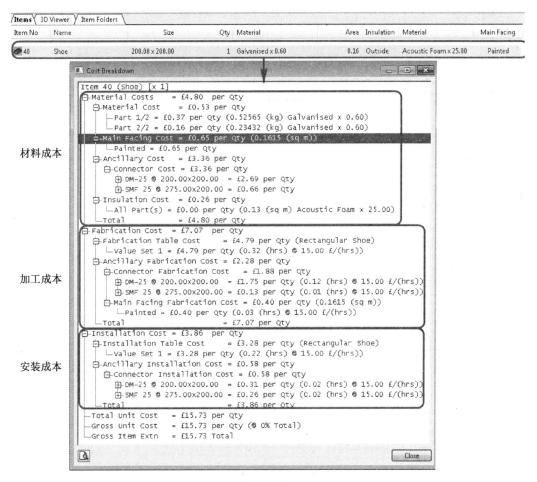

材料成本

加工成本

安装成本

图 6-39

6.3.1　材料成本

1. 主材价格

以一个尺寸为 100 mm 的给排水预制构件"90 Elbow"为例,见图 6-40。

① 材料单价:根据它的 ID:B0001,在材料价格表中找到对应的材料单价为 10;

② 折扣率:材料价格表中的 Discount 设置为 5%;

③ 运输费:材料价格表中的 Carriage 设置为 10%;

④ 上浮率:材料价格表中 Material Overheads 的设置为 20%;

主材价格(Price List Cost)为 $10 \times (1-5\%) \times (1+10\%) = 10.45$,材料成本(Material Costs)=[10.45(Price List Cost)+0(Ancillary Cost)+0(Insulation Cost)]$\times(1+20\%)$ = 12.54。

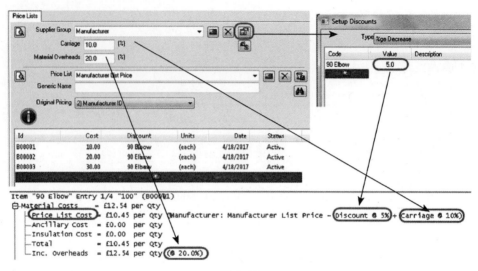

图 6-40

2. 连接件价格

（1）以一个尺寸为 100 mm 的给排水预制构件"90 Elbow"为例，它的两头绑定了连接件"GRC-Female-Thread-Glv"，见图 6-41。

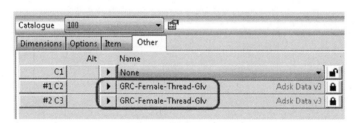

图 6-41

① 在数据库中连接件的价格设置▤中，此连接件绑定了辅助材质"Ancillary Material"中的"Threaded-Malleable Iron-Glv"，见图 6-42。

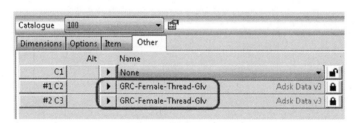

图 6-42

② 根据连接件材料数据库中的"Threaded-Malleable Iron-Glv"的 ID 编号，找到材料价格表中对应的价格，即为单个连接件材料的价格为 0.5，见图 6-43。

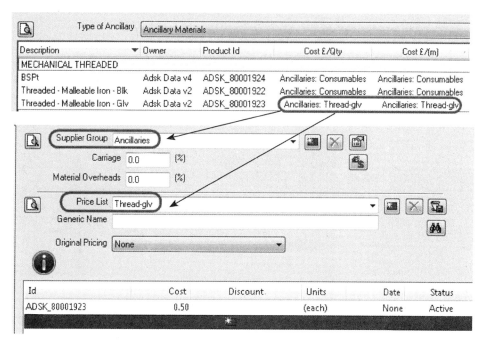

图 6-43

③ 在"Cost Breakdown"报告中,此构件的连接件有 2 个,连接件价格 Connector Cost＝0.5x2＝1.0,见图 6-44。

```
┌─Ancillary Cost  = £1.00 per Qty
  └─Connector Cost = £1.00 per Qty
     ├─GRC-Female-Thread-Glv @ 100.00 = £0.50 per Qty
     │  └─Ancillary Materials: Threaded - Malleable Iron - Glv [ADSK_80001923] = £0.50 per Qty
     └─GRC-Female-Thread-Glv @ 100.00 = £0.50 per Qty
        └─Ancillary Materials: Threaded - Malleable Iron - Glv [ADSK_80001923] = £0.50 per Qty
```

图 6-44

(2) 法兰连接件的价格设置跟上面管配件的设置不同。它不是由辅助材质"Ancillary Material"决定的,而是通过辅助套件"Ancillary Kits"设置的。

① 在数据库中连接件的价格设置 中,它的辅助材质"Ancillary Material"中的设置为"None"而在"Gasket"绑定了它的辅助套件"PN40 Flange Kit",见图 6-45。

图 6-45

② 在辅助套件中,双击"PN40 Flange Kit",可以看到它是由垫圈 Gasket 和螺栓 Bolts 构成的,见图 6-46。

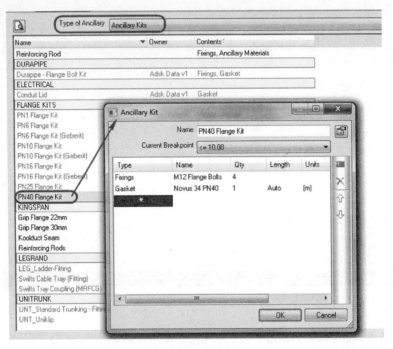

图 6-46

③ 垫圈 Gasket,螺栓 Bolts 的价格,是在辅助部件"Ancillary"中被绑定的。

例如,单击功能区"Database"→"Fittings"→"Connectors"→"Gaskets",可见垫圈 "Gasket"处"Cost"被附上材料价格表"Ancillaries:Consumables",见图 6-47。

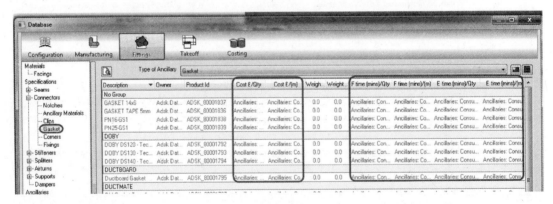

图 6-47

3. 保温价格

(1) 在数据库的保温材料中设置保温价格,单击功能区中"Database"→"Fittings"→ "Insulation",选择相应保温材料及尺寸,右击选择"Edit",见图 6-48。

(2) 在弹出的对话框中添加价格,见图 6-49。

(3) 在预制构件"Item"选项卡下,绑定相关的"Insulation",见图 6-50。

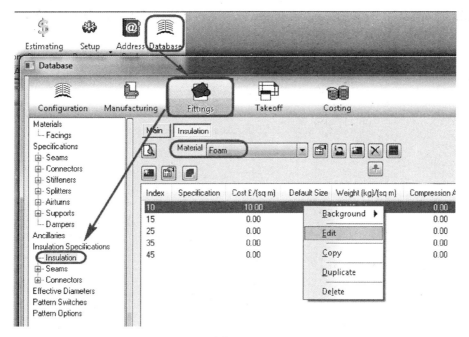

图 6-48

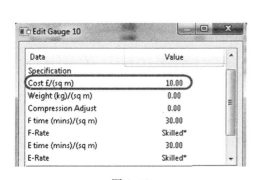

图 6-49

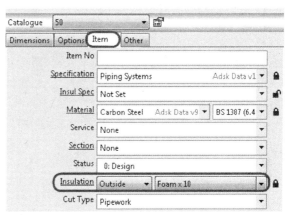

图 6-50

（4）在"Cost Breakdown"中，可以看到管道添加的保温价格，见图 6-51。

【提示】 保温材料的价格单位为每平方米"sqm"，目前，软件对保温价格的计算只支持单位为长度的预制构件，例如管道类。

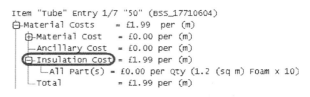

图 6-51

4．表面涂料价格

（1）在数据库中设置表面涂料价格，单击功能区中"Database"→"Fittings"→"Facings"，选择目标涂层材料，例如"Galvanised"右击选择"Edit"见图 6-52。

（2）在弹出的对话框中添加价格，见图 6-53。

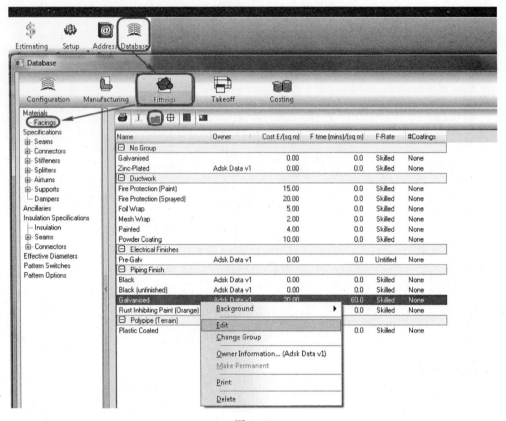

图 6-52

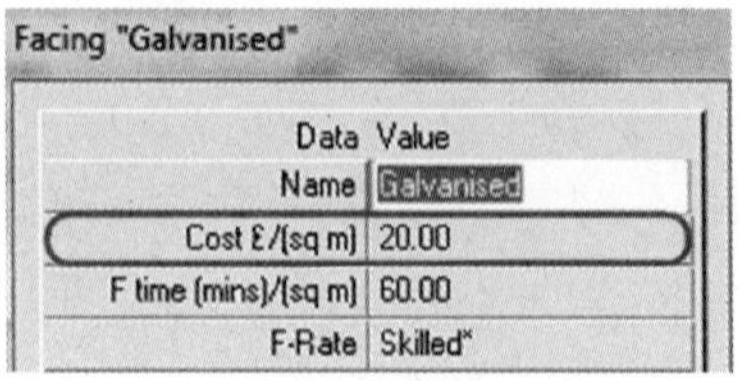

Facing "Galvanised"

Data	Value
Name	Galvanised
Cost £/(sq m)	20.00
F time (mins)/(sq m)	60.00
F-Rate	Skilled"

图 6-53

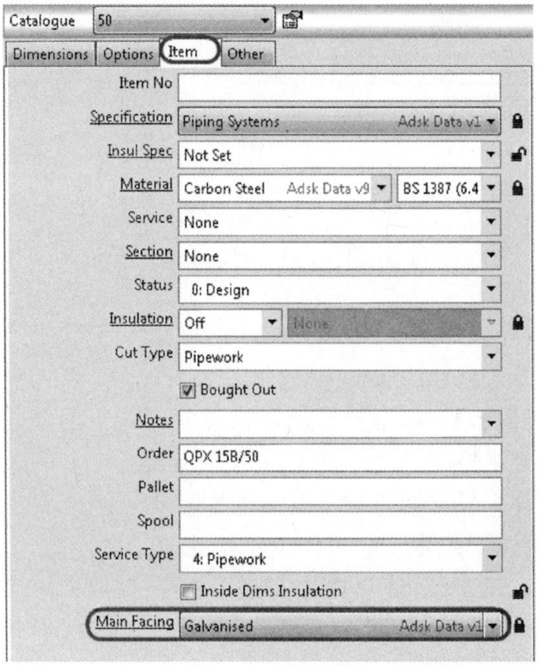

图 6-54

（3）在预制构件"Item"选项卡下，绑定相关的"Main Facing"，见图 6-54。

（4）在"Cost Breakdown"中，可以看到管道添加的表面涂层价格，见图 6-55。

```
Item "Tube" Entry 1/7 "50" (BSS_17710604)
Material Costs      = £3.79 per (m)
  Material Cost     = £0.00 per (m)
  Main Facing Cost  = £3.79 per Qty (0.18944 (sq m))
    Galvanised = £3.79 per Qty
  Ancillary Cost    = £0.00 per (m)
  Insulation Cost   = £0.00 per (m)
  Total             = £3.79 per (m)
```

图 6-55

6.3.2 加工成本

1. 主材价格

以水管为例，它的工种及工时成本，见图 6-56。

（1）在加工时间表"Tube"中，根据管道具体尺寸对应的 ID：A0001，在加工时间表中找到对应的管道加工时间为 5 mins，工种为"Skilled"。

（2）在 Fabrication Rate 中，工种 skilled 价格设置为 15£/(hr)=0.25£/(Mins)

主材加工价格(Fabrication Table cost)=5(mins)x0.25£/(mins)=1.25£

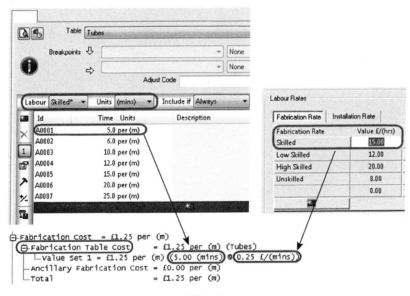

图 6-56

2. 连接件

以一个尺寸为 100 mm 的给排水预制构件"90 Elbow"为例，它的两头绑定了连接件"GRC-Female-Thread-Glv"，见图 6-57。

（1）在数据库中连接件的价格设置 中，此连接件绑定了辅助材质"Ancillary Material"中的"Threaded-Malleable Iron-Glv"，见图 6-58。

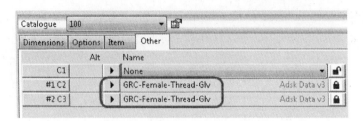

图 6-57

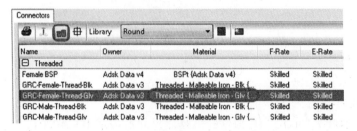

图 6-58

（2）双击连接件材料数据库中的"Threaded-Malleable Iron-Glv"，在弹出的"Ancillary Materials：Threaded-Malleable Iron-Glv"对话框中可以查看 ID 编号及加工时间表名称 "Thread-glv"。

（3）在"Thread-glv"加工时间表中找到此 ID 编号对应的加工时间，见图 6-59。

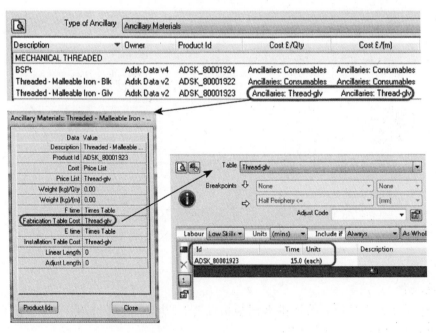

图 6-59

（4）在连接件数据库中可见此连接件的加工工种设置为"Skilled"，见图 6-60。

（5）工种及工时设置：在数据库中加工工种"Skilled"的工时成本为 15 £/（hrs）= 0.25 £/（mins），见图 6-61。

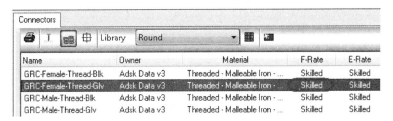

Connectors
Library
Round
Name
Owner
Material
F-Rate
E-Rate
GRC-Female-Thread-Blk
Adsk Data v3
Threaded - Malleable Iron - ...
Skilled
Skilled
GRC-Female-Thread-Glv
Adsk Data v3
Threaded - Malleable Iron - ...
Skilled
Skilled
GRC-Male-Thread-Blk
Adsk Data v3
Threaded - Malleable Iron - ...
Skilled
Skilled
GRC-Male-Thread-Glv
Adsk Data v3
Threaded - Malleable Iron - ...
Skilled
Skilled

图 6-60

Configuration
Manufacturing
Fittings
Takeoff
Costing
Cost Methods
Wastage
Overheads
Table
Price Lists
Fabrication Times
Installation Times
Labour Rates
Fixed Costs
Cost Analysis
Gang Rates
Gang Rate
Labour Rates
Fabrication Rate
Installation Rate
Fabrication Rate
Value £/(hrs)
Source
Skilled
15.00
Low Skilled
12.00
High Skilled
20.00
Unskilled
8.00

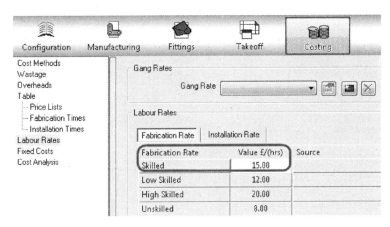

图 6-61

(6) 在"Cost Breakdown"报告中,此构件的连接件有两个,连接件加工价格为 2x[15(mins)x0.25£/(mins)]=7.5£,见图 6-62。

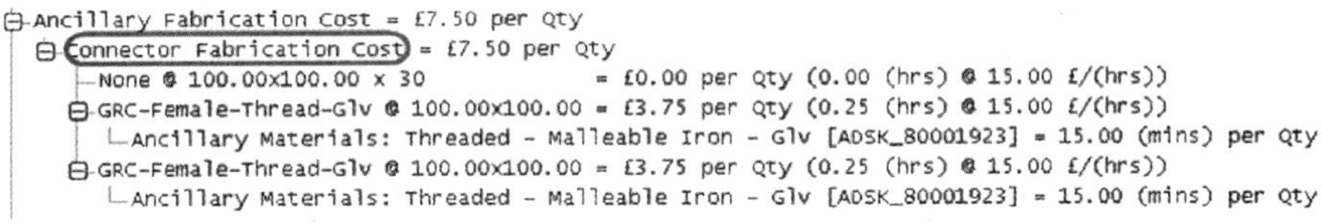

Ancillary Fabrication Cost = £7.50 per Qty
Connector Fabrication Cost = £7.50 per Qty
None @ 100.00x100.00 x 30 = £0.00 per Qty (0.00 (hrs) @ 15.00 £/(hrs))
GRC-Female-Thread-Glv @ 100.00x100.00 = £3.75 per Qty (0.25 (hrs) @ 15.00 £/(hrs))
Ancillary Materials: Threaded - Malleable Iron - Glv [ADSK_80001923] = 15.00 (mins) per Qty
GRC-Female-Thread-Glv @ 100.00x100.00 = £3.75 per Qty (0.25 (hrs) @ 15.00 £/(hrs))
Ancillary Materials: Threaded - Malleable Iron - Glv [ADSK_80001923] = 15.00 (mins) per Qty

图 6-62

3. 保温价格

(1) 在数据库的保温材料中设置保温加工价格,单击功能区中"Database"→"Fittings "→"Insulation",选择相应保温材料及尺寸,右击选择"Edit",见图 6-63。

(2) 在弹出的对话框中添加加工工时工本信息,例如:"30""Skilled",见图 6-64。

(3) 在预制构件"Item"选项卡下,绑定相关的"Insulation",见图 6-65。

(4) 在"Cost Breakdown"中,可以看到管道添加的保温加工价格,见图 6-66。

4. 表面涂料价格

(1) 在数据库中设置表面涂料价格,单击功能区中"Database"→"Fittings"→"Facings",选择目标涂层材料,例如"Galvanised"右击选择"Edit" 见图 6-67。

(2) 在弹出的对话框中添加加工的工种工时,例如:"60""Skilled"见图 6-68。

(3) 在预制构件"Item"选项卡下,绑定相关的"Main Facing",见图 6-69。

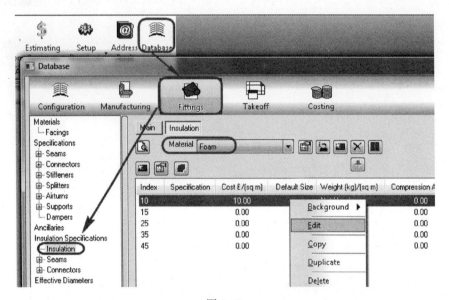

图 6-63

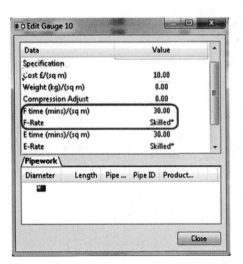

图 6-64

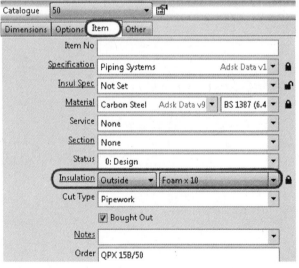

图 6-65

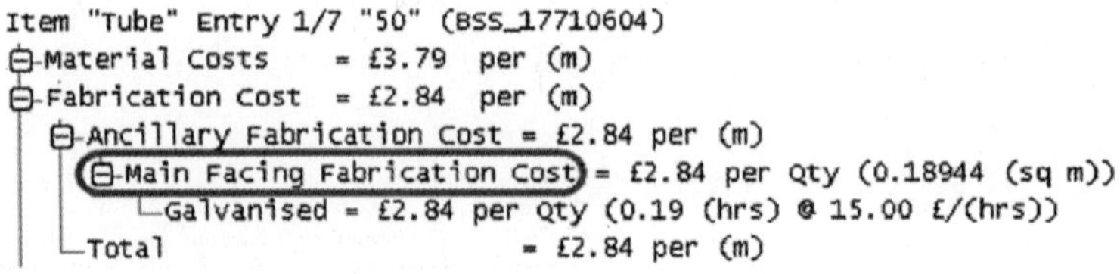

```
Item "Tube" Entry 1/7 "50" (BSS_17710604)
⊟-Material Costs    = £3.79  per (m)
⊟-Fabrication Cost  = £2.84  per (m)
    ⊟-Ancillary Fabrication Cost = £2.84 per (m)
        ⊟-Main Facing Fabrication Cost = £2.84 per Qty (0.18944 (sq m))
            └-Galvanised = £2.84 per Qty (0.19 (hrs) @ 15.00 £/(hrs))
    └-Total             = £2.84 per (m)
```

图 6-66

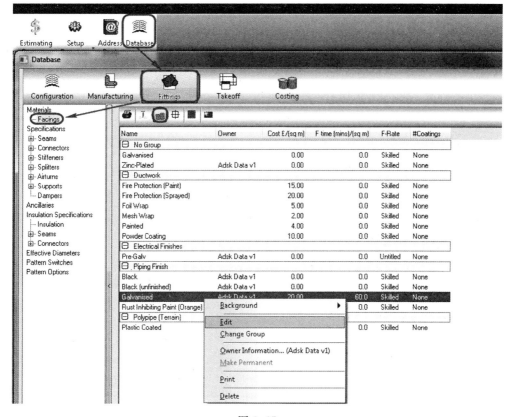

图 6-67

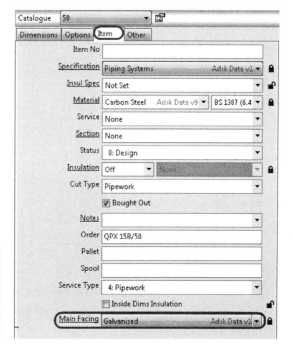

图 6-68

图 6-69

(4) 在"Cost Breakdown"中,可以看到管道添加的表面涂层加工价格,见图6-70。

```
Item "Tube" Entry 1/7 "50" (BSS_17710604)
⊟-Material Costs   = £3.79  per (m)
⊟-Fabrication Cost = £2.84  per (m)
    ⊟-Ancillary Fabrication Cost = £2.84 per (m)
        ⊟-Main Facing Fabrication Cost = £2.84 per Qty (0.18944 (sq m))
            └-Galvanised = £2.84 per Qty (0.19 (hrs) @ 15.00 £/(hrs))
    └-Total                = £2.84 per (m)
```

图6-70

6.3.3 安装成本

安装的成本核算信息同加工表,请参考6.3.2节。

【提示】 在预制构件编辑中,选择"Item"选项卡下勾选"Bought out",则"M-rate""F-rate""E-rate"显示的数值为材料总价、加工总价及安装总价。如不勾选,则显示的为连接件的材料价、加工价及安装价,见图6-71。

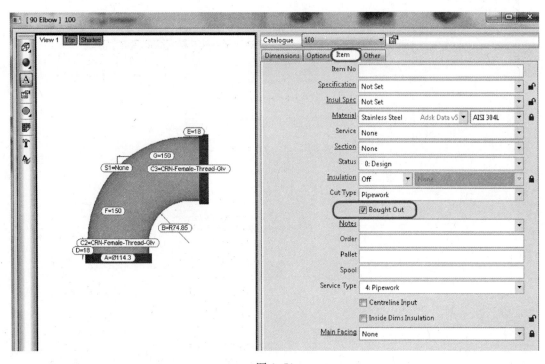

图6-71

6.3.4 成本核算信息表的查看

当信息表与预制构件发生关联后,便可以查看单个或者多个预制构件的成本核算信息表。

1. 单个预制构件的成本核算表

右击单个预制构件,选择"Cost Breakdown",在弹出的对话框中可以看到该尺寸的预制构件的成本核算信息,见图6-72。"Cost Breakdown"的价格信息很全面,涵盖了每一个预制构件具体尺寸所对应的价格信息。

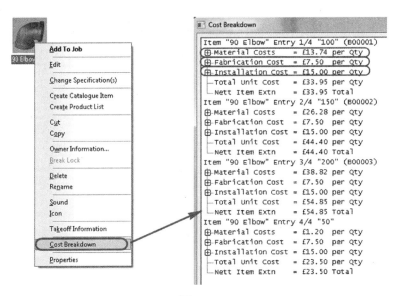

图 6-72

2. 模型的成本核算表

当图纸绘制完成后,从"3D Viewer"切换至"Items"后,可见所有模型中用到的预制构件,全选"Items"里的所有预制构件,右击选择"Cost Breakdown",在弹出的对话框中可以看到所有的预制构件的成本核算信息,见图 6-73。

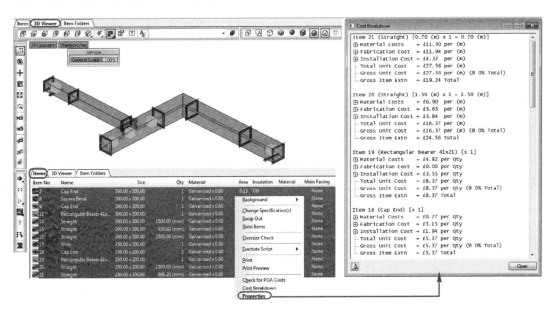

图 6-73

【提示】 右击标题行,选择"Customize",在"Job Contents"对话框中可添加或删减标题信息内容,见图 6-74。

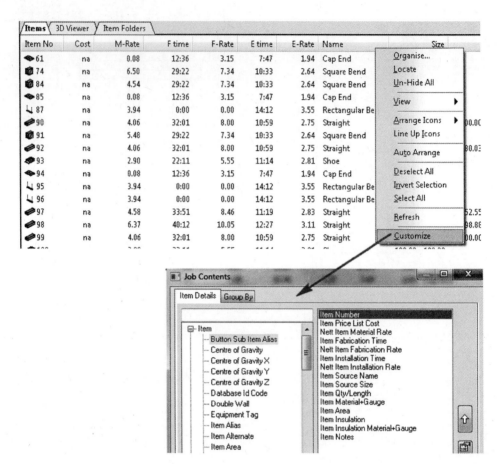

图 6-74

第7章 服 务

在 Autodesk® Fabrication 中,除了可以将预制构件逐一放置在绘图区域来绘制管路,还可以将一系列预制构件按照一定的管路布局规则进行配置,用于快速绘制管路。这个配置的预制构件的集合叫作服务(Services)。

本章通过服务的构成、新建服务、设置服务以及设计线功能来全面介绍服务功能。

7.1 概述

在 Autodesk® Fabrication ESTmep™中有两种方法可以打开配置服务对话框。

(1) 单击软件主界面左侧的服务按钮"Service",见图 7-1。

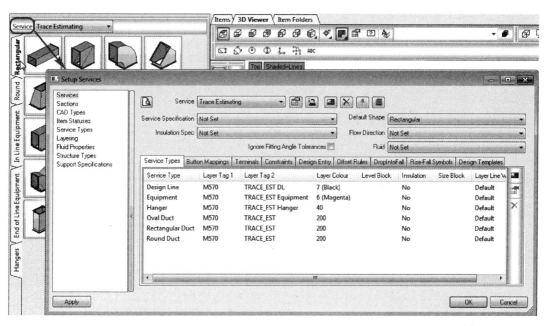

图 7-1

(2) 在功能区单击"Database"→"Takeoff"→"Services",见图 7-2。通过上述方法中的任一一种可以打开配置服务(Setup Services)对话框,见图 7-3。

配置服务对话框中包含许多配置内容,单击对话框左侧树状图中的配置选项,可以在这些配置内容之间切换,见图 7-4。本章介绍"Services"配置和"Support Specifications"配置。

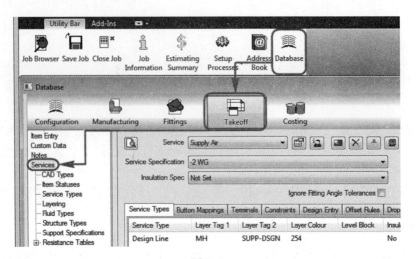

图 7-2

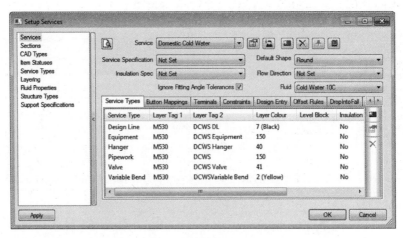

图 7-3

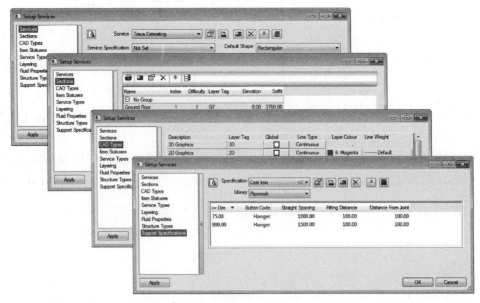

图 7-4

7.2　服务模板

服务由服务模板(Service Template)和一系列设置构成。

服务模板是预制构件的载体,包含服务所需的预制构件。指定服务模板后,服务即可调用该服务模板中包含的预制构件。调用同一服务模板的服务配以不同的服务设置仍可用于不同的情形。

在配置服务对话框中单击服务信息(Service Information)按钮可以打开编辑服务模板(Edit Service Template)对话框,见图 7-5。

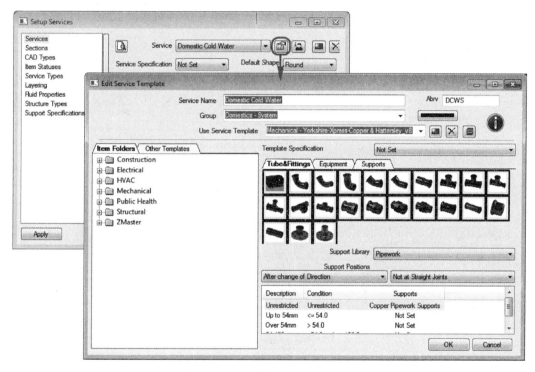

图 7-5

7.2.1　界面介绍

在编辑服务模板对话框中,包含服务信息、服务模板设置、按钮面板、按钮来源和约束设置五部分内容,见图 7-6。下面将逐一介绍这五部分。

1. 服务信息

(1) Service Name:定义服务的名称,即显示在"Setup Services"对话框中的服务名称。

当输入自定义名称时,该服务将被重命名。例如,在"Setup Services"对话框中的服务名称为"Domestic Cold Water",则单击 打开的"Edit Service Template"对话框中默认显示的服务为"Domestic Cold Water"。此时若将服务名称修改为"Cold Water",单击"OK"按钮后,服务"Domestic Cold Water"被重命名为"Cold Water"存储于服务下拉菜单中,见图 7-7。

(2) Group:服务的组。工作原理同"Service Name"。当输入自定义名称(例如"Piping")时,新的组"Piping"将被创建,且当前服务被移至该组,见图 7-8。

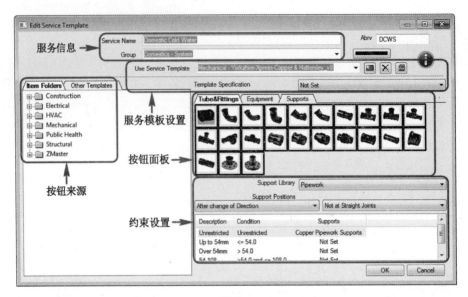

图 7-6

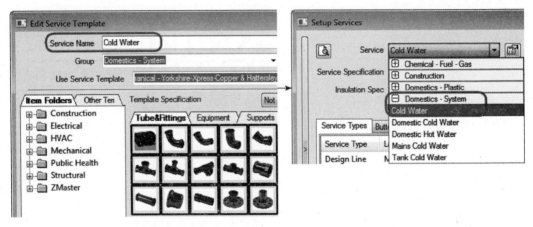

图 7-7

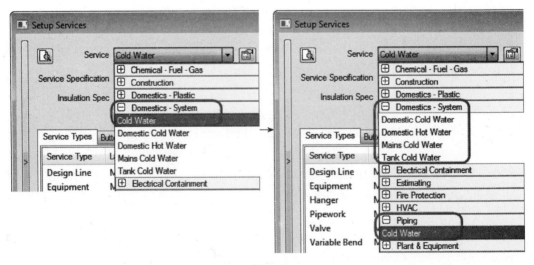

图 7-8

【提示】　当组中的所有服务被移除时,该组将从列表中自动移除。

2. 服务模板设置

(1) Use Service Template:当前服务调用的服务模板。可以从下拉菜单中选择任一服务模板进行替换。服务模板被储存于数据库中,可以被任一服务调用。

(2) ▦ New Template:新建服务模板。

(3) ☒ Delete Template:删除当前服务模板。

(4) ▦ Manage:批量删除服务模板。单击"Select All"然后单击"Delete"可以批量删除没有被任何服务调用的服务模板。也可以单击选择框逐个选中没有被调用的服务模板,见图7-9。

图 7-9

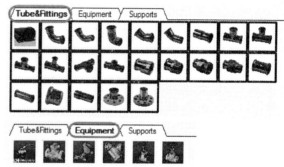

图 7-10

(5) ❶:为当前服务模板添加描述。

3. 按钮面板

服务模板中以按钮(Button)表示预制构件,每个按钮可以包含单个或多个预制构件。不同类型的按钮可以通过标签分类。例如,服务模板"Mechanical-Yorkshire-Xpress-Copper ＆ Hattersley_v8"的按钮面板中分别用"Tube＆Fittings"和"Equipment"标签将管道和管件的按钮与设备的按钮进行分类,见图7-10。

4. 按钮来源

在按钮来源区域有"Item Folders"和"Other Templates"两个选项卡,见图7-11。"Item Folders"中列出了当前配置中的预制构件文件结构,可以将预制构件直接拖拽至按钮面板中。"Other Templates"选项卡中列出了数据库中已有的服务模板,可以将已有服务模板中的按钮拖拽至按钮面板中。

5. 约束设置

当一个按钮包含多个预制构件时,可以以管道或管件的尺寸作为约束,允许绘制不同的尺寸管路时调用不同的预制构件。例如,定义当管径小于等于50 mm时,选用螺纹连接(Screwed)的预制构件;当管径大于50 mm时,选用卡箍连接(Grooved)的预制构件,见图7-12。

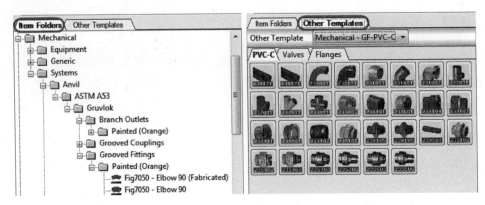

图 7-11

Description	Condition	Supports
Unrestricted	Unrestricted	Steel Pipework Supports
Screwed	<= 50.0	Not Set
Grooved	> 50.0	Not Set

图 7-12

7.2.2 创建新的服务模板

1. 新建服务模板

在编辑服务模板(Edit Service Template)对话框中单击▣创建一个新的服务模板。同数据库中的部分数据(例如材料),新建时需要选择是否复制当前模板。不同的选择得到不同的新建模板,见图 7-13。两种选择都会默认保留服务名称和服务所在的组。

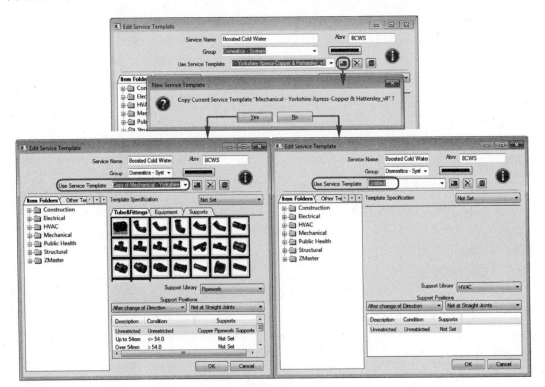

图 7-13

2. 添加标签

在按钮面板区域空白处右击,选择"New Tab",然后在弹出的对话框中输入标签名称以新建标签,例如"Tube&Fittings"和"Equipment",见图 7-14。

图 7-14

【提示】　选中标签后右击选择"Rename Tab"重命名标签,选择"Delete Tab"删除标签。

3. 添加按钮

添加按钮有两种方式。

(1) 从预制构件文件夹中添加按钮。在"Item Folders"选项卡中,单击预制构件并拖拽至按钮面板,可以将该预制构件以按钮的形式添加至服务模板的当前标签(例如"Tube&Fittings"标签)中。将鼠标悬停在按钮上,可以显示按钮名称,默认的按钮名称为预制构件名称,见图 7-15。

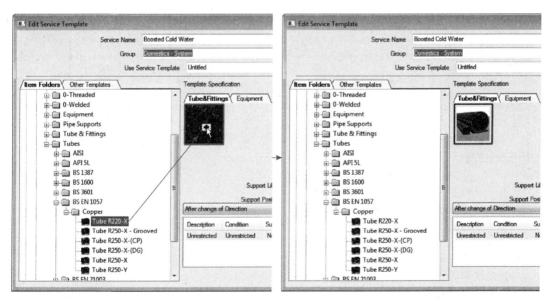

图 7-15

【技巧】　直接拖拽最底层文件夹(即不再含有子文件夹的文件夹)能够将该文件夹中包含的所有预制构件整体添加至服务模板的当前标签中,见图 7-16。

拖拽按钮可以调整按钮在按钮面板中的位置,见图 7-17。选中按钮然后右击,在菜单可以进行以下操作。

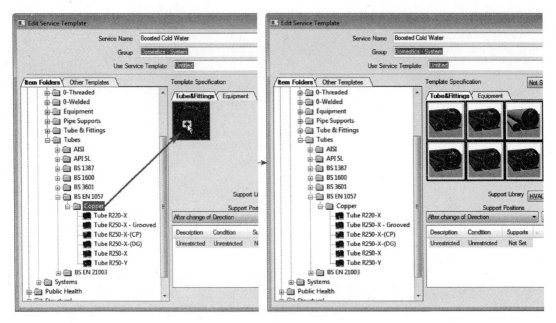

图 7-16

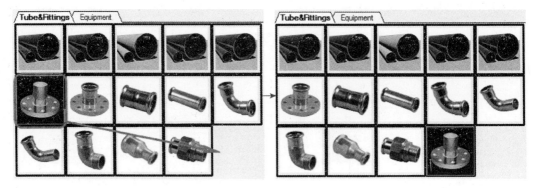

图 7-17

① Locate：查看预制构件存储路径。

② Set Caption：为按钮指定标题。被指定的标题可以在按钮属性（Button Properties）对话框中查看。

③ Set Icon：为按钮指定图标。

④ Change Group：将选中的按钮移至其他标签，当在"Change Group"对话框中输入新的标签名称时，一个新的标签将会被添加，选中的按钮也同时移至该标签中。

⑤ Delete Button：删除按钮。

⑥ Copy：复制按钮。

⑦ Button Properties：按钮属性，例如按钮代码（Button Code）。

（2）从已有的服务模板中添加按钮。单击"Other Templates"选项卡，从"Other Template"下拉菜单中选择源服务模板，例如"Mechanical-GF-ABS_v4"，见图 7-18。

选择服务模板中的标签，然后单击按钮并拖拽至新建的服务模板中，见图 7-19。

图 7-18

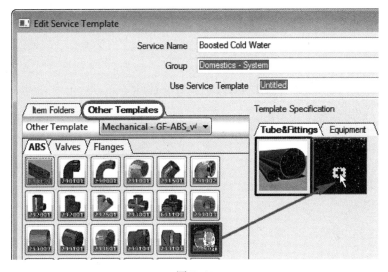

图 7-19

【提示】　与从预制构件文件夹添加按钮不同的是,在按钮属性对话框中,从已有服务模板添加的按钮可以继承该按钮在源模板中的属性设置,例如按钮代码(Button Code),见图 7-20。

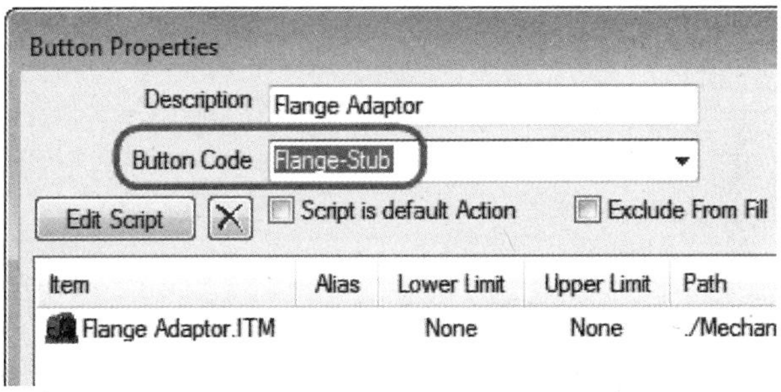

图 7-20

4. 为按钮添加预制构件

当需要在服务模板中添加不同尺寸范围的相同类型预制构件时,可以将这些预制构件添加至同一按钮中。例如,需要在服务模板中添加一个尺寸范围从 6 mm 至 150 mm 的弯头和一个尺寸范围从 20 mm 至 300 mm 的弯头,则这两个弯头可以添加在同一按钮上。

从预制构件文件夹(Item Folders)中选择弯头并拖拽至服务模板中,见图 7-21。

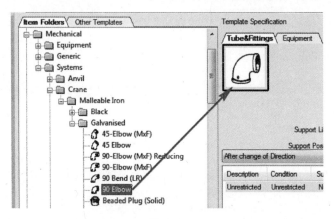

图 7-21

选择另一个需要被添加至同一个按钮的弯头并拖拽至已有按钮上,见图 7-22。

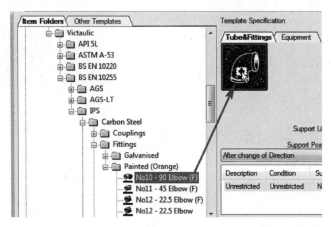

图 7-22

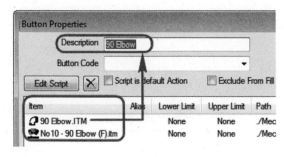

图 7-23

右击该按钮,然后选择"Button Properties",在按钮的属性对话框中能够看出该按钮包含两个预制构件,且按钮描述默认采用先加入预制构件名,见图 7-23。

7.2.3 添加约束

当服务模板中的按钮含有两个及以上预制构件,且这些预制构件的尺寸范围有交集时,需要对同一按钮中的预制构件设置一定的约束(Condition)规则,从而在

Fabrication 使用设计线功能、Revit 中使用多点布线功能以及转化已有设计模型功能时,软件能够自动识别并应用按钮中相应的预制构件。

1. 创建约束

在约束区域内右击,单击"New Condition"后弹出"New Condition(1)"对话框,见图 7-24。

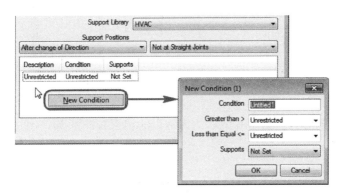

图 7-24

在"New Condition(1)"对话框中需要根据服务模板中大部分按钮包含的尺寸范围定义约束,例如添加约束"当尺寸大于 100 mm 时使用卡箍连接的预制构件":

① Condition:指定约束的名称"Grooved";

② Greater Than >:输入尺寸值"100";

③ Less than Equal<=:Unrestricted;

④ Supports:从下拉菜单中选择已有的支吊架作为该约束下采用的支吊架。下拉菜单中仅显示约束面板上方"Support Library"中指定组中的支吊架,见图 7-25。若不需要在使用设计线绘制管道时采用任何支吊架,则保留该项默认选择"Not Set"。

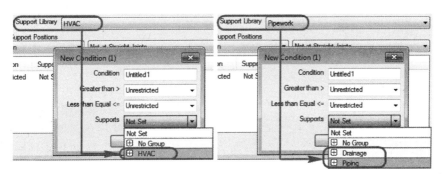

图 7-25

按照上述方法可以为当前服务模板添加完整的约束。

例如添加一组以 100 mm 尺寸划分的约束,当管径大于 100 mm 时采用卡箍连接且选用支吊架库"Pipework"中的"Piping：Hydronic"支吊架,当管径小于等于 100 mm 时,采用螺纹连接且不使用支吊架,见图 7-26。

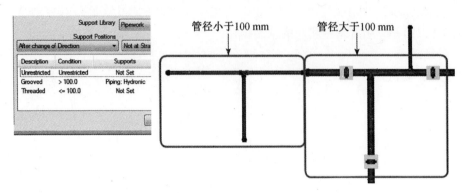

图 7-26

【提示】 新建的服务模板含有默认的无约束的约束条件"Unrestricted",所有按钮均默认关联该约束条件。

2. 关联按钮约束

接下来,需要将已经创建的约束指定到按钮中包含的预制构件上。

右击按钮,然后选择"Button Properties",打开按钮属性对话框,见图 7-27。

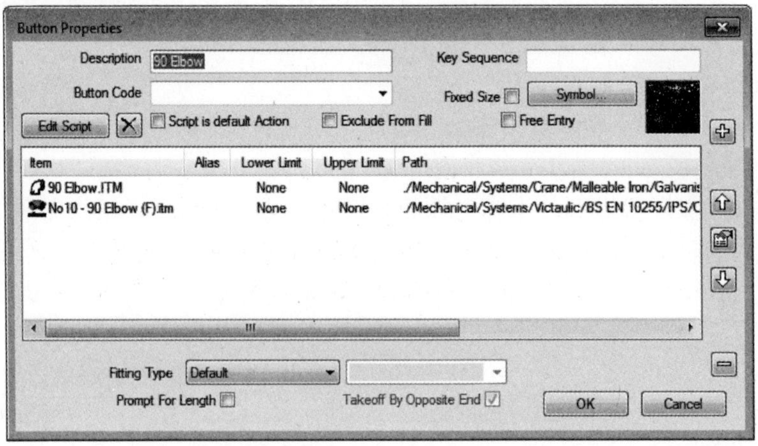

图 7-27

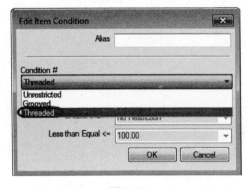

图 7-28

双击按钮中的预制构件,打开"Edit Item Condition"对话框,然后单击"Condition #"下方的下拉菜单并选择符合该预制构件尺寸范围的约束条件,例如"Threaded",见图 7-28。

当需要为预制构件同时设置尺寸上限和尺寸下限时,可以在"Edit Item Condition"对话框中勾选"Further Customize Restrictions for this Item",此时被灰显的定义项被高亮显示,见图 7-29。

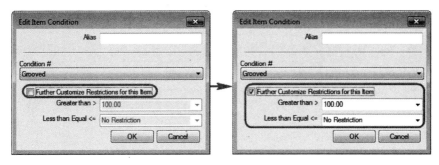

图 7-29

双击显示"No Restriction"的选项并输入尺寸值,例如"200",见图 7-30。

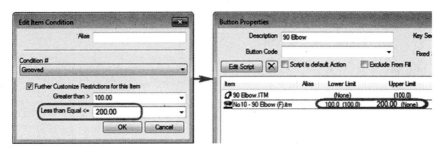

图 7-30

为预制构件同时添加尺寸上限和尺寸下限一般用于同一按钮中包含三个及三个以上预制构件的情况。

用同样的方法为按钮中的另一个预制构件关联约束条件之后,在"Button Properties"对话框中就会显示每个预制构件的尺寸上限和尺寸下限,例如"90 Elbow. ITM"的尺寸上限为 100 mm,见图 7-31。当使用设计线绘制管道时,软件便可通过尺寸判定选用该按钮中的预制构件完成绘制。

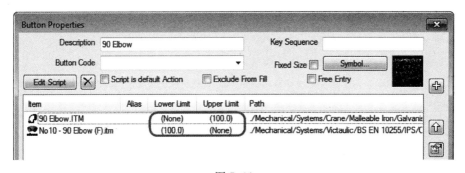

图 7-31

【技巧】 在服务模板中单击约束条件时,凡是关联了该约束条件的按钮均会以黑框高亮显示,以数据库中已有服务模板为例,见图 7-32。可以通过这个方法检查按钮约束条件的正确性。

通过上述介绍创建并配置服务模板,然后单击"OK",保存并退出"Edit Service Template"对话框。

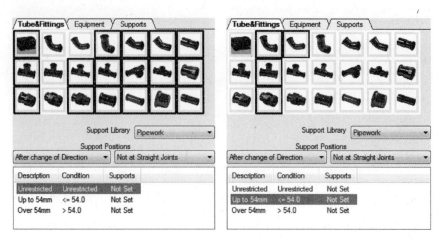

图 7-32

7.3 服务配置

在"Setup Services"对话框中,服务配置部分包括基本配置、固定属性配置和自定义属性配置,见图 7-33。

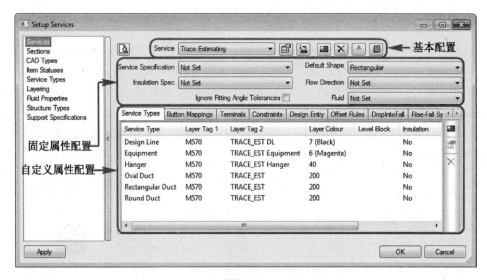

图 7-33

7.3.1 基本配置

基本配置主要包含以下内容:

① Service:服务列表。单击服务名称的下拉菜单,可以从列表中选择需要查看或编辑的服务。

② 🖼 Service Information:服务信息按钮。单击该按钮,能够打开"Edit Service Template"对话框,有关内容详见本章 7.2 节的介绍。

③ 🖾 Owner Information:所有者信息。详见第 3 章 3.4 节的介绍。

④ 🖼 New Service:新建服务。

⑤ ☒ Delete Service:删除服务。

⑥ ↥ Make Permanent:永久化。

⑦ ▣ Manage:管理。用于批量删除服务。

1. 新建服务

单击▣新建服务,在弹出的询问是否复制当前服务信息的对话框中,不同选择可以得到不同的服务模板及服务配置。

选择"Yes",随之打开的"Edit Service Template"对话框中包含当前服务的服务模板信息,且服务携带了源模板的配置信息,见图 7-34。

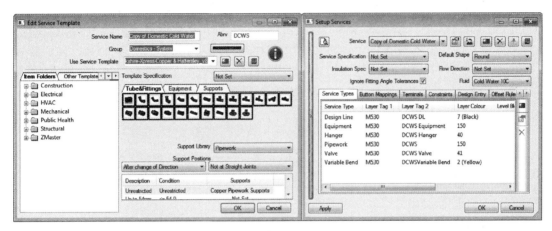

图 7-34

选择"No",随之打开的"Edit Service Template"对话框中所有信息以及服务配置均为空白,见图 7-35。

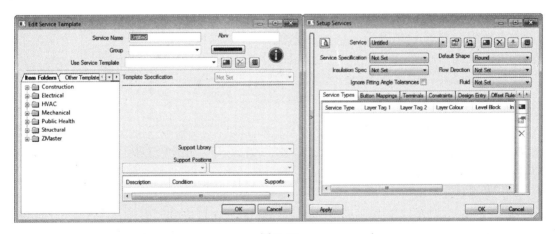

图 7-35

【提示】 服务的名称、组以及制定的服务模板需要在"Edit Service Template"对话框中定义,详见 7.2.1 节中的介绍。

2. 为新建服务添加所有者信息

软件为服务提供定义所有者信息的功能,用户可自定义所有者信息以保证他人无法修

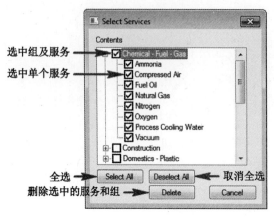

选中组及服务

选中单个服务

全选

删除选中的服务和组

取消全选

图 7-36

改该服务。随软件发布的默认服务没有添加所有者信息。

3. 管理服务

单击 ，打开"Select Services"对话框，能够部分选择或全部选择已有服务并批量删除，见图 7-36。

7.3.2 固定属性设置

1. 服务规格

暖通专业的服务需要在"Service Specification"处指定规格。以组"HVAC"中的服务"Boiler Flue Dilution"为例，从下拉菜单中选择"DW144-LV"，可以为服务指定

该规格，见图 7-37。有关服务规格的创建和配置，详见第 4 章相关内容。

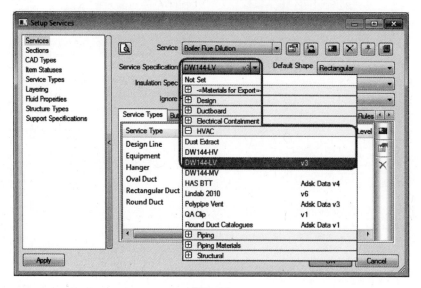

图 7-37

给排水专业和电气专业的预制构件已经在预制构件对话框的"Items"选项卡中指定了规格，且这些预制构件本身已经被指定了连接件，因此不再需要在服务中再次指定，保留默认设置"Not Set"即可。

2. 保温规格

管道和管件在实际应用中需要敷设保温层时，可以在服务配置中为服务选择相应的保温规格（Insulation Spec）。单击"Insulation Spec"右侧的下拉菜单，从中选择已有的保温规格，例如为组"Domestics-System"中服务"Domestic Cold Water"选择组"Pipework"中的保温规格"General Insulation"，见图 7-38。

添加保温规格前后所绘制的管道区别，见图 7-39。

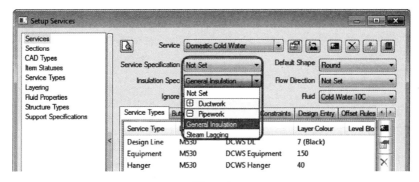

图 7-38

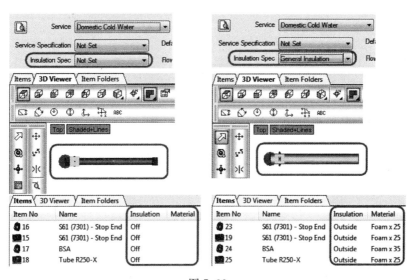

图 7-39

3. 默认形状

默认形状(Default Shape)的下拉菜单有"Oval""Rectangular"和"Round"三个选项。默

认形状的选择需要与服务中预制构件的形状一致,例如组"Domestics-System"中的服务"Domestic Cold Water"包含的预制构件形状均为圆形,则需要从默认形状的下拉菜单中选择"Round",见图 7-40。

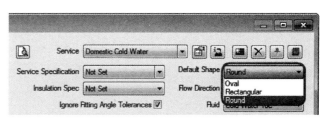

图 7-40

4. 流向

流向(Flow Direction)定义了水流相对于源点(Source)的方向。当选择"Supply"时,绘制设计线时流向背向源点;当选择"Extract"时,绘制设计线时流向朝向源点。

5. 流体

为服务添加"Fluid"流体,该项设置通常针对暖通专业的服务,流体可以参与密度和流速的计算。可以为服务从下拉菜单中选择数据库中已有的流体,见图 7-41。

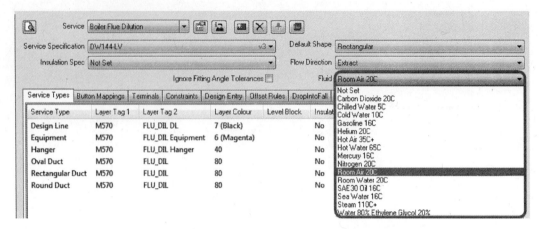

图 7-41

单击"Setup Services"窗口左侧的"Fluid Properties"后，右侧区域显示了数据库中已有的流体，见图 7-42。单击单元格可以修改流体数据，也可以单击▣新建流体。

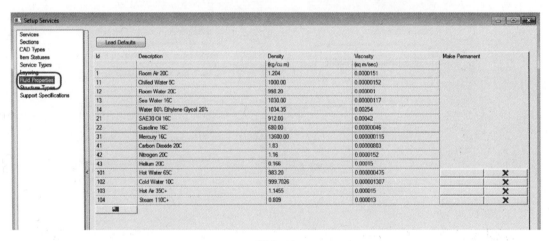

图 7-42

当服务添加了流体之后，可以在计算时引用定义的流体。单击"New Design Line"时按住鼠标左键可扩展选项，在选项"Calculate duct size"上松开鼠标左键，见图 7-43。此选项仅针对风管进行设置。

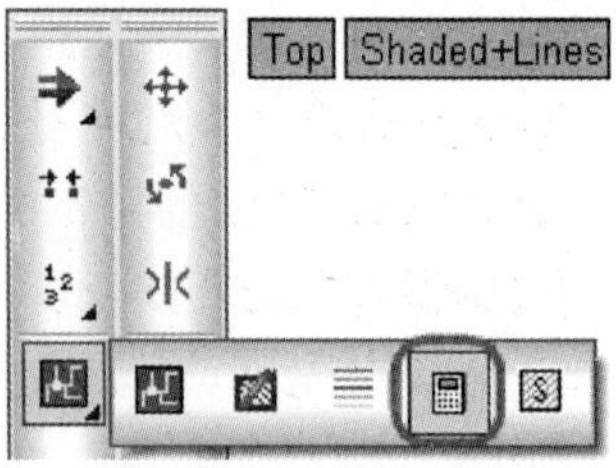

在弹出的"Flow Calculator"对话框中可以选择定义流体的各项信息，见图 7-44。

图 7-43

7.3.3 自定义属性设置

在众多的个性属性设置选项卡中，本节将以组"Domestics-System"中的服务"Domestic Cold Water"为例，介绍三个比较常用的类别设置，服务类型（Service Type）、按钮映射（Button Mappings）和约束（Constraints），见图 7-45。

1. 服务类型

在"Setup Services"对话框中单击服务类型"Service Types"标签,然后单击 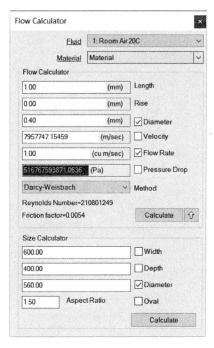 打开"Define Service Entry"对话框。根据当前服务的类型从"Service Type"的下拉菜单中选择相应的服务类型,例如为服务"Domestic Cold Water"选择服务类型"4:Pipework",见图 7-46。

图 7-44

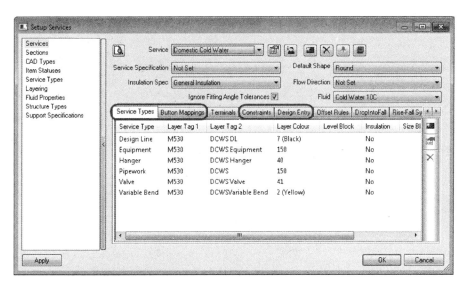

图 7-45

服务类型定义所绘制的内容的类别。在 Autodesk® Fabrication ESTmep™ 的数据库中已经定义了一部分服务类型。在"Setup Services"窗口中单击"Services Type"按钮,将进度条拖曳到窗口底部,单击 ▣ 就可以添加自定义类别,见图 7-47。

2. 按钮映射

按钮映射(Button Mappings)是将按钮上定义的按钮代码与软件代码对应起来,在使用设计线绘制管道时能够将服务中的预制构件加载于设计线上。

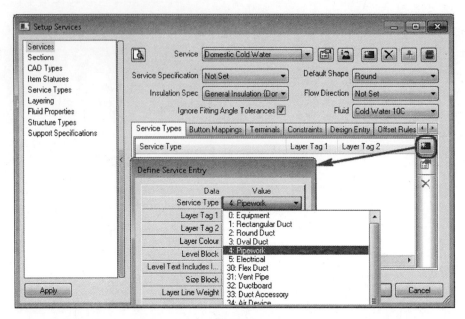

图 7-46

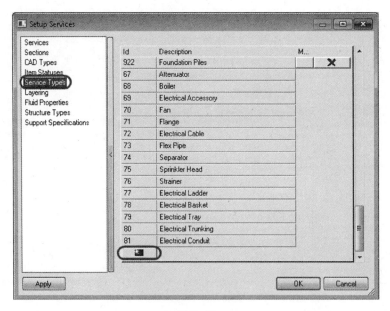

图 7-47

在"Setup Services"对话框中"Button Mappings"的"Button Code"并不是指按钮属性对话框中的按钮代码，该"Button Code"由软件定义。轮换代码（Alternate Code）才是按钮上定义的按钮代码，见图 7-48。将软件定义的按钮代码和在按钮属性中定义的按钮代码对应起来，软件才能识别到预制构件。

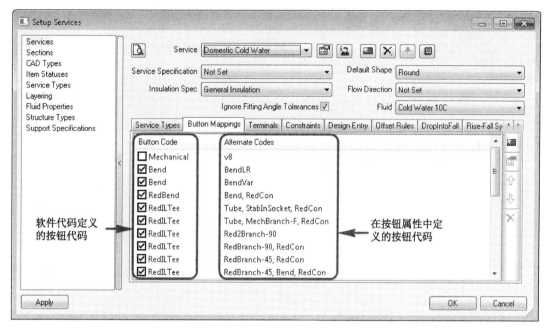

图 7-48

（1）新建映射。单击 ▣ 打开"Define Button Mapping"对话框，然后单击"Button Code"下拉菜单，该下拉菜单中列出了软件代码定义的所有按钮代码，见图 7-49。

选择"RedILTee"，然后在"Can be Made By Using Alternates"的空白区域单击，此时空白区域出现服务包含的按钮被定义的按钮代码，见图 7-50。

图 7-49

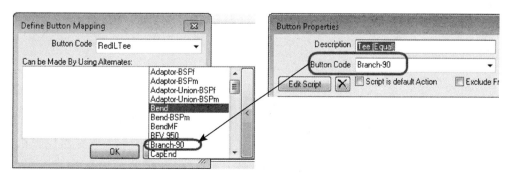

图 7-50

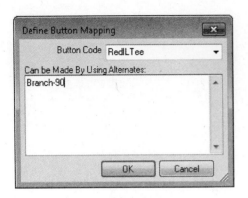

图 7-51

单击需要被映射的按钮代码可添加该按钮代码，例如"Branch-90"，见图 7-51。

单击"OK"，退出"Define Button Mapping"对话框，一个新的映射已经被添加，见图 7-52。

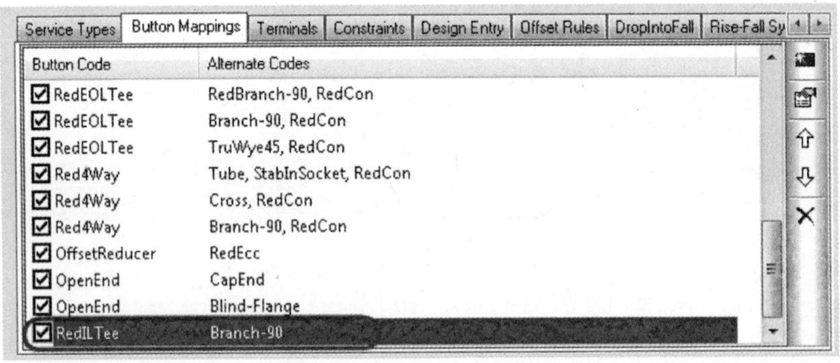

图 7-52

【提示】 右击按钮并选择"Properties"，在弹出的"Button Properties"对话框里可以为按钮添加作为轮换代码的按钮代码。该按钮代码可定义为任何字符。如果在按钮"Tee (Equal)"的属性对话框中输入"aaa"，那么在服务的"Button Mapping"中将"aaa"作为轮换密码与软件设定的三通按钮代码"RedILTee"关联即可，见图 7-53。

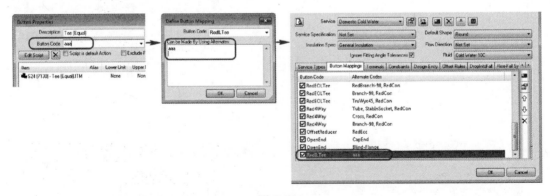

图 7-53

（2）复制映射。映射可以在不同服务之间复制。选择需要被复制的映射然后右击→选择"Copy"→在目标服务的"Button Mappings"面板中右击然后选择"Paste"，见图 7-54。

（3）按钮代码的设计线行为。软件定义的按钮代码是固定的，在关联按钮代码和轮换代码时需要了解按钮代码的行为。常用按钮代码与设计线行为的对应关系，见表 7-1。

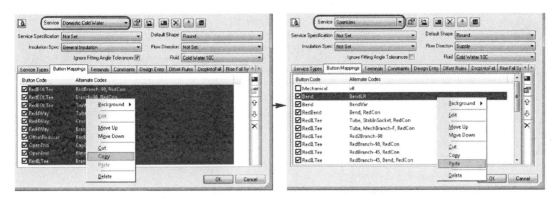

图 7-54

表 7-1　　　　　　　　　　　　常用按钮代码与设计线行为的对应关系表

按钮代码	说明	设计线行为
RedInline	变径	Size=35 (mm)　　　Size=42 (mm) RedInline E=0.00
Bend	弯头（任意角度）	Size=42 (mm)　　Bend E=0.00 Size=42 (mm)
RedILTee	三通	Size=42 (mm) RedILTee E=0.00 Size=42 (mm)　　Size=42 (mm)
RedEOLTee	分水三通	Size=42 (mm) RedEOLTee E=0.00 Size=42 (mm) Size=42 (mm)
OpenEnd	管帽	OpenEnd E=0.00 Size=42 (mm)

续表

按钮代码	说明	设计线行为
Red4Way	四通	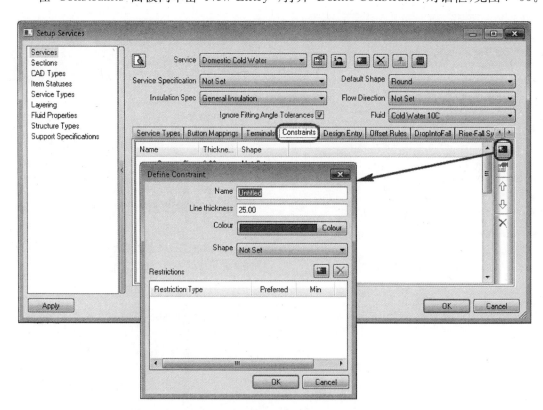

3. 约束

约束(Constraints)用来定义设计线在不同尺寸时的线宽、颜色、形状等。

在"Constraints"面板内单击"New Entry",打开"Define Constraint"对话框,见图 7-55。

图 7-55

在该界面中,需要对约束进行定义:

Name:输入约束的名称,即管道的尺寸,例如"10";

Line thickness:线宽,一般设定为管道尺寸的一半为宜。例如"5";

Colour:默认为红色。可以从颜色列表中选择该服务设计线的颜色,例如"橘色";

Shape:根据服务中预制构件的形状选择设计线的颜色,例如"Round";

Restrictions:单击"Add Restriction"按钮,然后选择"Diameter(mm)",见图 7-56。

将"Restriction Type"的最大值(Max)、最小值(Min)和合适值(Preferred)设置与名称一致,见图7-57。

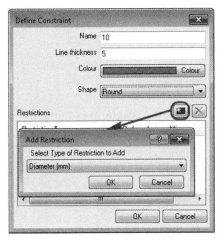
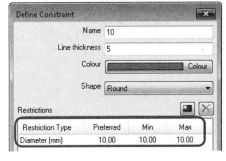

图7-56   图7-57

单击"OK",保存并退出"Define Constraints"对话框。新建的约束已经被添加到"Constraint"中。

按照此方法将服务中尺寸范围内所有尺寸的约束添加至约束列表中,见图7-58。

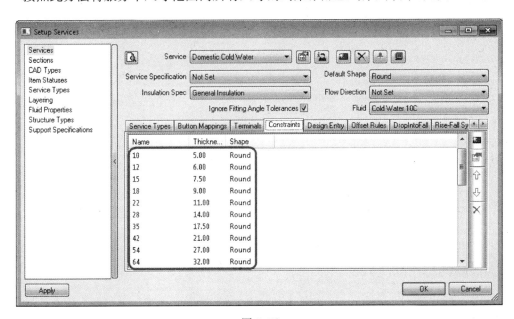

图7-58

根据上述约束,在使用设计线时设计线的宽度为管径的一半,见图7-59。

4. 支吊架规格

在"Setup Services"对话框中,单击左侧树状图的"Setup Services"→"Support Specifications",在"Specification"下拉菜单选择规格(例如"Copper Pipework Support"),在"Library"下拉菜单选择类别(例如"Pipework"),见图7-60。

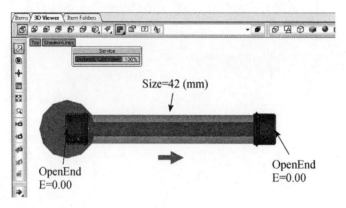

图 7-59

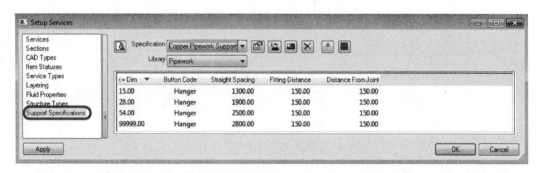

图 7-60

＜＝Dim：管件的公称直径。

Button Code：按钮代码。

Straight Spacing：支吊架与支吊架间的距离。

Fitting Distance：支吊架与管件管头之间的距离。

以"Copper Pipework Support"的配置为例，当用 DN＝15 mm 时，在自动绘图时支吊架之间的间距是 1 300，且支吊架和管件之间的间距是 150，见图 7-61。

图 7-61

7.4 服务的导出和导入

服务可以作为数据传输的媒介，将其包含的构件、数据库内容以及各种配置在不同的轮廓（Profile）、配置（Configure）甚至用户之间进行传递。本节将以导出轮廓"Global"中组"Domestic-Systems"中的服务"Domestic Cold Water"并在自定义轮廓"Testing"中导入为例进行介绍。

7.4.1 导出服务

在轮廓"Global"中单击"Takeoff"→"Services"→"Export"，见图 7-62。

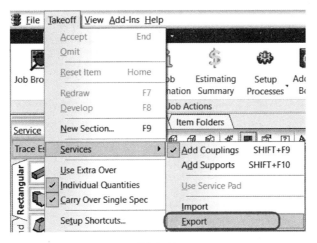

图 7-62

在"Export Systems"对话框中单击"Browse",打开"Export Services to File Path"对话框,选择需要导出的服务之后在该对话框中选择导出服务的存储路径(例如桌面)以及名称"Domestic Cold Water",见图 7-63。

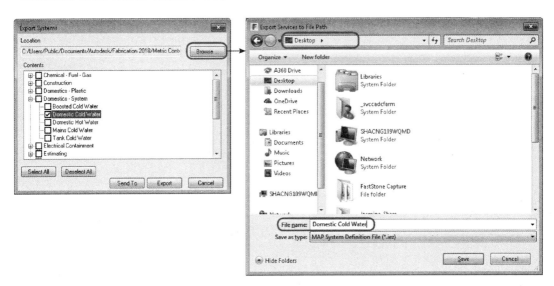

图 7-63

【提示】　若不单击"Browse"定义导出服务的路径和名称,则导出服务的默认名称为"SysExp",默认路径为"C:\Users\Public\Documents\Autodesk\Fabrication 2018\Metric Content\V7.05"。

单击"Export",然后在随之弹出的对话框"Export Services"中单击"OK"将选中的服务导出,见图 7-64。

导出的服务被叫做运输服务(Transport Services),以"iez"的格式存放于自定义的路径下,见图 7-64。

【技巧】　在"Export Systems"对话框中可以选择多个服务进行批量导出在一个运输服务中。

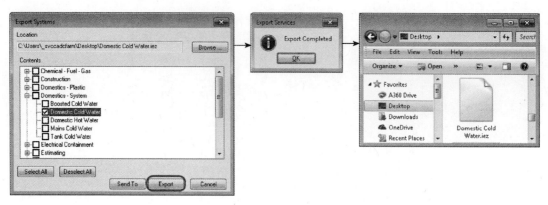

图 7-64

7.4.2　导入服务

在自定义轮廓"Testing"中单击"Takeoff"→"Services"→"Import"，见图 7-65。

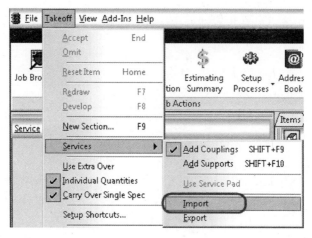

图 7-65

在弹出的"Import Services From"对话框中选择需要导入的运输服务并单击"Open"，然后在"Import Services"对话框中勾选需要导入的服务，见图 7-66。

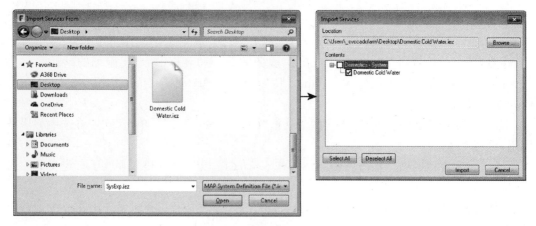

图 7-66

单击"Import"后在弹出的对话框"Force Overwrite?"(图 7-67)中可以选择：

All:导入服务中包含的所有预制构件；

仅导入新增的预制构件。

图 7-67

图 7-68

无论是选择"All"或是"Newer"都会出现下一个对话框"This Import contains Estimating Tables",见图 7-68。由于导入服务时会将相关的成本信息表一同带入,当目标轮廓已经含有这些成本信息表时就需要用在此对话框中选择覆盖已有还是保留已有的成本信息表。

Replace All:替换已有成本信息表。

Keep Existing:保留已有成本信息表。

完成"This Import contains Estimating Tables"的选择后,在弹出的"Import Completed"对话框(图 7-69)中单击"OK"完成导入工作后,服务就已经被导入轮廓"Testing"中。

图 7-69

【提示】　当导入的服务中的预制构件和数据库中的版本高于轮廓中已有的版本,则轮廓中的预制构件和数据信息在导入时会被覆盖。

7.5　设计线功能

正确的服务配置是使用设计线(Design Line)功能绘制管道的先决条件。本节将以"Domestic-Systems"组中的"Domestic Cold Water"服务为例介绍设计线功能。

7.5.1　激活设计线

单击"3D Viewer"选项卡进入绘图界面,在功能栏中单击 激活设计线功能。设计线功能界面出现在服务面板区域,见图 7-70。在"Service"的下拉菜单中选择组"Domestic-Systems"中的服务"Domestic Cold Water"。

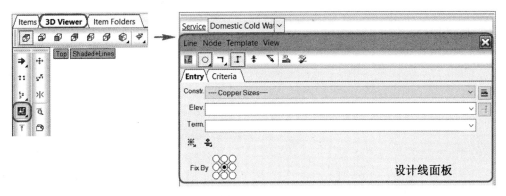

图 7-70

7.5.2 绘制设计线

单击"Constr."的下拉菜单并选择需要的尺寸,例如"28";在"Elev."的空白处输入绘制管道的标高,例如"50"。在绘图区域以单击起点和终点,右击可以结束绘图,见图7-71。

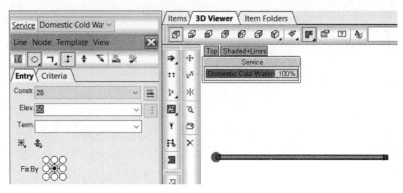

图 7-71

【提示】 当设计线功能区高亮显示为绿色时,表示新增设计线(New Design Line)功能激活,鼠标也将变成十字光标,能够在绘图区域绘图;当设计功能区没有被高亮显示,则需要单击将新增设计线功能激活。

在设计线功能区单击"Erase 3D Item(s)"可以将预制构件形体隐藏,而仅保留设计线(图中红色的线即为设计线),见图7-72。设计线起点的红色圆点叫做源点(Source),在每个被激活的设计线中都有且仅有一个源点。

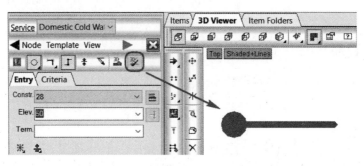

图 7-72

单击"View",然后勾选"Annotate",能够显示设计线的设计信息(例如管道尺寸和水流方向)和按钮信息,见图7-73。

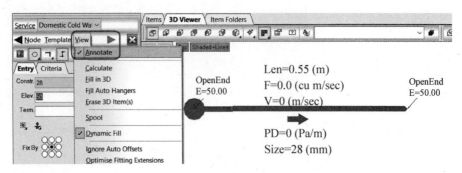

图 7-73

在绘制的过程中,如果需要修改设计线的尺寸,在"Constr."的下拉菜单中选择新的尺寸继续绘制即可,而不需要结束绘制。改变尺寸后,服务中尺寸合适的变径预制构件(例如大小头)会自动被添加。为了体现自动添加的预制构件,单击功能区的"Fill in 3D"能够使预制构件填充在设计线上,见图 7-74。

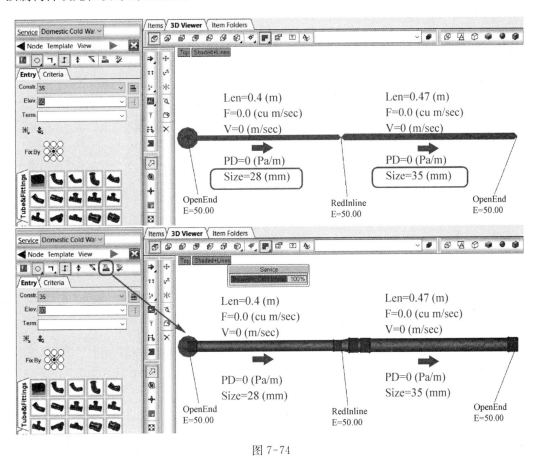

图 7-74

【技巧】　单击"View"然后选择"Settings"打开"Design Annotation Settings"对话框可以对标注的内容、字体、大小进行定义,见图 7-75。

单击参数名左侧"Display"列(例如"Flow"左侧的"Show"),可以在显示(Show)和隐藏(Hide)之间切换。以仅显示尺寸(Dimension)为例,隐藏其余标注内容,见图 7-76。

7.5.3　修改设计线

1. 修改源点

在设计线功能区单击"Node"→"Define Source",然后在设计线的另一端点单击,可以重新定义设计线的源点,见图 7-77。管道的水流方向均为从源点开始指向管道末端。

2. 修改尺寸

当需要修改设计线中某管段的尺寸时,需要在设计线面板中单击"line"→选择"Edit"→在弹出的"Line Editor"对话框中右击需要修改尺寸(例如"35")的行→选择"Change Constraints"→从尺寸列表中选择尺寸(例如"42"),被选中尺寸的管段在图中以蓝色构造线显示,见图 7-78。

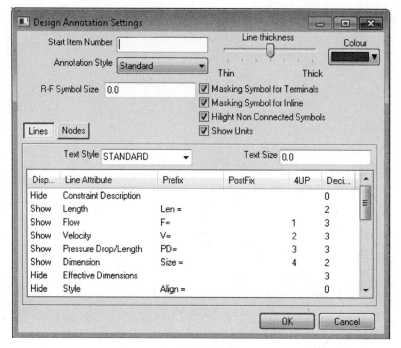

图 7-75

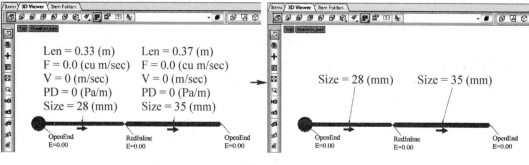

图 7-76

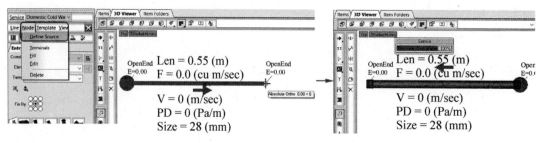

图 7-77

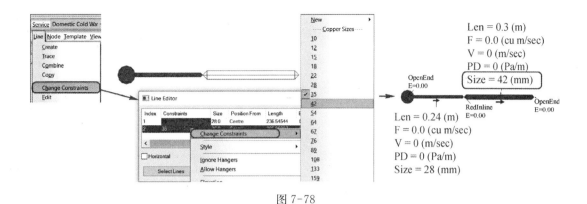

图 7-78

当设计线中管段较多时,可以单击"Line Editor"对话框中的"Select Lines",见图 7-79。当鼠标变成选择框时,直接在图中需要修改尺寸的管段上单击。选择完成后右击即可返回对话框,此时被选择的管段尺寸被高亮显示。

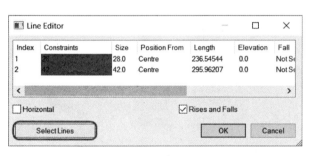

图 7-79

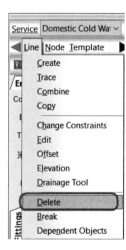

图 7-80

3. 删除管段

设计线绘制的管段不能被直接选中并删除。选择设计线中的任何管段都会将整个设计线全部选中,删除操作会将整个设计线删除。

在设计线功能区单击"Line"并选择"Delete",见图 7-80。当鼠标变为选择框时单击需要删除的管段,然后右击可以将管段删除。

【提示】　单击设计线功能区的"Close"按钮关闭设计线面板后,在图中双击该设计线即可将其激活并进行编辑和修改;若单击■新建设计线,则绘图区中已有的设计线会被灰显,见图 7-81。

4. 绘制立管

设计线功能区中"Elev."用于定义设计线的标高。当两端设计线输入的标高不一样时,单击下一点会自动生成一根立管。例如设计线的标高从"50"变为"150",见图 7-82。

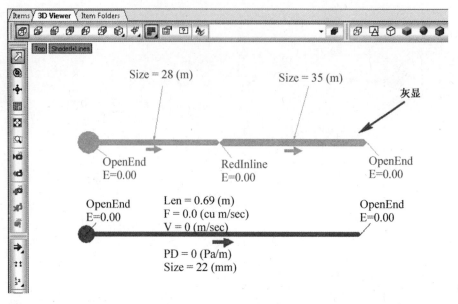

图 7-81

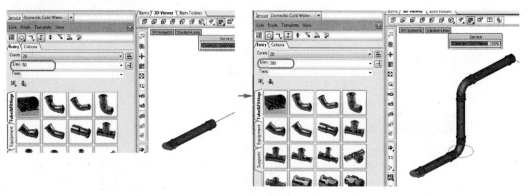

图 7-82

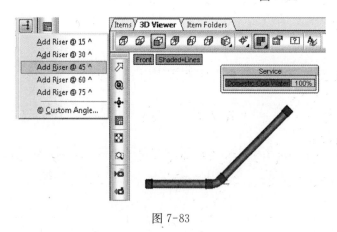

图 7-83

【技巧】 单击"Elev."的下拉菜单可以直接选择在当前设计线绘制过程中曾经输入的数值。

若需要放置一根带有角度的立管，则在改变标高值后，在"Elev."右侧的"Add Riser"上单击并持续按住鼠标左键会弹出一个下拉菜单，从该下拉菜单中选择需要的角度，以选择"Add Riser @ 45^"为例，见图 7-83。

【提示】 一旦标高值发生变化，"Elev."右侧的"Add Riser"会从灰显变为高亮显示。

5. 去除自动填充

在设计线功能面板下方还展示了当前服务中包含的按钮,如果不希望某个按钮被自动填充在设计线中,可以右击该按钮,然后选择"Exclude From Fill"按钮用于去除自动填充。被去除自动填充的按钮右下角会出现"E"以示区别,见图 7-84。

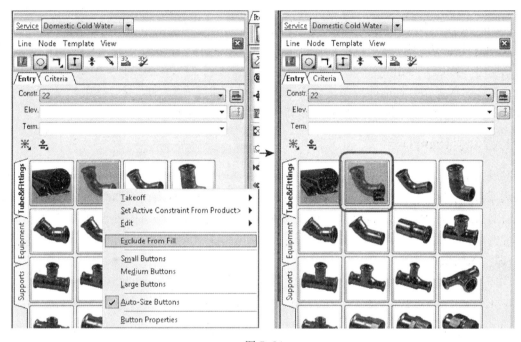

图 7-84

除了可以单个将按钮去除自动填充外,还可以将整个标签中的按钮去除自动填充。在标签处右击"Exclude Tab From Fill"按钮,则整个标签内的按钮都被去除填充,见图 7-85。

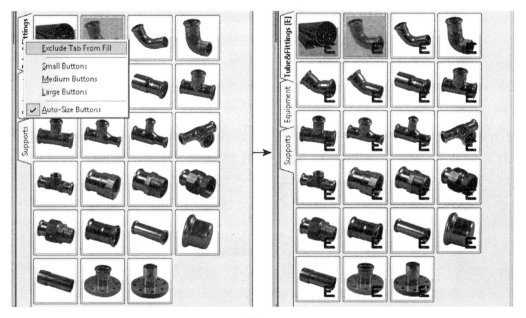

图 7-85

第 8 章　预制构件创建实例

Autodesk® Fabrication 产品中预定义了大量由参数驱动形体和行为表现的预制构件模板，用户只需调用模板进行设置而无须从零开始绘制形体。不同类型的预制构件，其模板上的形体参数也不尽相同。

本章选取了三类常用的预制构件——风阀、阀门和支吊架，通过具体的模板参数介绍以及模板设置实例，帮助用户了解和掌握如何创建这三类预制构件。

8.1　风阀(Damper)

风阀是暖通空调专业中常用的风管部件。在 Autodesk® Fabrication 产品中，无论是排烟阀、防火阀还是风量调节阀，都属于"风阀(Damper)"这个种类。风阀涉及很多风管系统特有的概念和设置，本节以风阀为例，详细地介绍如何在 ESTmep 中从零开始创建某个风管部件。

8.1.1　风阀模板介绍

在介绍详细的创建步骤之前，首先介绍一下常用的风阀模板(表 8-1)，以便用户对 Autodesk® Fabrication 产品中可以实现的风阀形体和精细程度有所了解。在实际创建或修改时，也可以根据这些模板各自的特点，相对精准地选用。

表 8-1　　　　　　　　　　　　　　　常见的风阀模板

CID	模板样式	模板特点
533		适用于圆形或椭圆形风管系统，可以通过参数设置实现 CID 509 模板样式的效果
555		适用于圆形或椭圆形风管系统
556		适用于圆形或椭圆形风管系统，可以通过参数设置实现 CID 555 模板样式的效果

续表

CID	模板样式	模板特点
509		适用于圆形或椭圆形风管系统
1144		适用于圆形风管系统,带有开度调节和显示装置
501		适用于矩形风管系统
502		适用于矩形风管系统,较 CID 501 模板样式增加一个控制外侧长方体与中间长方体相对位置关系的参数
535		适用于矩形风管系统
507		适用于矩形风管系统,带有多叶风阀符号
514		适用于矩形风管系统,带有对开风阀符号
914		适用于矩形风管系统,可以通过参数设置实现 CID 501 和 CID 502 模板样式的效果

本节将以 CID 533 模板样式为例,讲解风阀的相关参数、设置和创建步骤,因为这个模板样式可以通过参数的设置,比较灵活地生成多种形体的风阀。其他模板样式各自具有一些特殊的参数和设置,但总体创建思路与 CID 533 模板样式一致。

在 ESTmep 中按下"Ctrl"+"Shift"+"C"三个键,调出命令框,在命令框中输入"MAKEPAT 533"调用该模板,进入到设置预制构件的对话框。下面将对各个选项卡的内容进行介绍。

1. "Dimensions"选项卡

"Dimensions"选项卡的参数定义了构件形体相关的各项尺寸,见图 8-1,相关的参数说明见图 8-2 及表 8-2。

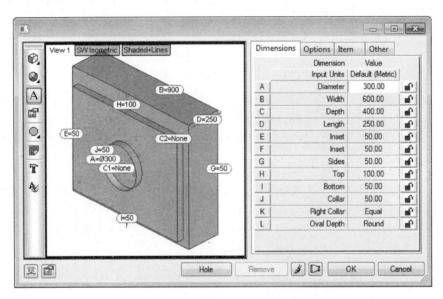

图 8-1

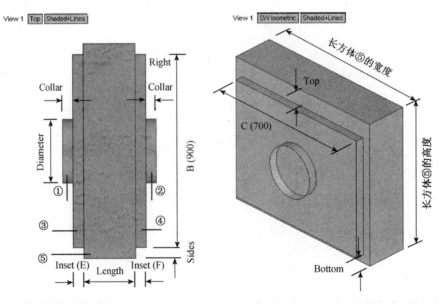

图 8-2

表 8-2　　　　　　　　　　　　　　　"Dimensions"选项卡各项参数的含义

编号	参数	参数说明(参见图 8-2)
A	Diameter	定义图 8-2 中圆柱体①和②的截面直径
B	Width	用于定义长方体③和④的宽度。需要注意的是,预览图中 B 参数的数值实际上为填写的 Diameter 与 Width 数值之和,即 B(900)=Diameter(300)+Width(600)
C	Depth	用于定义长方体③和④的高度。类似地,预览图中 C 参数的数值为 Diameter 与 Depth 数值之和,即 C(700)=Diameter(300)+Depth(400)
D	Length	定义长方体⑤的厚度。当设为 0 时,长方体⑤退化为一个平面
E	Inset	定义长方体③的厚度。当设为 0 时,长方体③消失
F	Inset	定义长方体④的厚度。当设为 0 时,长方体④消失
G	Sides	用于定义长方体⑤的宽度,见图 8-2。长方体⑤的宽度值为填写的 Diameter+Width+Sides * 2,即宽度(1 000)=Diameter(300)+Width(600)+Sides(50) * 2
H	Top	用于定义长方体⑤的高度,见图 8-2。长方体⑤的高度值为填写的 Diameter+Depth+Top+Bottom,即高度(850)=Diameter(300)+Depth(400)+Top(100)+Bottom(50)
I	Bottom	同 Top,用于定义长方体⑤的高度
J	Collar	定义圆柱体①的厚度。当设为 0 时,圆柱体①消失
K	Right Collar	定义圆柱体②的厚度。当设为 Equal 时,与圆柱体①的厚度相同;当设为 Value 时,可以直接输入数值定义厚度;当设为 0 时,圆柱体②消失
L	Oval Depth	当设为 Round 时,①与②都为圆柱体;当设为 Value 时,可以输入任何合理的数值,这时①与②都为椭圆截面形体,意味着风阀可以在椭圆形风管系统使用。需要注意的是,当 Oval Depth 为具体数值时,其定义的是椭圆形截面的高度,Diameter 参数定义的是椭圆形截面的宽度,Oval Depth 与 Diameter 数值的大小关系会决定椭圆截面的长短轴位置,见图 8-3 和图 8-4。这时,长方体③和④的高度为 Depth 与 Oval Depth 之和

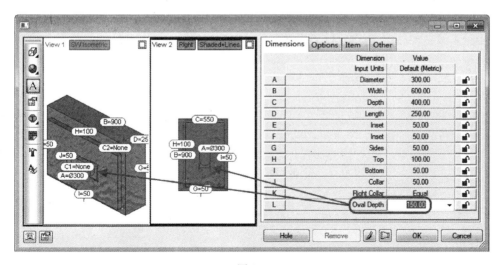

图 8-3

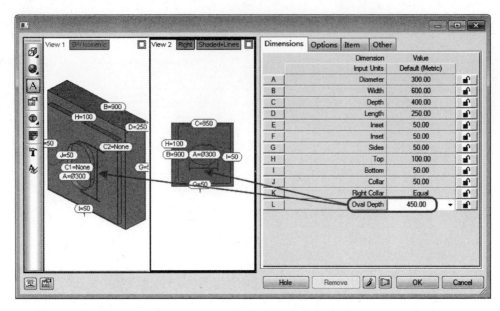

图 8-4

【提示 1】　每个参数的后面都有一个"解锁"的图标 🔓 ，单击这个图标按钮，它会转变为"锁定"的状态 🔒 。对于非基于具体制造商产品的预制构件，为了适应各种应用条件，一般无须锁定各项参数；而对于本例中决定连接件尺寸的 Diameter 参数（或 Oval Depth 参数），通常不能锁定，这样风阀才能够随着所连接风管尺寸的变化而变化。如果是基于具体制造商产品的预制构件，由于其具有固定的尺寸规格，通常需要创建 Product List，这时相关的尺寸可以锁定。

【提示 2】　某些风管系统相关的模板会有"Hole"的按钮，这是为了直接在 Item 的表面添加孔洞，以便安装检修口或仪表等。"Hole"的所属专业、形状和尺寸都可以通过自动出现的相关参数进行设置，此处不一一赘述。

2."Options"选项卡

"Options"选项卡定义了风阀的安装形式、控制类型、图形表现等，见图 8-5。相关的参数说明见表 8-3，表格中截图除特别注明外均为"SW Isometric"视图。

	Dimensions	Options	Item	Other	
	Option	Value			
1	Install Type	Plain			
2	Sex Type	Male			
3	Control Type	None			
4	Type	Single			
5	Draw Type	None			
6	Temperature Type	None			
7	Draw Type	None			
8	Lines	No			
9	Cost Supports	No			
10	Lines Type	Quantity			
11	Lines	3.00			

图 8-5

表 8-3		"Options"选项卡的各项参数
编号	参数	参 数 说 明
1	Install Type	定义风阀的安装形式,有三个选项: Plain　　Installation Fixing　　Dry Wall
2	Sex Type	定义连接件的位置,以表征风阀与风管连接的公母关系: Male　　Female 【提示】即使具有同一连接件,Sex Type 不同,与风管连接时的表现也不同
3	Control Type	定义风阀的控制或调节机构的形式,有六个选项: None　　Handle　　Mechanical　　Circle Mechanical Pivotable　　Knob

续表

编号	参数	参数说明
5	Draw Type	定义风阀的叶片类型(多叶式或对开式),有三个选项: None　　Single　　Opposed
6	Temperature Type	定义风阀是否带有加热或冷却装置,有三个选项: None　　Heater　　Cooler
7	Draw Type	定义风阀的模型符号,有八个选项: None　　Attenuator　　Axial　　Chevron Chevrons　　Cross Talk Attenuator　　Lines　　Triangles 【提示】风阀被添加到作业后,定义的符号在除"Wireframe"的其他视图样式中都会被显示
8	Lines	定义风阀表面是否有线条显示: No　　Yes

续表

编号	参数	参 数 说 明
9	Cost Supports	是否计入"Supports"，该选项仅当构件设置为目录型产品时才起作用：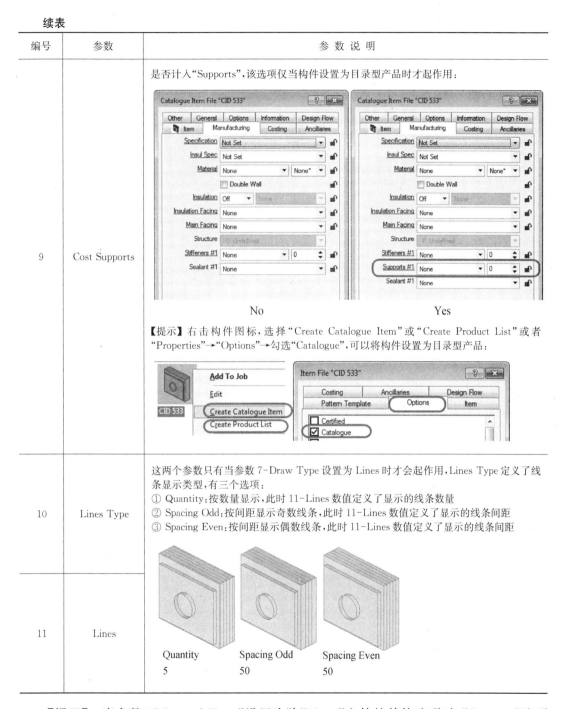 No　　　　　　　　Yes 【提示】右击构件图标，选择"Create Catalogue Item"或"Create Product List"或者"Properties"→"Options"→勾选"Catalogue"，可以将构件设置为目录型产品：
10	Lines Type	这两个参数只有当参数 7-Draw Type 设置为 Lines 时才会起作用，Lines Type 定义了线条显示类型，有三个选项： ① Quantity：按数量显示，此时 11-Lines 数值定义了显示的线条数量 ② Spacing Odd：按间距显示奇数线条，此时 11-Lines 数值定义了显示的线条间距 ③ Spacing Even：按间距显示偶数线条，此时 11-Lines 数值定义了显示的线条间距
11	Lines	Quantity 5　　Spacing Odd 50　　Spacing Even 50

【提示】　当参数 3"Control Type"设置为除"None"之外的其他选项时，"Options"选项卡会自动出现以下的参数，以定义执行机构的位置和形体（此时需要先切换到其他选项卡、再切换回"Options"选项卡，或保存并重新打开构件编辑界面以刷新参数）。

（1）Control X Offset，Control Y Offset：当参数 3"Control Type"为"Handle""Mechanical""Circle"时，会自动出现这两个参数用来定义执行机构在 X 轴和 Y 轴方向的偏移（执行机构在 Z 轴上的位置始终保持不变），图 8-6 为当这两个参数分别为 0/0，正数/

负数,负数/正数时的不同表现。

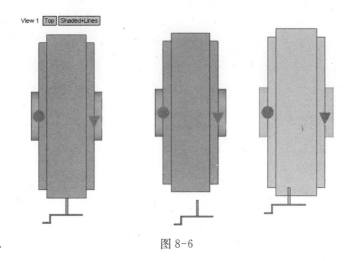

图 8-6

(2) Controller Side:这个参数只有当参数 3"Control Type"为 Mechanical Pivotable 或 Knob 时,才会自动出现,用来定义执行机构的位置,见图 8-7。Below 和 Both 选项只有在 Control Type 为 Mechanical Pivotable 时起作用。

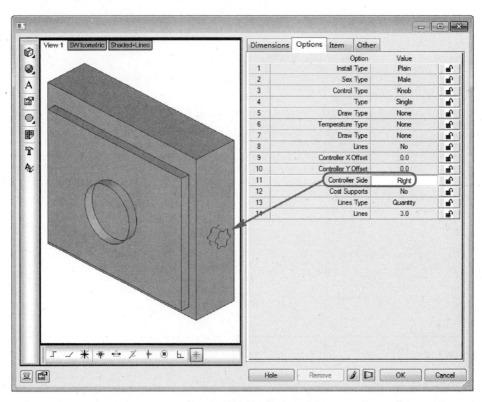

图 8-7

(3) Controller Orientation,Controller Detail:这两个参数只有在 Control Type 为 Mechanical Pivotable 时,才会自动出现,定义执行机构的方向和细节程度,见图 8-8。

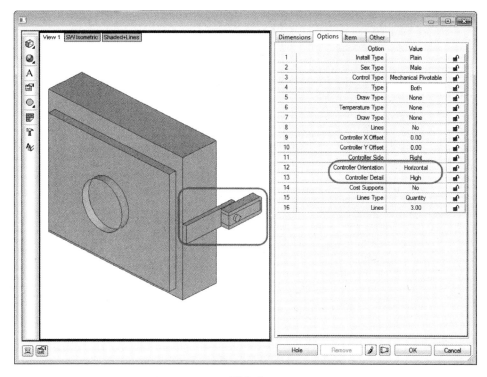

图 8-8

（4）除"Options"选项卡外，Control Type 为 Mechanical Pivotable 或 Knob 时，"Dimensions"选项卡也会相应地增加执行机构形体相关的尺寸参数，见图 8-9。

	Dimension	Value
	Input Units	Default (Metric)
A	Diameter	400.00
B	Width	600.00
C	Depth	400.00
D	Length	250.00
E	Inset	50.00
F	Inset	50.00
G	Sides	50.00
H	Top	100.00
I	Bottom	50.00
J	Collar	50.00
K	Right Collar	Equal
L	Oval Depth	Round
M	Arm Width	28.00
N	Arm Height	108.00
O	Actuator Width	56.00
P	Actuator Height	248.00
Q	Actuator Depth	100.00
R	Actuator Offset	12.00

	Dimension	Value
	Input Units	Default (Metric)
A	Diameter	400.00
B	Width	600.00
C	Depth	400.00
D	Length	250.00
E	Inset	50.00
F	Inset	50.00
G	Sides	50.00
H	Top	100.00
I	Bottom	50.00
J	Collar	50.00
K	Right Collar	Equal
L	Oval Depth	Round
M	Knob Diameter	100.00
N	Knob Length	50.00

图 8-9

3. "Item"选项卡与"Other"选项卡

"Item"选项卡用于定义风阀的规格、保温性能、材质等设置，见图 8-10。各参数说明见第 2 章相关内容。这里只着重介绍风管系统预制构件特有的一些参数。

（1）Double Wall：用以定义是否为复合型双层风管构件。一旦被勾选，外层风管的材质等相关参数会自动出现。

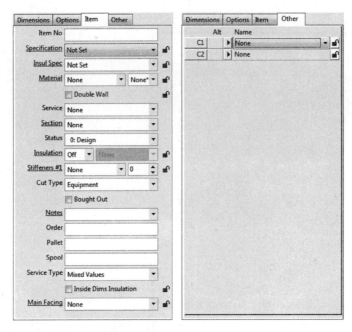

图 8-10

（2）Stiffeners #1：定义选用的加强筋。

"Other"选项卡定义了风阀的连接件，见图 8-10。对于风管系统预制构件的连接，有三种设置可以作为解决方案：

① 在"Other"选项卡中直接选用连接件（C1，C2）。

② 在"Item"选项卡中定义选用的规格（Specification）。

【提示】　通常在"Specification"里定义了不同情况下会使用的连接件，见图 8-11。

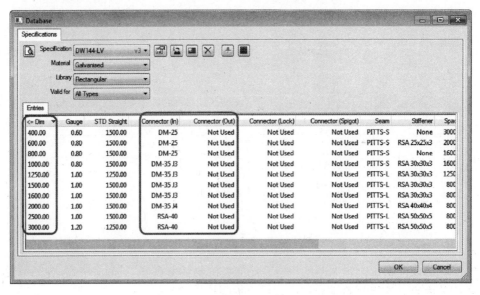

图 8-11

③ 在服务（Service）中定义选用的服务规格（Service Specification）。当预制构件被添

加到某个服务时,服务规格会定义该服务中各个构件的连接设置,见图 8-12。

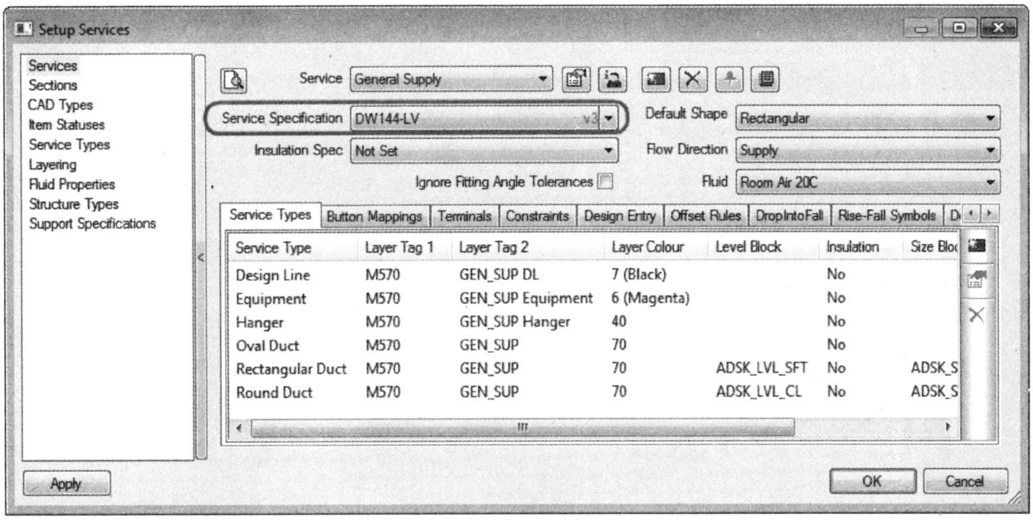

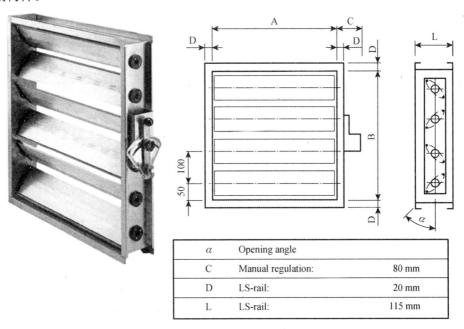

图 8-12

如果这三处都进行了连接件相关的定义,而预制构件"Other"选项卡中的连接件未锁定,那么在作业(Job)中决定预制构件连接表现的,优先级从高到低是②③①;如果预制构件"Other"选项卡中的连接件被锁定,那么在作业(Job)中决定预制构件连接表现的为①。用户可以根据需要,为风管系统预制构件选择合适的连接设置方式。

8.1.2　风阀创建实例

本节将以图 8-13 中的矩形风量调节阀为例,介绍如何设置模板的参数来创建符合实际的预制构件。

α	Opening angle	
C	Manual regulation:	80 mm
D	LS-rail:	20 mm
L	LS-rail:	115 mm

图 8-13

【提示】 将风阀的截面形状作为选择模板的初步依据,再根据风阀只有一个长方体的形体和对开式叶片的结构,对照表 8-1,选定 CID 514 模板样式作为本例中风阀的模板。

(1) 在 ESTmep 中,按下"Ctrl＋Shift＋C"三个键,调出命令框,在命令框中输入"MAKEPAT 514"调用该模板。

(2) 在当前"Dimensions"选项卡,输入 Length 的值"115"(该值对应图 8-13 中的参数 L),其他各项设置保持初始值即可,见图 8-14。

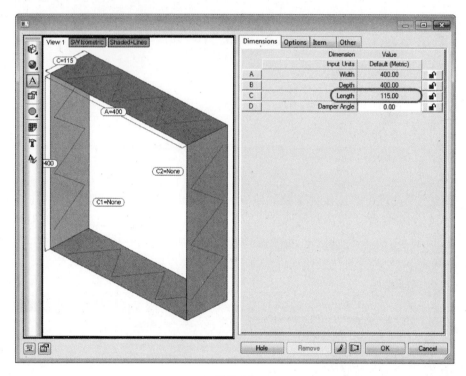

图 8-14

(3) 切换至"Options"选项卡,设置 1-Type 为"Control Box"(这是与本例中的执行机构的形体最为接近的选项),见图 8-15。

(4) 重新切换至"Dimensions"选项卡,选项卡上增加了定义执行机构的尺寸大小和位置的相关参数。由于标准中只规定了执行机构的厚度(图 8-13 中的参数 C),因此只需输入 Box Depth 值"80"即可,其余各项参数保持初始值,见图 8-16。

(5) 切换回"Options"选项卡,可以看到选项卡上也增加了控制执行机构外形的参数,见图 8-17。由于形体已是近似表达,这里无须进一步调整,保持初始值即可。

(6) 切换至"Item"选项卡,定义 Specification 和 Service Type 并勾选 Bought Out,见图 8-18。

【提示】 由于本例中的风阀已经选用了具有相关定义的 Specification,无须在"Other"选项卡中再定义连接件。

(7) 单击"OK",在弹出的"Save Item File As"对话框中,选中存放构件的目标文件夹,并在 Filename 处填写风阀的名称,单击"Save"保存文件,见图 8-19。

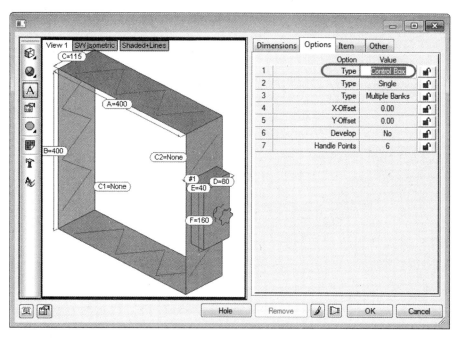

图 8-15

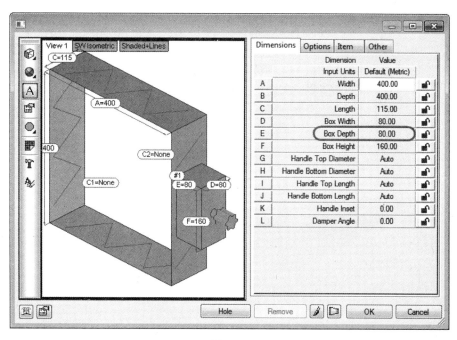

图 8-16

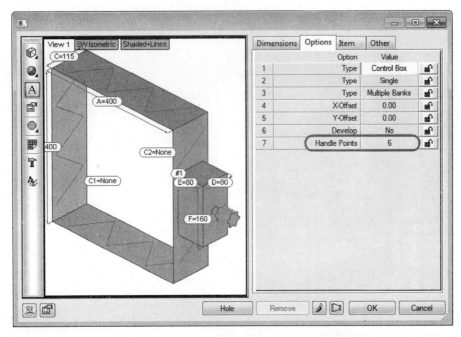

图 8-17

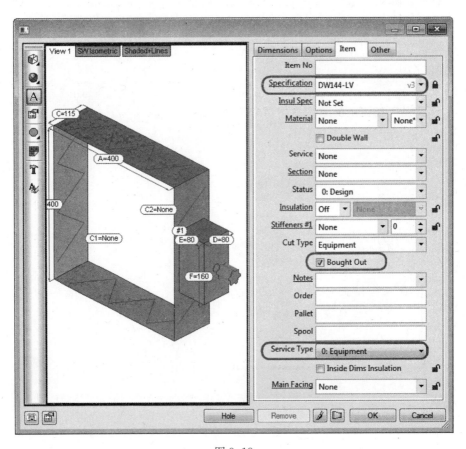

图 8-18

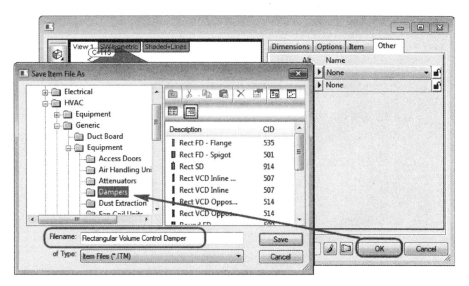

图 8-19

【提示 1】 在 Autodesk® Fabrication 产品中,基于具体制造商产品的风阀所在的路径是".\HVAC\Equipment\Dampers\"而没有制造商产品信息的,更为通用的风阀所在的路径是".\HVAC\Generic\Equipment\Dampers\"。

【提示 2】 设置预览图及添加价格信息等创建预制构件的通常步骤,请参考第 2 章相关内容,这里不再赘述。

当创建完成后,在 Item Folders 里浏览至其所在文件夹,在右侧视图区域双击这个风阀图标,可以将该风阀添加到当前作业。此时可以看到"Other"选项卡上的连接件已经被自动赋予,而且遵循图 8-11 所示的连接件设置规则(在"Dimensions"选项卡上调整参数 A-Width 的数值,当风阀截面最长边 $400 < A \leqslant 600$ 时,选用连接件 DM-25,见图 8-20;当风阀

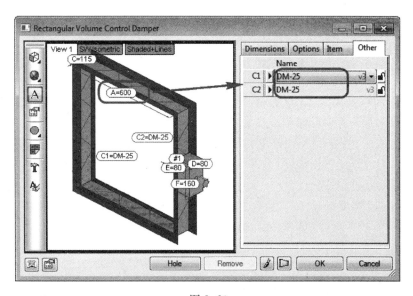

图 8-20

截面最长边 800＜A≤1 000 时,选用连接件 DM-35 J3),见图 8-21。

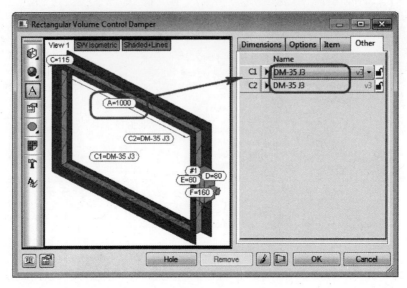

图 8-21

8.2　阀门(Valve)

阀门是流体系统中一种常见的构件,本节将详细介绍阀门模板以及如何在 ESTmep 中创建一个阀门预制构件。

8.2.1　阀门模板介绍

阀门的模板有以下三种模板:

(1) CID 868:阀门通用模板,可用于创建不超过四个端头的所有类型的阀门。

(2) CID 2868:阀门特定模板,可用于创建两通阀。

(3) CID 2869:阀门特定模板,可用于创建三通阀。

其中 CID 2868 和 CID 2869 这两个模板都是基于 CID 868 模板进行了某些参数简化,本节将基于 CID 868 这个最通用的模板来进行相关内容的介绍。

在 ESTmep 中,按下"Ctrl"＋"Shift"＋"C"三个键,调出命令框,在命令框中输入"MAKEPAT 868"调用该模板,见图 8-22。

1．"Dimensions"选项卡

"Dimensions"选项卡定义了阀门的形体尺寸参数,见图 8-22;相关的参数说明见表 8-4,表格中的截图除特别注明外均为"Top"视图。

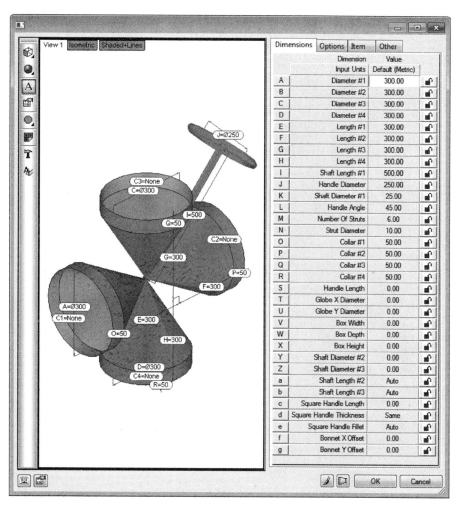

图 8-22

表 8-4　　　　　　　　　　　　"Dimensions"选项卡参数说明

编号	参　数	参　数　说　明
A~D	Diameter #3 ←→ ↑ Diameter #1 / Diameter #2 ↕ Diameter #4 ←→	阀门端头直径,一般输入公称通径。 【提示】除 Diameter #1 端头必须输入数值外,其余三个端头可以选择输入数值或者设置为"Equal"(此时,默认该端头直径等于 Diameter #1);当没有该端头时,输入数值"0"

续表

编　号	参　　数	参 数 说 明
E~H		阀体中心至端头的距离。 【提示】除端头 Length #1 必须输入数值外，其余三个端头可以选择输入数值或者设置为"Equal"（此时，默认该距离等于 Length #1）
I~L		Shaft Length #1：阀体中心至阀杆顶部的距离。 Handle Diameter：阀门手轮直径。 Shaft Diameter #1：阀杆直径；手轮高度。 Handle Angle：阀杆角度
M~N		阀门手轮相关参数： Number of Struts：轮辐根数。 Strut Diameter：轮辐直径
O~R		阀体端头边缘长度，可以输入数值或者设置为"Auto"（此时，默认该段长度等于 0）

续表

编 号	参　数	参　数　说　明
S	Handle Length Left	Handle Length：手柄长度
T~U	Globe X Diameter Globe Y Diameter	Globe X Diameter：阀体 X 向直径 Globe Y Diameter：阀体 Y 向直径
V W X	Box Width　Box Height Box Depth Isometric	传动装置的相关参数
Y Z a b	Shaft Diameter #2　Shaft Length #2 Shaft Diameter #3 Shaft Length #3	Shaft Diameter #2：阀杆中间段直径。 Shaft Diameter #3：阀杆下部直径。 Shaft Length #2：阀杆中间段长度。 Shaft Length #3：阀杆下部长度。 【提示】Shaft Diameter #2 和 Shaft Diameter #3 默认值为 0，此时阀杆竖向为一直杆，直径等于 Shaft Diameter #1；Shaft Length #2，#3 默认为"Auto"，此时阀杆竖向三段长度为三等分，等于 Shaft Length #1 的 1/3

续表

编号	参 数	参 数 说 明
c d e	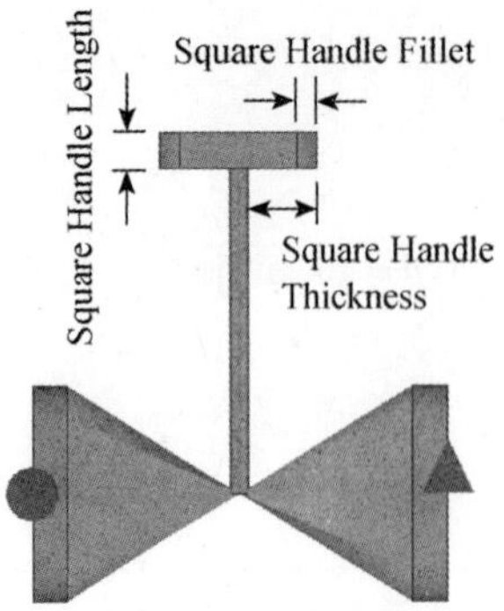	Square Handle Length:方形手柄长度。 Square Handle Thickness:方形手柄厚度,可以输入数值或者设置为“Same”(此时,默认该段长度为 0) Square Handle Fillet:方形手柄倒角,可以输入数值或者设置为“Auto”(此时,默认该段长度等于方形手柄总宽度的 1/20)
f g	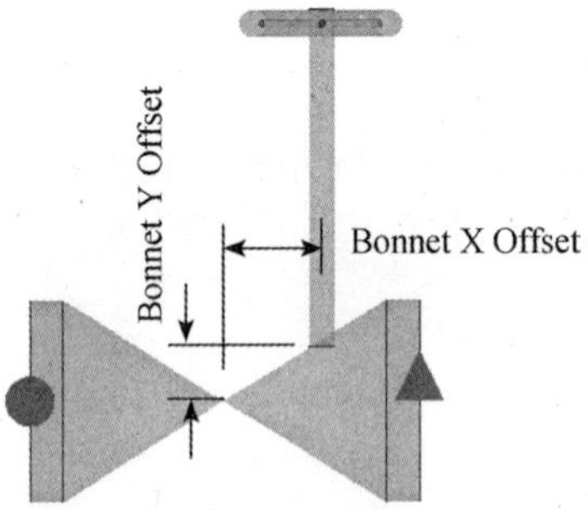	Bonnet X Offset:阀盖 X 方向偏移 Bonnet Y Offset:阀盖 Y 方向偏移

2. “Options”选项卡

“Options”选项卡定义了阀门的类型参数,见图 8-23;相关的参数说明见表 8-5。

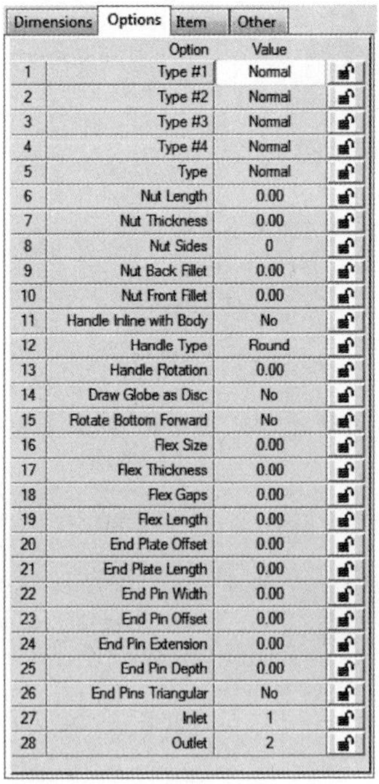

Dimensions | Options | Item | Other

	Option	Value
1	Type #1	Normal
2	Type #2	Normal
3	Type #3	Normal
4	Type #4	Normal
5	Type	Normal
6	Nut Length	0.00
7	Nut Thickness	0.00
8	Nut Sides	0
9	Nut Back Fillet	0.00
10	Nut Front Fillet	0.00
11	Handle Inline with Body	No
12	Handle Type	Round
13	Handle Rotation	0.00
14	Draw Globe as Disc	No
15	Rotate Bottom Forward	No
16	Flex Size	0.00
17	Flex Thickness	0.00
18	Flex Gaps	0.00
19	Flex Length	0.00
20	End Plate Offset	0.00
21	End Plate Length	0.00
22	End Pin Width	0.00
23	End Pin Offset	0.00
24	End Pin Extension	0.00
25	End Pin Depth	0.00
26	End Pins Triangular	No
27	Inlet	1
28	Outlet	2

图 8-23

表 8-5 　　　　　　　　　　　　"Options"选项卡参数说明

编号	参　数	参　数　说　明
1～4	Type #1～Type #4	阀门类型,有"Normal"和"Non-Return"两个选项: Normal　　　Non-Return
5	Type	阀体类型,有"Normal""Round"和"Straight"三个选项: Normal　　　Round　　　Straight
6	Nut Length	阀体端头螺母参数:长度、厚度、边数、背面倒角、正面倒角,其中,Nut Thickness 为螺母两个对角点之间的实体长度,即扣除了阀体连接端管道外径(Pipe OD)后的净距。
7	Nut Thickness	
8	Nut Sides	
9	Nut Back Fillet	
10	Nut Front Fillet	【提示】当 Nut Length, Nut Thickness, Nut Sides 中任意一个参数为 0 时,表示无螺母,此时其余几个螺母相关参数将不起作用
6	Length Includes Extensions	该参数仅当 Nut Length, Nut Thickness, Nut Sides 都不为 0 时存在,有"No"和"Yes"两个选项: ① 当阀体 Collar #1～Collar #4 长度为 0 时: No　　　　　Yes
7		
8		

续表

编 号	参 数	参 数 说 明
		② 当阀体 Collar #1～Collar #4 长度不为 0 时：
		Nut Length Nut Length Collar #1～ Collar #4 Length #1～ Length #4 Collar #1～ Collar #4 Length #1～ Length #4 No Yes
11	Handle Inline with Body	手柄与阀体平行与否，有"No"（不平行）和"Yes"（平行）两个选项： No Yes 【提示】当 Handle Length 为 0 时，该项不起作用
12	Handle Type	手柄类型，有"Round"（圆形）、"Square"（方形）和"Mechanical Pivotable"（机械枢轴旋转）三个选项： Round Square Mechanical Pivotable 【提示】当 Handle Length 为 0 时，该项不起作用
13	Handle Rotation	手柄转向，可自行输入相应的数值，例如 0，90，180，270 等 0 90 180 270

续表

编号	参　数	参　数　说　明
14	Draw Globe as Disc	阀体球形类型,有"No"和"Yes"两个选项: No　　　　　　Yes 【提示】当 Globe X/Y Diameter 为 0 时,该项不起作用
15	Rotate Bottom Forward	阀门通道形式,有"No"和"Yes"两个选项: No　　　　　　Yes
16	Flex Size	Flex 相关参数
17	Flex Thickness	
18	Flex Gaps	
19	Flex Length	【提示】Flex Length 从阀体长度(Length #1~Length #4)边界向内算起;Flex 个数为 Flex Length 长度范围内能容纳的最多个数
20	End Plate Offset	阀体端板相关参数,当两个参数中任意一个为 0 时,表示无端板
21	End Plate Length	

续表

编号	参 数	参 数 说 明
22	End Pin Width	阀体端板尾销相关参数,仅当端板存在时起作用
23	End Pin Offset	
24	End Pin Extension	
25	End Pin Depth	
26	End Pins Triangular	三角尾销选项,有"No"和"Yes"两个选项:
27	Inlet	流体方向:Inlet(圆点)表示进口,Outlet(三角)表示出口。1,2分别代表端口1、端口2。可以自行输入进、出口的端口编号。
28	Outlet	

3. "Item"选项卡

"Item"选项卡定义了阀门的规格、材料等参数,见图 8-24。各参数说明见第 2 章相关内容。其中"Cut Type"一般设置为"Pipework""Service Type",一般设置为"53:Valve"。

4. "Other"选项卡

"Other"选项卡定义了阀门的连接端,见图 8-25。

【提示】 从下拉菜单中选择合适的连接端;当没有该端头时,保持默认设置"None"。

图 8-24

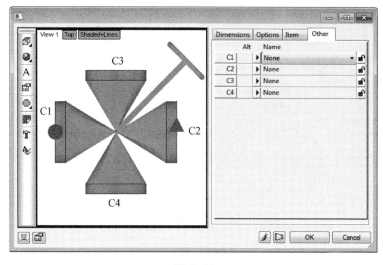

图 8-25

8.2.2　阀门模板设置实例

本节介绍如何设置 CID 868 模板的参数来创建一些常见类型的阀门：球阀、蝶阀、止回阀、截止阀。闸阀的模板参数设置与直通式截止阀类似，本节将不再另行介绍。

本节中的每个实例将会选用该类型阀门的某一个尺寸来进行模板参数设置，未做说明的参数使用默认设置。这里列出了一些通用的参数设置原则：

（1）用户可以通过创建 Product List、在其中加入需要参变的参数来创建其他尺寸的阀门。

（2）有数据来源的参数或者一些重要参数按照真实数值输入，例如阀门通径、端口到端口的距离、手柄高度等。

（3）没有数据来源的参数按照形体简化的需要自行设置一个合理的数值，例如阀体的球体尺寸、阀杆直径等。

（4）实际形体用不到的尺寸参数可将初始设置改为0,例如两通阀,模板上第三、四端口相关的直径、长度等参数需要设置为0。

（5）一些参数可以设置成使用公式计算,这样设置的优势在于减少了 Product List 中的参数数量,缺点在于有时可能需要多次调试公式,使得一个阀门构件中的所有通径尺寸都能生成合理的形体。

8.2.2.1 球阀

1. 球阀的设置

以图8-26中通径50 mm的球阀为例,设置 CID 868 模板相关参数。

（1）在"Options"选项卡上设置阀门的形体参数,相关参数设置见表8-6。

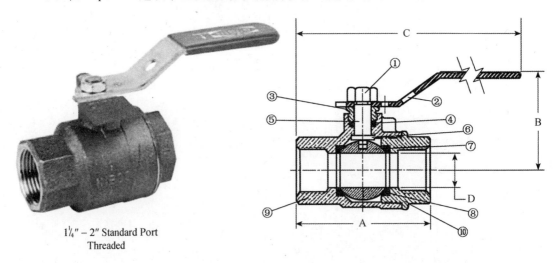

$1\frac{1}{4}$" – 2" Standard Port
Threaded

Size		A		B		C		D Port		Weight	
In.	mm.	In.	mm.	In.	mm.	In.	mm.	In.	mm.	Lbs.	Kg.
$1\frac{1}{4}$	32	3.94	100	2.63	67	6.75	171	1.00	25	2.17	0.99
$1\frac{1}{2}$	40	4.31	110	3.00	76	8.91	228	1.25	32	3.27	1.49
2	50	4.63	117	3.25	83	9.06	230	1.50	38	5.09	2.31
* $2\frac{1}{2}$	65	5.84	148	3.53	90	9.66	245	2.00	51	8.25	3.79
* 3	80	7.09	202	4.41	112	11.53	293	2.50	64	15.65	7.11

图 8-26

表 8-6　　　　　　　　　　　"Options"选项卡参数设置

编 号	参 数	数 值
5	Type	Straight
11	Handle Inline with Body	Yes
12	Handle Type	Square
14	Draw Globe as Disc	Yes

（2）在"Dimensions"选项卡上设置阀门的尺寸参数,相关参数设置见图 8-27。

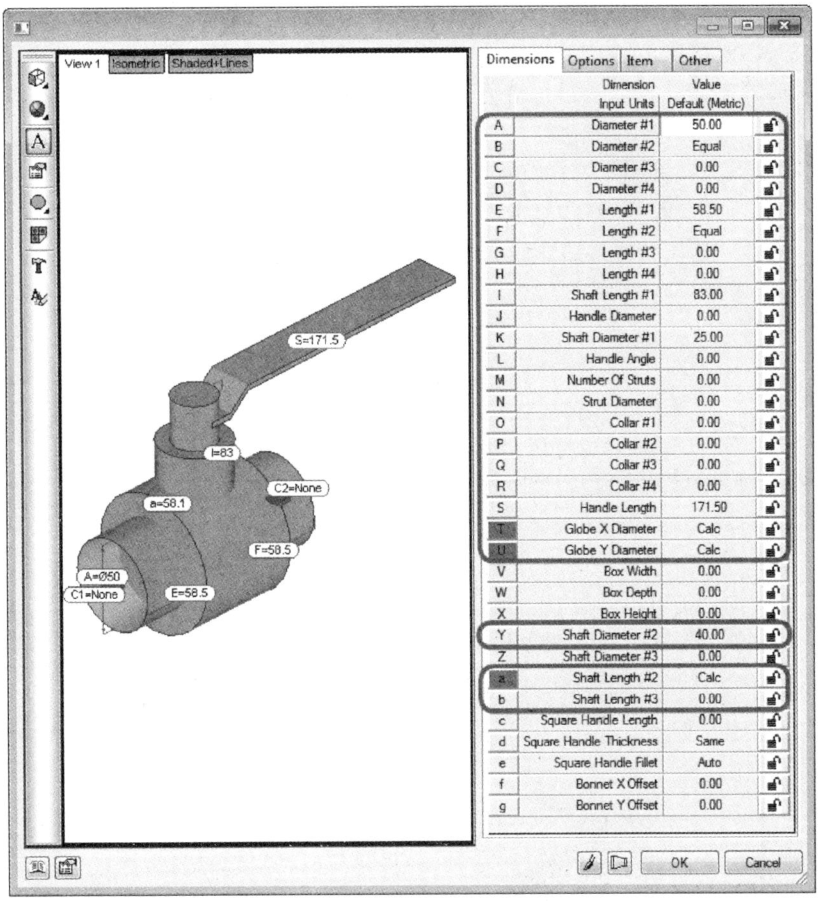

图 8-27

① Diameter #1:对应图 8-26 中的 Size(50),Length #1 对应 A/2(117/2),Shaft Length #1 对应 B(83),Handle Length 对应 C-A/2(230-117/2)。

② 没有数据来源的参数按照形体简化的需要自行设置一个合理的数值,例如 Shaft Diameter #1(25)、Shaft Diameter #2(40)。

③ 实际形体用不到的尺寸参数将初始设置改为 0,例如 Diameter #3/#4, Length #3/#4, Handle Diameter, Handle Angle, Number Of Struts, Strut Diameter, Collar #1~Collar #4, Shaft Length #3。

④ 一些参数可以设置成使用公式计算,例如 Globe X Diameter(等于 Length #1), Globe Y Diameter(等于 Diameter #1 * 1.75), Shaft Length #2(等于 Shaft Length #1 * 0.7);或者设置成"Equal",例如 Diameter #2, Length #2。

（3）在"Item"选项卡上设置阀门的规格、材料等参数,相关参数设置见图 8-28。

（4）在"Other"选项卡上设置阀门的连接端,见图 8-29。

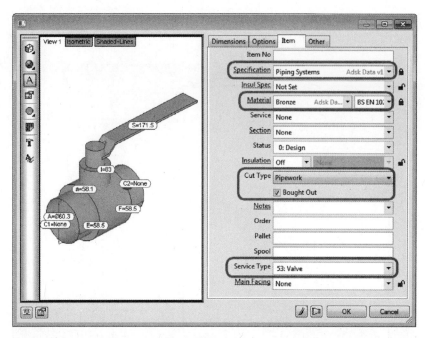

图 8-28

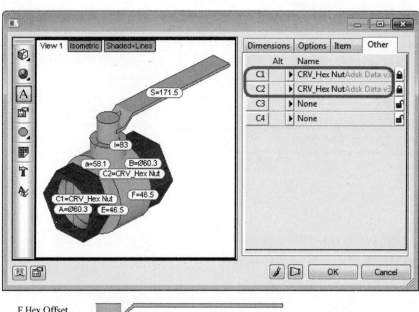

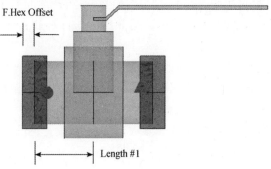

图 8-29

【提示】　因为连接端头中设置了 Hex 偏移值,为保证阀门端口至端口距离,此时计算 Length #1 需要用阀门端口至端口距离的一半(117/2),再扣除 F. Hex Offset 的数值(12), F. Hex Offset 为连接端头的尺寸参数。此时 Length #1 数值需从 58.5 调整为 46.5,见图 8-29。

2. 不同球阀的设置

对于图 8-30 中的球阀(注:B=76),参数的设置和上面的球阀相同,只需另外设置几个参数。本例中将 Nut 简化成了正方形。

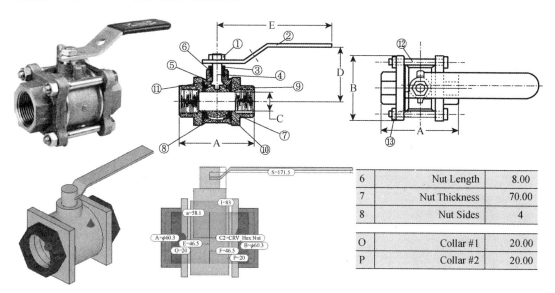

6	Nut Length	8.00
7	Nut Thickness	70.00
8	Nut Sides	4
O	Collar #1	20.00
P	Collar #2	20.00

图 8-30

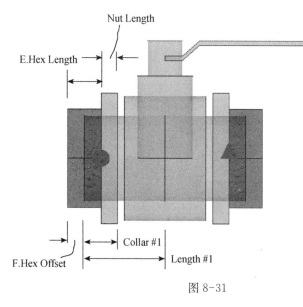

图 8-31

(1) Nut Sides:即正方形的边数(4)。

(2) Nut Length:因产品信息中没有提供数值,因此自行估值(8)。

(3) Nut Thickness 为正方形两个对角点之间的实体长度,即图 8-30 中的 $B * \sqrt{2}$ 再扣除 Pipe OD($76 * \sqrt{2} - 60.3$)。

(4) Collar #1(20)=Nut Length(8) + E. Hex Length(24) − F. Hex Offset (12),见图 8-31,E. Hex Length 和 F. Hex Offset 为连接端头的尺寸参数。

8.2.2.2　蝶阀

以图 8-32 中通径 500 mm 的蝶阀为例，设置 CID 868 模板相关参数。

（1）在"Options"选项卡上设置阀门的形体参数："Type"→"Straight""Draw Globe as Disc"→"Yes"。

（2）在"Dimensions"选项卡上设置阀门的尺寸参数，相关参数设置见图 8-33。

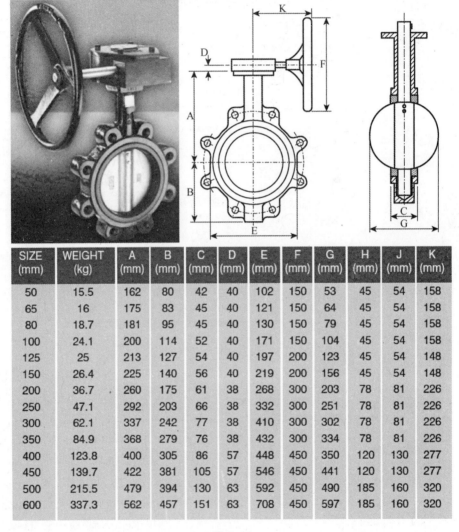

SIZE (mm)	WEIGHT (kg)	A (mm)	B (mm)	C (mm)	D (mm)	E (mm)	F (mm)	G (mm)	H (mm)	J (mm)	K (mm)
50	15.5	162	80	42	40	102	150	53	45	54	158
65	16	175	83	45	40	121	150	64	45	54	158
80	18.7	181	95	45	40	130	150	79	45	54	158
100	24.1	200	114	52	40	171	150	104	45	54	158
125	25	213	127	54	40	197	200	123	45	54	148
150	26.4	225	140	56	40	219	200	156	45	54	148
200	36.7	260	175	61	38	268	300	203	78	81	226
250	47.1	292	203	66	38	332	300	251	78	81	226
300	62.1	337	242	77	38	410	300	302	78	81	226
350	84.9	368	279	76	38	432	300	334	78	81	226
400	123.8	400	305	86	57	448	450	350	120	130	277
450	139.7	422	381	105	57	546	450	441	120	130	277
500	215.5	479	394	130	63	592	450	490	185	160	320
600	337.3	562	457	151	63	708	450	597	185	160	320

图 8-32

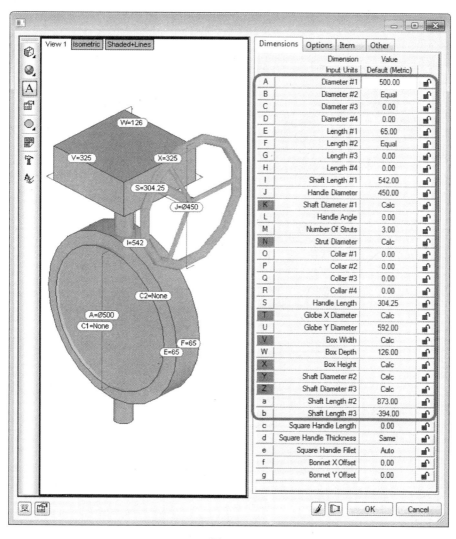

图 8-33

① Diameter #1 对应图 8-32 中的 Size(500)，Length #1 对应 C/2(130/2)，Shaft Length #1 对应 A+D(479+63)，Handle Diameter 对应 F(450)，Handle Angle 按照图纸设置为 0，Number Of Struts 即手轮轮辐根数(3)，Handle Length 对应 K 扣除手轮轮缘一半高度(320-126 * 0.25/2)，Globe Y Diameter 对应 E(592)，Box Depth 对应 D * 2(63 * 2)，Shaft Length #2 对应 A+B(479+394)，Shaft Length #3 对应 B(-394，注：自阀体中心向上为正值，向下为负值)。

② 实际形体用不到的尺寸参数可将初始设置改为 0，例如 Diameter #3/#4，Length #3/#4，Collar #1～Collar #4。

③ 一些参数可以设置成使用公式计算，例如 Globe X Diameter(等于 Length #1 * 1.6)，Shaft Diameter #1(等于 Box Depth * 0.25)，Strut Diameter(等于 Shaft Diameter #1 * 0.5)，Box Width/Height(等于 Length #1 * 5)，Shaft Diameter #2/#3(等于 Length #1)；或者设置成"Equal"，例如 Diameter #2，Length #2。

（3）在"Item"选项卡上设置阀门的规格、材料等参数，相关参数设置见图 8-34。

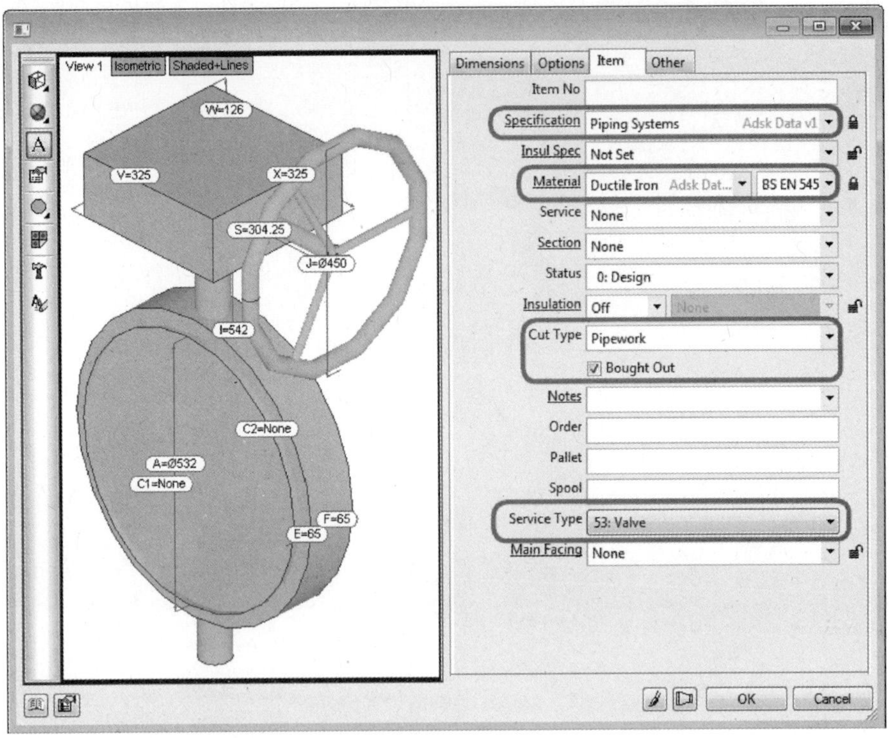

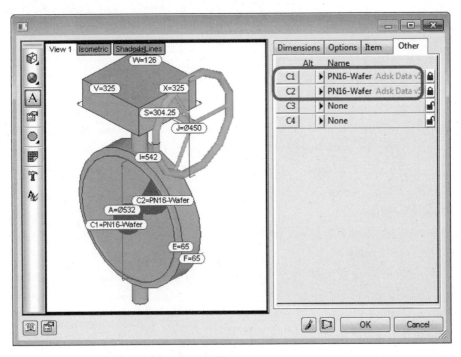

图 8-34

（4）在"Other"选项卡上设置阀门的连接端，见图 8-35。

图 8-35

8.2.2.3　止回阀

以图 8-36 中通径 50 mm 的止回阀为例,设置 CID 868 模板相关参数。

Threaded

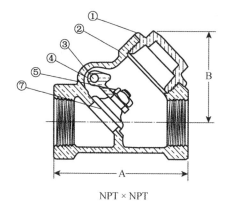

NPT × NPT

Size		Dimensions			
		A		B	
In.	mm.	In.	mm.	In.	mm.
¼	8	2.13	54	1.63	41
⅜	10	2.13	54	1.63	41
½	154	2.44	62	1.69	43
¾	20	2.94	75	1.88	48
1	25	3.56	90	2.31	59
1¼	32	4.19	106	2.69	68
1½	40	4.50	114	2.94	75
2	50	5.25	133	3.94	100
2½*	65	8.00	203	5.06	129
3*	80	9.25	235	6.25	159

图 8-36

（1）在"Options"选项卡上设置阀门的形体参数:"Type"→"Straight""Nut Sides"→"6"
"Nut Thickness"→"20""Nut Length"→"24",此时切换选项卡或保存文件以刷新设置。继
续在"Options"选项卡上设置"Length Includes Extensions"→"Yes"。

（2）在"Dimensions"选项卡上设置阀门的尺寸参数,相关参数设置见图 8-37。

① Diameter #1 对应图 8-36 中的 Size(50),Length #1 对应 A/2(133/2),Handle
Angle 按照图纸保持默认设置(45)。

② 没有数据来源的参数按照形体简化的需要自行设置一个合理的数值,例如 Shaft
Length #2 取自图 8-36 中的 $B/2 * \sqrt{2}(100/2 * \sqrt{2})$。

③ 实际形体用不到的尺寸参数可将初始设置改为 0,例如 Diameter #3/Diameter #4,
Length #3/Length #4,Handle Diameter,Number Of Struts,Strut Diameter,Collar #1～
Collar #4,Shaft Length #3。

④ 一些参数可以设置成使用公式计算,例如 Shaft Diameter #1(等于 Diameter #1 *
1.25),Shaft Diameter #2(等于 Diameter #1),Bonnet X Offset(等于 Shaft Diameter #2 *
(−0.7));或者设置成"Equal",例如 Diameter #2,Length #2。

⑤ Shaft Length #1 由图 8-36 中的 B 值决定: $B * \sqrt{2} -$ Shaft Diameter #1 * 0.5 (100 *
$\sqrt{2} - 50 * 1.25 * 0.5$)。

（3）在"Item"选项卡上设置阀门的规格、材料等参数,相关参数设置见图 8-38。

（4）在"Other"选项卡上设置阀门的连接端,见图 8-39。

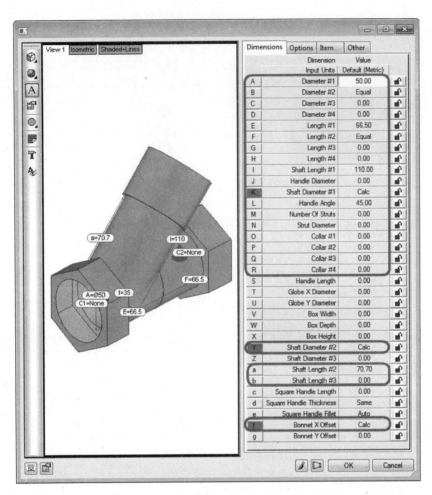

图 8-37

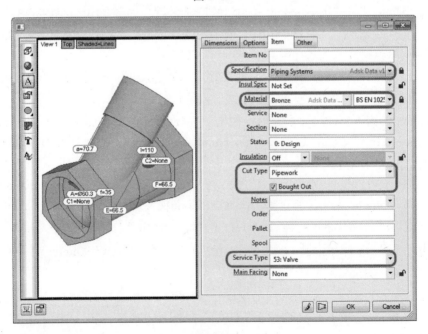

图 8-38

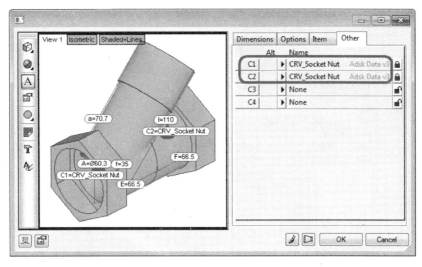

图 8-39

【提示】 本例中将螺纹端头的 Hex 作为形体的一部分,在"Options"选项卡中进行了设置,因此连接端头的形体中不需要再包含这部分形体,这点和球阀的示例有区别,两种方式都可以实现阀门预制构件的创建。

8.2.2.4 截止阀

1. 截止阀相关参数设置

以图 8-40 中的通径 50 mm 的截止阀为例,设置 CID 868 模板相关参数。

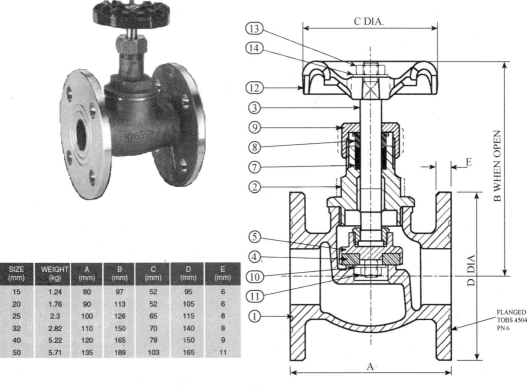

SIZE (mm)	WEIGHT (kg)	A (mm)	B (mm)	C (mm)	D (mm)	E (mm)
15	1.24	80	97	52	95	6
20	1.76	90	113	52	105	6
25	2.3	100	126	65	115	8
32	2.82	110	150	70	140	8
40	5.22	120	165	78	150	9
50	5.71	135	189	103	165	11

图 8-40

（1）在"Options"选项卡上设置阀门的形体参数："Type"→"Straight"。

（2）在"Dimensions"选项卡上设置阀门的尺寸参数，相关参数的设置见图8-41。

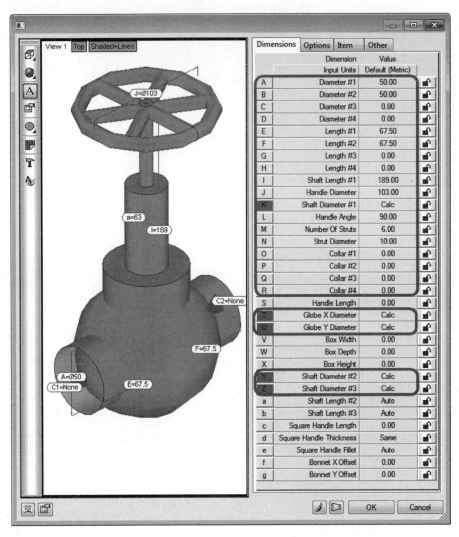

图8-41

① Diameter #1 对应图 8-40 中的 Size(50)，Length #1 对应 A/2(135/2)，Shaft Length #1 对应 B(189)，Handle Diameter 对应 C(103)，Handle Angle 按照图纸设置为 90，Number Of Struts 即手轮轮辐根数(6)。Diameter #2，Length #2 也可设置成 "Equal"。

② 没有数据来源的参数按照形体简化的需要自行设置一个合理的数值，例如 Strut Diameter(10)。

③ 实际形体用不到的尺寸参数可将初始设置改为 0，例如 Diameter #3/Diameter #4，Length #3/Length #4，Collar #1~Collar #4。

④ 一些参数可以设置成使用公式计算，例如 Globe X Diameter(等于 Length #1 * 1.6)，Globe Y Diameter(等于 Diameter #1 * 2)，Shaft Diameter #1(等于 Handle

Diameter * 0. 1)，Shaft Diameter #2(等于 Handle Diameter * 0. 3)，Shaft Diameter #3(等于 Handle Diameter * 0. 6)。

（3）在"Item"选项卡上设置阀门的规格、材料等参数，相关参数设置见图 8-42。

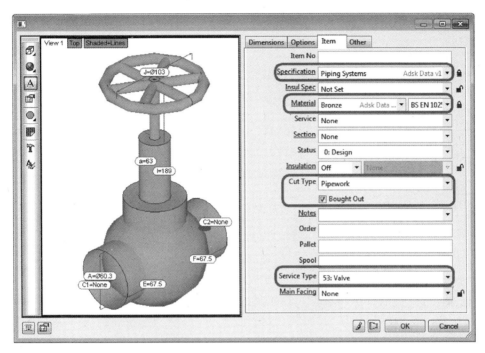

图 8-42

（4）在"Other"选项卡上设置阀门的连接端，见图 8-43。

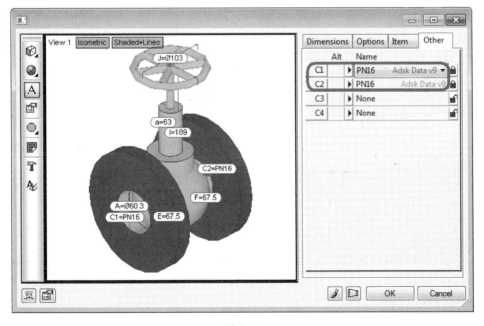

图 8-43

2. 角式截止阀

对于图 8-44 中通径 50 mm 的角式截止阀,参数的设置和上面的截止阀类似,只需将端口 1 的相关参数设置为 0,端口 4 的相关参数按照资料设置即可。

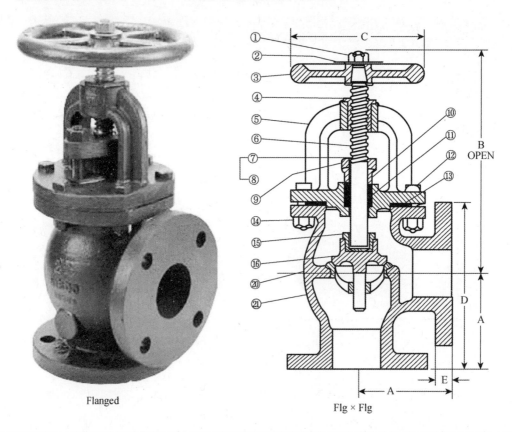

Flanged

Flg × Flg

Size		Dimensions									
		A		B		C		D		E	
In.	mm.	In.	mm.	In.	mm.	In.	mm.	In.	mm.	In.	mm.
2	50	4.00	102	10.00	254	7	178	6.00	152	0.63	16
2½	65	4.25	108	11.50	292	8	203	7.00	178	.69	17
3	80	4.75	121	12.25	311	8	203	7.50	191	.75	19
4	100	5.75	146	15.00	381	10	254	9.00	229	.94	24
5	125	6.50	171	16.50	419	10	254	10.00	254	.94	24
6	150	7.00	178	18.88	479	12	305	11.00	279	1.00	25
8	200	9.75	248	20.75	527	16	406	13.50	343	1.13	29

图 8-44

(1) 在"Options"选项卡上设置阀门的形体参数:"Type"→"Straight""Inlet"→"2" "Outlet"→"4"。

（2）在"Dimensions"选项卡上设置阀门的尺寸参数，相关参数设置见图 8-45。

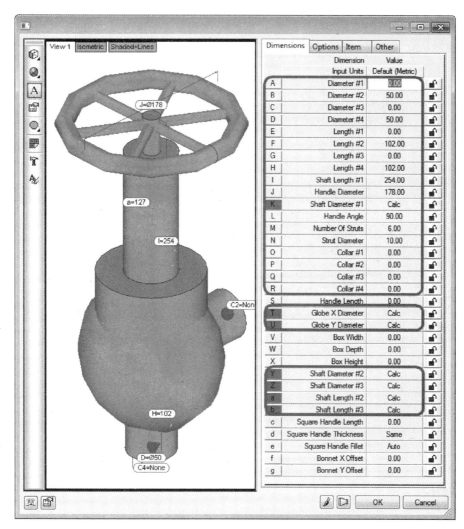

图 8-45

① Diameter #2/#4 对应图 8-44 中的 Size(50)，Length #2/#4 对应 A(102)，Shaft Length #1 对应 B(254)，Handle Diameter 对应 C(178)，Handle Angle 按照图纸设置为 90，Number Of Struts 即手轮轮辐根数(6)。

② 没有数据来源的参数按照形体简化的需要自行设置一个合理的数值，例如 Strut Diameter(10)。

③ 实际形体用不到的尺寸参数可将初始设置改为 0，例如 Diameter #1/Diameter #3、Length #1/Length #3、Collar #1～Collar #4。

④ 一些参数可以设置成使用公式计算，例如 Globe X Diameter（等于 Length #2 * 1.25），Globe Y Diameter（等于 Length #2 * 1.5），Shaft Diameter #1（等于 Handle Diameter * 0.1），Shaft Diameter #2（等于 Handle Diameter * 0.3），Shaft Diameter #3（等于 Handle Diameter * 0.6），Shaft Length #2（等于 Shaft Length #1 * 0.5），Shaft

Length #3(等于Shaft Length #1 * 0.35)。

（3）在"Item"选项卡上设置阀门的规格、材料等参数，相关参数设置见图8-46。

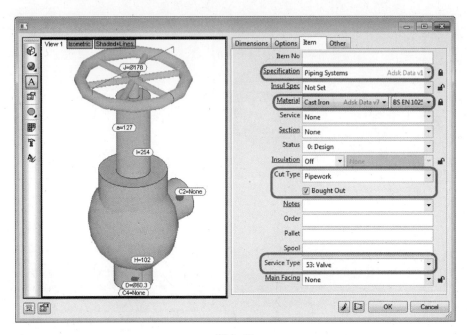

图 8-46

（4）在"Other"选项卡上设置阀门的连接端，见图8-47。

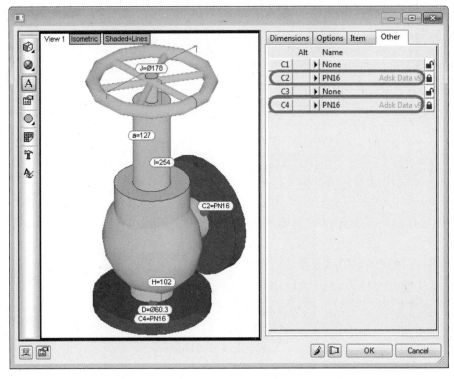

图 8-47

本节着重介绍了常用类型阀门的模板设置,有关如何创建保存 ITM 文件、添加产品列表、设置预览图以及添加价格信息等创建预制构件的通常步骤,请参考第 2 章相关内容,这里不再赘述。另外,用户也可以参考 Autodesk® Fabrication 产品中已有的阀门预制构件 ".\Mechanical\Equipment\Valves\"。

8.3　支吊架(Hanger)

支吊架在设备专业中常用于承载管道或者设备荷载,防止其发生位移,控制其振动。

在 Autodesk® Fabrication 产品中,按照不同的专业和类别,提供了一些支吊架预制构件,见表 8-7。

表 8-7　支吊架文件路径

类　别	路　径
常规	Electrical\Generic\Equipment\Hangers\ HVAC\Generic\Equipment\Hangers\ Mechanical\Generic\Equipment\Hangers\ Public Health\Generic\Equipment\Hangers\
制造商	HVAC\Equipment\Hangers\ Mechanical\Equipment\Hangers\ Public Health\Equipment\Hangers\

8.3.1　支吊架模板介绍

在 Autodesk® Fabrication 产品中有多个模板可以用来创建支吊架,见表 8-8。其中 CID 838 为通用模板,可用于创建多种常规类型的支吊架;而 CID 12＊＊ 为特定模板,每个模板对应一种特定类型的支吊架。

表 8-8　支吊架模板列表

CID	类型	说　明	CID	类型	说　明
838	Basic Hanger	通用模板,可设置成 22 种类型	1239	Stirrup Hanger	
1238	Profiled Bearer		1240	Wrap Round Hanger	

续表

CID	类型	说　明	CID	类型	说　明
1241	Flat Strap Hanger		1246	Double Floor Support	
1242	Clipped Flat Strap Hanger		1247	Split Ring Hanger	
1243	Clevis Hanger		1248	Pipe Roll Hanger	
1244	Roll Clevis Hanger		1249	J Hanger	
1245	Floor Support		1250	Z Strap Hanger	

本节将以 CID 838 这个最通用的支吊架模板为例进行相关介绍。

在 ESTmep 中按下"Ctrl ＋ Shift ＋ C"三个键,调出命令框,在命令框中输入"MAKEPAT 838"调用该模板,进入到设置预制构件的对话框,见图 8-48。CID 838 模板默认的支吊架类型是"Profiled Bearer"、圆形管道截面,下面将基于这个默认设置对各个选项卡的内容进行介绍。

1. "Dimensions"选项卡

"Dimensions"选项卡定义了支吊架的形体尺寸参数,见图 8-48;相关的参数说明见图 8-49及表 8-9。

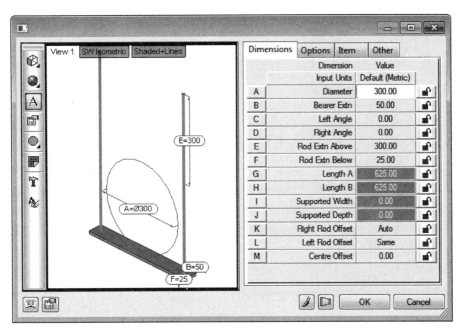

图 8-48

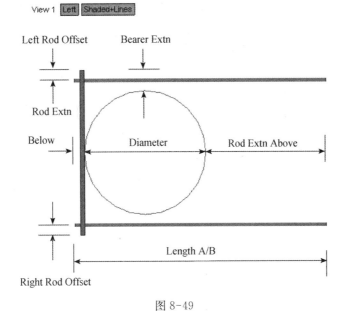

图 8-49

表 8-9		"Dimensions"选项卡参数说明
编　号	参　　数	参　数　说　明
A	Diameter	放置在支吊架上的圆形管道直径
B	Bearer Extn	管道至横档两端的距离

续表

编号	参 数	参 数 说 明
C D	Left Angle Right Angle	定义横档的挡板的长度,默认为 0(表示无挡板),可根据需要自行输入数值:
E	Rod Extn Above	吊杆顶端至管道顶部的距离
F	Rod Extn Below	吊杆底端至管道底部的距离
G H	Length A Length B	吊杆的长度,数值由软件自动计算,无法手动输入或编辑。 【提示】当没有吊杆时,Length A/B 默认为 0;当只有一根吊杆时,Length B 默认为 0
I J	Supported Width Supported Depth	表示放置在支吊架上的管道尺寸(不含保温层),数值由软件自动计算,无法手动输入或编辑。 【提示】当管道为圆形时,这两个数值默认等于管道直径;当管道为矩形或者椭圆形时,这两个数值自动对应管道的宽度(Width)和高度(Depth)
K	Right Rod Offset	右侧吊杆中心至横档右端距离,默认为"Auto"(此时,该值等于 Bearer Extn 的一半),也可自行输入数值
L	Left Rod Offset	左侧吊杆中心至横档左端距离,默认为"Same"(此时,该值等于 Right Rod Offset 数值);也可以从下拉菜单中选择为"Auto"(此时,该值等于 Bearer Extn 的一半)或者自行输入数值
M	Centre Offset	支吊架中心偏移值(竖向),默认为 0,可自行输入数值:

2. "Options"选项卡

"Options"选项卡定义了支吊架的类型参数,见图 8-50;相关的参数说明见表 8-10,表格中截图除特别注明外均为"SW Isometric"视图。

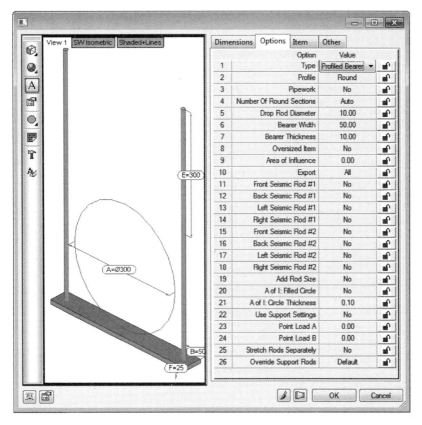

图 8-50

表 8-10　　　　　　　　　　　　"Options"选项卡参数说明

编 号	参　数	参　数　说　明
1	Type	支吊架类型,默认为"Profiled Bearer",可以从下拉菜单中选择其他类型: Profiled Bearer Stirrup Wrap-Round Hanger Flat Strap Hanger Clipped Flat Strap Hanger Clevis Hanger Roll Clevis Hanger Floor-Roof Support Double Floor-Roof Support Split Ring Roll J Z-Strap Double Profile Bearer V Bottom Clevis J 2 Slide Double Slide Double Profile Bearer 2 Conduit Clamp Wire Z Clip 【提示】当选择不同的支吊架类型时,"Dimensions"选项卡会根据特定的类型提供一些特有的参数

续表

编号	参　数	参　数　说　明
2	Profile	表示放置在支吊架上的管道形状,有"Round""Oval""Rectangular"三个选项: 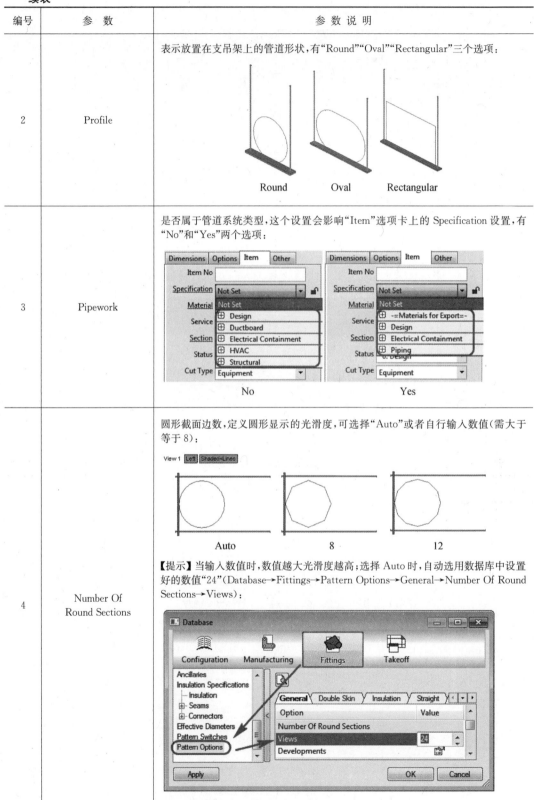
3	Pipework	是否属于管道系统类型,这个设置会影响"Item"选项卡上的 Specification 设置,有"No"和"Yes"两个选项:
4	Number Of Round Sections	圆形截面边数,定义圆形显示的光滑度,可选择"Auto"或者自行输入数值(需大于等于8): 【提示】当输入数值时,数值越大光滑度越高;选择 Auto 时,自动选用数据库中设置好的数值"24"(Database→Fittings→Pattern Options→General→Number Of Round Sections→Views):

续表

编　号	参　　数	参　数　说　明
5 6 7	Drop Rod Diameter Bearer Width Bearer Thickness	吊杆直径、横档宽度、横档厚度
8	Oversized Item	仅适用于 Profile 设置为 Round 情形,表示该支吊架是否支持放置多根管道,有"No"和"Yes"两个选项: 【提示】若 Profile 设置为 Rectangular/Oval,无论该选项如何设置,该支吊架都支持放置多根管道。 【技巧】在"Service"面板上右击一个支吊架图标,选择"Multi Service Takeoff",单击该选项右箭头图标旁的支吊架列表,返回当前作业单击选择多根管道,右击,移动鼠标至合适位置,单击,可为选择的管道添加支吊架至选中位置
10	Export	定义要导出到自动场点布置设备的场点(field point),有"All"(全部导出)、"None"(不导出)、"Left"(左边)和"Right"(右边)四个选项

续表

编号	参　数	参　数　说　明
11 12 13 14 15 16 17 18	Front Seismic Rod #1 Back Seismic Rod #1 Left Seismic Rod #1 Right Seismic Rod #1 Front Seismic Rod #2 Back Seismic Rod #2 Left Seismic Rod #2 Right Seismic Rod #2	抗震吊杆相关参数(分别对应图中 F1，B1，L1，R1，F2，B2，L2，R2)，每个参数有"No""Straight""Minus 45 Degrees"和"Plus 45 Degrees"四个选项： 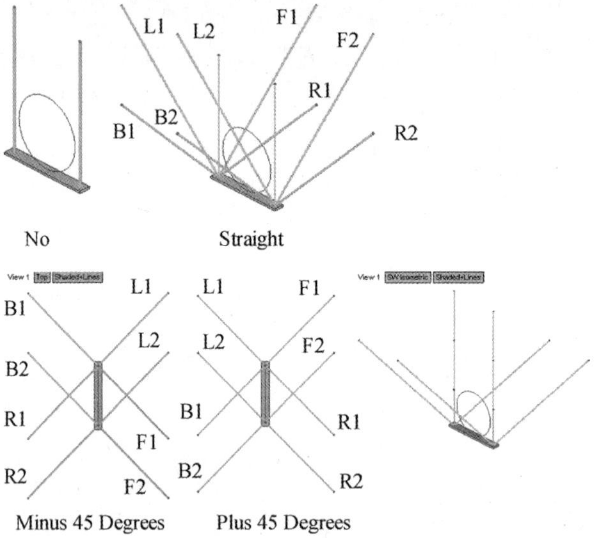 No　　　　Straight Minus 45 Degrees　　Plus 45 Degrees
19	Add Rod Size	表示在导出到自动场点布置设备时，是否附加吊杆的尺寸数据，有"No"和"Yes"两个选项
9 20 21	Area of Influence A of I：Filled Circle A of I：Circle Thickness	影响区域相关参数，影响区域表示吊杆顶端的一块圆形区域，用于协调以确定避碰区域，而其他部件不应侵占，用于碰撞检测。 Area of Influence 定义了圆形区域的半径，默认为 0，可输入数值 A of I：Filled Circle 用于定义影响区域是否呈实体显示，有"No"(不显示)和"Yes"(显示)两个选项。 A of I：Circle Thickness 定义了圆形区域的厚度，默认为 0.1，可输入数值(正值表示从吊杆顶端向下，负值表示从吊杆顶端向上) 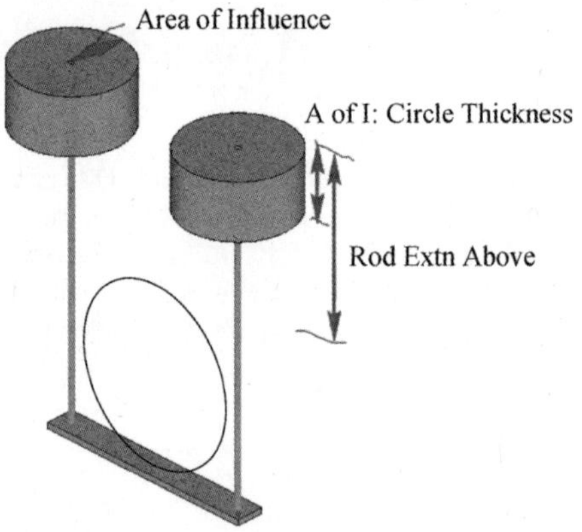
22	Use Support Settings	是否使用 Support 的设置，有"No"和"Yes"两个选项：选择 No，吊杆直径由 Drop Rod Diameter 定义；选择 Yes，吊杆直径由 Supports #1 定义的类型决定。 【技巧】右击支吊架预览图 → Properties → Item (无产品列表的构件)或 Manufacturing(有产品列表的构件)→Supports #1，从下拉菜单中选择一个 Support 类型

续表

编号	参　数	参　数　说　明
23 24	Point Load A Point Load B	吊杆顶端的点荷载,默认为 0,可自定义数值;该参数可与模型关联并可被读取,可在报表中使用,也可用于荷载计算
25	Stretch Rods Separately	表示是否支持拉伸单根吊杆,有"No"和"Yes"两个选项。选择 No,两根吊杆同时拉伸,选择 Yes,可单独拉伸一根吊杆: 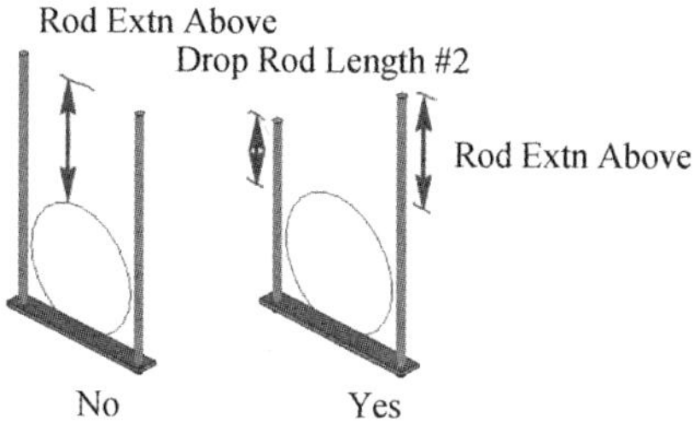 Rod Extn Above Drop Rod Length #2 Rod Extn Above No　　　Yes
26	Override Support Rods	该选项定义了吊杆的相关设置,默认为"Default",也可从下拉菜单中选择其他设置: 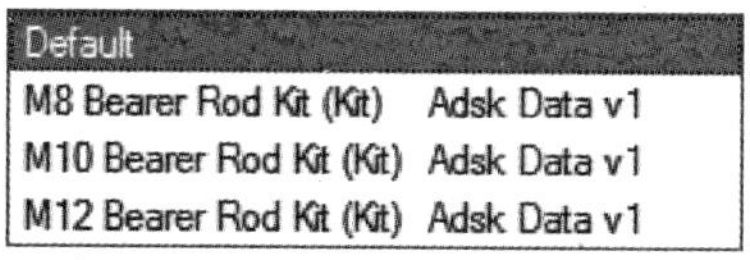 Default M8 Bearer Rod Kit (Kit)　Adsk Data v1 M10 Bearer Rod Kit (Kit)　Adsk Data v1 M12 Bearer Rod Kit (Kit)　Adsk Data v1 【提示】Database→Fittings→Ancillaries→Type of Ancillary 下拉菜单选择 Ancillary Kits→No Group,可以查看具体的设置

3. "Item"选项卡与"Other"选项卡

"Item"选项卡用于定义预制构件的规格、保温、材质等设置,默认设置见图 8-51。各参数说明见第 2 章相关内容。其中"Service Type"一般设置为"56:Hanger"。

"Other"选项卡定义了预制构件的连接件,见图 8-51。支吊架作为管道支承结构,没有连接件,因此该选项卡不需要设置,在软件中默认为不可编辑。

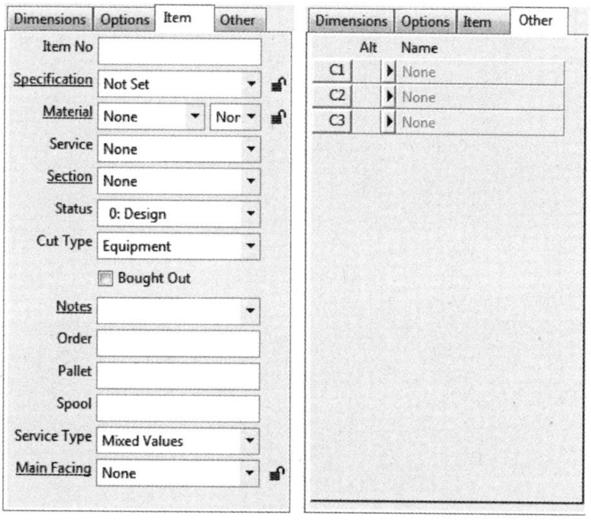

8.3.2　支吊架模板设置实例

本节将介绍如何设置 CID 838 模板的参数来创建一些常见类型的支吊架。

图 8-51

8.3.2.1　风管吊架(Profiled Bearer)

本例中将介绍如何创建图 8-52 中的风管吊架。

从图中可以看出,该吊架支承的风管没有固定的尺寸列表,因此不需要创建产品列表(Product List)。在当前作业(Job)中添加没有产品列表的支吊架预制构件,软件会根据管道的尺寸自动调整支吊架的尺寸。因此在创建没有产品列表的预制构件时,只需要输入一组合理的默认数值即可。本例中将使用图 8-52 中的 D≤320 的一组数值作为默认数值进行模板设置。

(1) 在 ESTmep 中按下"Ctrl+Shift+C"三个键,调出命令框,在命令框中输入"MAKEPAT 838"调用该模板。

(2) 在"Options"选项卡上设置支吊架的形体参数:"Drop Rod Diameter"→"8","Bearer Width"→"36","Bearer Thickness"→"3","Oversized Item"→"Yes","Use Support Settings"→"Yes",单击"OK",保存文件。

(3) 在"Dimensions"选项卡上设置支吊架的尺寸参数,相关参数设置见图 8-53,未做说明的参数使用默认设置。

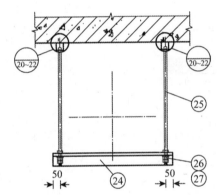

注:1. 图中点画线表示圆/矩形风管中心线位置。
   2. 图中为无减振安装形式。
   3. 两管共架时,风管直径 D 按两管中较大的直径确定。

风管直径 D(mm)			$D{\leqslant}320$	$320{<}D{\leqslant}630$	$630{<}D{\leqslant}1\,000$	$1\,000{<}D{\leqslant}1\,400$	$1\,400{<}D{\leqslant}2\,000$
风管壁厚 δ(mm)			1.2				
件号	名称	件数	规格(材料:Q235B)				
24	横梁(无保温)	1	L36x3	L56x3	L70x4	[5	[6.3
25	吊杆	1	$\phi8$		$\phi10$		
26	螺母	3	M8		M10		
27	垫圈	2	$\phi8$		$\phi10$		

图 8-52

以下是各参数取值说明:

① Width/Depth 对应图 8-52 中的 D(320)。

② Drop Rod Diameter 对应吊杆尺寸(8)。

③ Bearer Width 对应图 8-52 中横梁角钢边长(36)、Bearer Thickness 对应角钢厚度(3)。

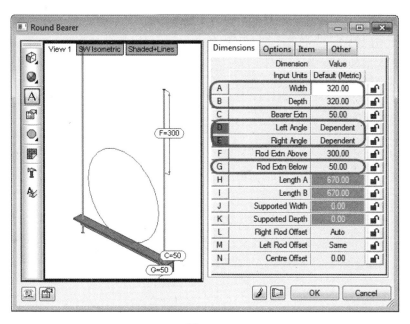

图 8-53

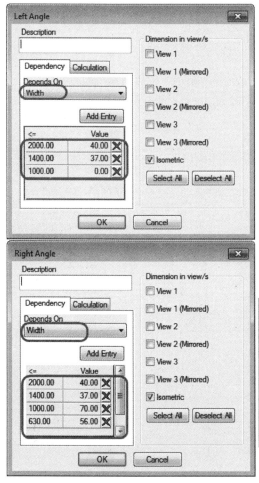

图 8-54

④ Left Angle 为因变量,对应图 8-52 中横梁形体参数,当横梁为角钢时为 0,当横梁为槽钢时为槽钢腿宽;Right Angle 也是因变量,横梁形体参数,当横梁为角钢时为角钢边长,当横梁为槽钢时为槽钢腿宽,见图 8-54。

⑤ Rod Extn Below 在图 8-52 中未提供具体数值,但从图中可以看出,需满足角钢下部两个螺母以及垫圈的安装要求,这里设置为 50。

⑥ Bearer Extn 对应图 8-52 中示意图中吊杆中心至横梁边缘的距离 50。

（4）在"Item"选项卡上设置支吊架的服务类型等参数，见图 8-55。单击"OK"保存文件。

【提示】 与风阀类似，将支吊架预制构件添加到服务，将会自动调用该服务中选用的服务规格来定义支吊架的规格、材质等信息，因此这里没有设置支吊架的规格和材料等，以使支吊架能够适用于多种场合。

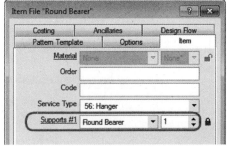

图 8-55   图 8-56

（5）右击该支吊架预览图→Properties→Item→Supports #1，从下拉菜单中选择一个类型，见图 8-56，该类型的具体设置见图 8-57。关于"Supports"的介绍详见第 3 章相关内容，此处不再赘述。

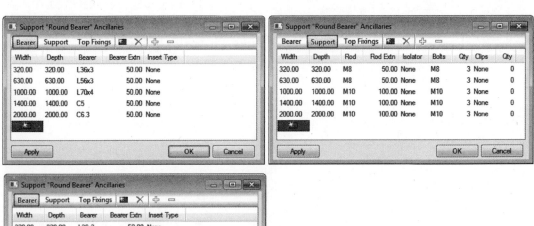

图 8-57

至此,该支吊架的形体创建基本完成。需要注意的是,当支吊架设置了使用 Support 设置(Use Support Settings→Yes, Supports #1 有赋值),吊杆直径(Drop Rod Diameter)这个参数数值最终是由 Support 选项卡上的 Rod 来定义,见图 8-57,而其他参数(例如 Bearer Extn、Rod Extn)仍由参数本身的赋值定义。在没有产品列表的情况下,"Dimensions"选项卡上的参数可以通过设置条件或者公式计算实现参变(例如 Left Angle, Right Angle);而"Options"选项卡上的参数(例如 Bearer Width, Bearer Thickness)只能通过添加到产品列表实现参变,没有产品列表的情况下,可通过拆分成不同的预制构件来实现。

8.3.2.2　立管管夹(Riser Clamp)

本例中将介绍如何设置模板的参数来创建图 8-58 中的立管管夹。

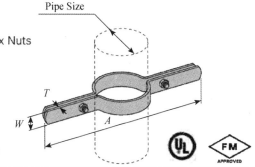

Riser Clamp

- Safety Factor of 3.5
- Includes Hex Head Cap Screws and Hex Nuts
- Standard finishes: ZN, PLN

Finish Code	Finish	Specification
PLN	Plain	ASTM A1011 33,000 PSI min. yield
ZN	Electro-Plated Zinc	ASTM B633 SC3 Type III or ASTM A653

Materials & Finishes*

Pipe clamps, pipe hangers, beam clamps, brackets, and rollers are made from low carbon steel strips, plates or rod unless noted.

No.	Pipe Size In.	mm	A In.	mm	T In.	mm	W In.	mm	Design Load Lbs.	kN	Wt./C Lbs.	kg	Bolt Size
1/2	1/2"	(15)	9"	(228.6)	16 Ga.	(1.5)	3/4"	(19.0)	255	(1.13)	101	(45.9)	3/8"-16 x 1 1/4"
3/4	3/4"	(20)	9 1/4"	(234.9)	16 Ga.	(1.5)	3/4"	(19.0)	255	(1.13)	105	(47.7)	3/8"-16 x 1 1/4"
1	1"	(25)	9 9/16"	(242.9)	14 Ga.	(1.9)	3/4"	(19.0)	255	(1.13)	109	(49.4)	3/8"-16 x 1 1/4"
1 1/4	1 1/4"	(32)	10"	(254.0)	14 Ga.	(1.9)	3/4"	(19.0)	255	(1.13)	112	(50.9)	3/8"-16 x 1 1/4"
1 1/2	1 1/2"	(40)	10 1/4"	(260.3)	14 Ga.	(1.9)	3/4"	(19.0)	255	(1.13)	113	(51.1)	3/8"-16 x 1 1/2"
2	2"	(50)	10 3/4"	(273.0)	12 Ga.	(2.6)	3/4"	(19.0)	255	(1.13)	165	(75.0)	3/8"-16 x 1 1/2"
2 1/2	2 1/2"	(65)	11 1/4"	(285.7)	12 Ga.	(2.6)	1 1/4"	(31.7)	390	(1.73)	180	(81.6)	3/8"-16 x 1 1/2"
3	3"	(80)	11 15/16"	(303.2)	12 Ga.	(2.6)	1 1/4"	(31.7)	530	(2.36)	195	(88.4)	3/8"-16 x 1 1/2"
3 1/2	3 1/2"	(90)	12 3/8"	(314.3)	11 Ga.	(3.0)	1 1/4"	(31.7)	670	(2.98)	217	(98.5)	1/2"-13 x 1 3/4"
4	4"	(100)	12 7/8"	(327.0)	11 Ga.	(3.0)	1 1/4"	(31.7)	810	(3.60)	228	(103.5)	1/2"-13 x 1 3/4"
5	5"	(125)	14"	(355.6)	11 Ga.	(3.0)	1 1/4"	(31.7)	1160	(5.16)	480	(217.7)	1/2"-13 x 1 3/4"
6	6"	(150)	15 3/16"	(385.8)	11 Ga.	(3.0)	1 1/4"	(31.7)	1570	(6.98)	526	(238.6)	1/2"-13 x 2"
8	8"	(200)	17 3/4"	(450.8)	11 Ga.	(3.0)	1 1/2"	(38.1)	2500	(11.12)	957	(434.1)	5/8"-11 x 2 1/2"

图 8-58

以 50 mm 这个尺寸为例,设置 CID 838 模板相关参数。

(1)在"Options"选项卡上设置支吊架的形体参数:"Type"→"Slide",此时切换选项卡或保存文件以刷新设置。继续在"Options"选项卡上设置"Pipework"→"Yes"。

(2)在"Dimensions"选项卡上设置支吊架的尺寸参数,参数示意图见图 8-59,相关参数设置见图 8-60,未做说明的参数使用默认设置。

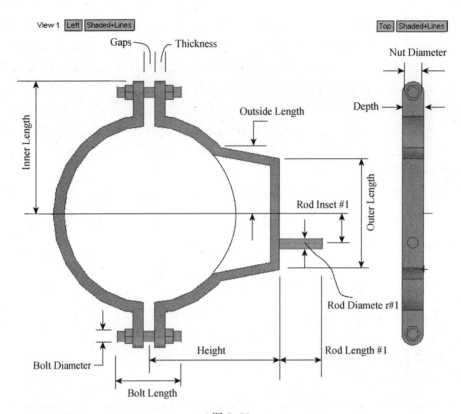

图 8-59

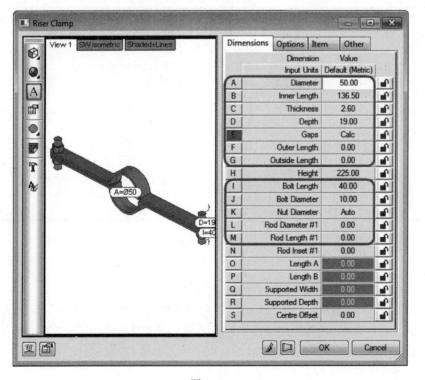

图 8-60

① Diameter 对应图 8-56 中的 Pipe Size(50)，Inner Length 对应 A/2(273/2)，Thickness 对应 T(2.6)，Depth 对应 W(19)，Bolt Diameter 对应 Bolt Size(3/8″即 10 mm)，Bolt Length 对应 Bolt Size 中的 1～1/2″(即 40 mm)。

② 没有数据来源的参数按照形体简化的需要自行设置一个合理的数值，例如 Gaps(等于 Thickness)，Nut Diameter 采用软件自动计算数值 Auto。

③ 实际形体用不到的尺寸参数可将初始设置改为 0，例如 Outer Length，Outside Length，Rod Diameter #1，Rod Length #1。

④ Height 因本例中的管夹没有吊杆及其支承结构，实际上这里的数值不影响管夹的形体，因此保持模板默认数值。需要注意的是，这个数值不能过小，否则软件会自动报错。

（3）在"Item"选项卡上设置支吊架的规格等参数，相关参数设置见图 8-61。

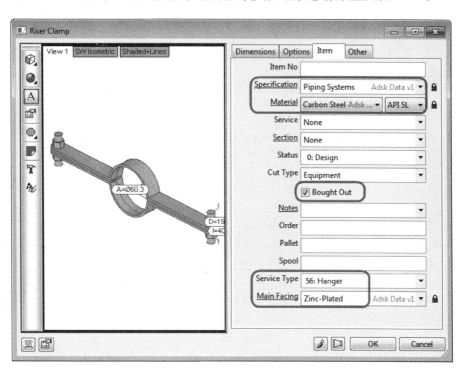

图 8-61

至此，该支吊架的模板设置基本完成。

8.3.2.3　U 形吊板(Clevis Hanger)

以图 8-62 中的 50 mm 的尺寸为例，设置 CID 838 模板相关参数。

（1）在"Options"选项卡上设置支吊架的形体参数："Type"→"Clevis Hanger"，此时切换选项卡或保存文件以刷新设置。继续在"Options"选项卡上设置"Pipework"→"Yes"。

（2）在"Item"选项卡上设置支吊架的材料，见图 8-64。

【提示】　因预制构件的材料(Material)赋值会影响形体图上最终显示的管道尺寸，而这个数值会影响尺寸计算，因此在设置尺寸参数前，先给支吊架设置正确的材料。

（3）在"Dimensions"和"Options"选项卡上设置支吊架的尺寸参数，参数示意图见图 8-63，相关参数设置见图 8-64，未做说明的参数使用默认设置。

Pipe Hangers

B3104 - Light-Duty Clevis Hanger

Size Range: ¹/₂" (15mm) to 4" (100mm) pipe
Material: Steel

Standard Finish: Plain, Electro-Galvanized, or DURA-GREEN™
Order By: Part number and finish.
Function: Recommended for the suspension of light stationary pipe allowing for vertical adjustment.

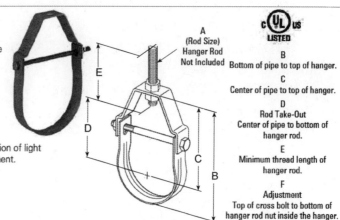

A
(Rod Size)
Hanger Rod
Not Included

B
Bottom of pipe to top of hanger.

C
Center of pipe to top of hanger.

D
Rod Take-Out
Center of pipe to bottom of hanger rod.

E
Minimum thread length of hanger rod.

F
Adjustment
Top of cross bolt to bottom of hanger rod nut inside the hanger.

Part No.	Pipe Size in.	(mm)	Rod Size A	B in.	(mm)	C in.	(mm)	Rod Take-Out D in.	(mm)	E in.	(mm)	Adjustment F in.	(mm)	Design Load Lbs.	(kN)	Approx. Wt./100 Lbs.	(kg)
B3104-¹/₂	¹/₂"	(15)	³/₈"-16	1¹⁵/₁₆"	(49.2)	1¹/₂"	(38.1)	¹³/₁₆"	(20.6)	2¹/₂"	(63.5)	⁷/₁₆"	(11.1)	150	(.67)	13	(5.9)
B3104-³/₄	³/₄"	(20)	³/₈"-16	2⁵/₁₆"	(58.7)	1³/₄"	(44.4)	1"	(25.4)	2¹/₂"	(63.5)	⁷/₁₆"	(11.1)	250	(1.11)	22	(10.0)
B3104-1	1"	(25)	³/₈"-16	2³/₄"	(69.8)	2¹/₁₆"	(52.4)	1³/₈"	(34.9)	2¹/₂"	(63.5)	⁹/₁₆"	(14.3)	250	(1.11)	24	(10.9)
B3104-1¹/₄	1¹/₄"	(32)	³/₈"-16	3⁵/₁₆"	(84.1)	2⁷/₁₆"	(61.9)	1³/₄"	(44.4)	2¹/₂"	(63.5)	¹³/₁₆"	(20.6)	250	(1.11)	29	(13.1)
B3104-1¹/₂	1¹/₂"	(40)	³/₈"-16	3⁵/₈"	(92.1)	2⁵/₈"	(66.7)	2"	(50.8)	2¹/₂"	(63.5)	1"	(25.4)	250	(1.11)	30	(13.6)
B3104-2 *	2"	(50)	³/₈"-16	4¹³/₁₆"	(122.2)	3⁵/₈"	(92.1)	2¹⁵/₁₆"	(74.6)	2¹/₂"	(63.5)	1³/₄"	(44.4)	250	(1.11)	35	(15.9)
B3104-2¹/₂	2¹/₂"	(65)	¹/₂"-13	5¹³/₁₆"	(147.6)	4⁵/₁₆"	(109.5)	3⁷/₁₆"	(87.3)	2¹/₂"	(63.5)	2"	(50.8)	350	(1.55)	82	(37.2)
B3104-3 *	3"	(80)	¹/₂"-13	6⁷/₁₆"	(163.5)	4⁵/₈"	(117.5)	3³/₄"	(95.2)	2¹/₂"	(63.5)	2"	(50.8)	350	(1.55)	91	(41.3)
B3104-3¹/₂	3¹/₂"	(90)	¹/₂"-13	6¹⁵/₁₆"	(176.2)	4¹⁵/₁₆"	(125.4)	4"	(101.6)	2¹/₂"	(63.5)	2"	(50.8)	350	(1.55)	98	(44.4)
B3104-4 *	4"	(100)	¹/₂"-13	7³/₄"	(196.8)	5¹/₂"	(139.7)	4⁹/₁₆"	(115.9)	2¹/₂"	(63.5)	2³/₁₆"	(55.6)	400	(1.78)	132	(59.9)

图 8-62

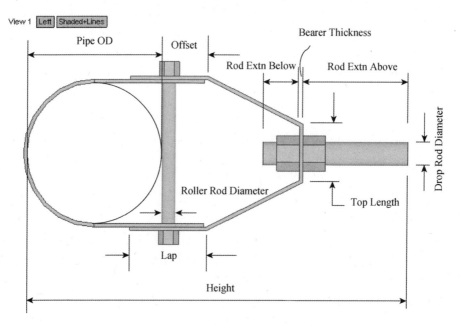

图 8-63

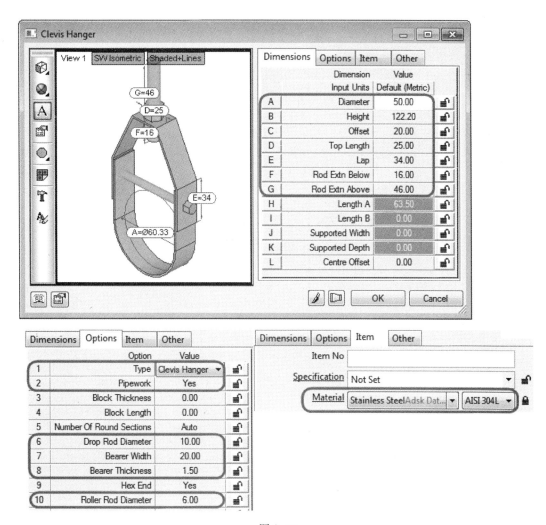

图 8-64

① Diameter 对应图 8-52 中的 Pipe Size(50)、Drop Rod Diameter 对应 A(10)、Height 对应 B(122.2)、Rod Extn Above 对应 E+D−C(63.5+74.6−92.1)。

② 没有数据来源的参数按照形体简化的需要自行设置一个合理的数值,例如马蹄形主体结构的宽度 Bearer Width(20)、马蹄形主体结构的厚度 Bearer Thickness(1.5)、主体结构顶部的水平向长度 Top Length 取吊杆直径的 2.5 倍(10 * 2.5)。

③ Rod Extn Below 对应图 8-52 中的 C−D−Bearer Thickness(92.1−74.6−1.5)。

④ 以上参数确定后可以确定支吊架顶部下方的螺栓底部至管道顶部的净距为 50.4,而图 8-52 中的 F 定义了螺栓底部至横销顶部距离为 44.4,因此横销直径 Roller Rod Diameter 为 50.4−44.4=6。Offset 取值只要满足横销及其端部固定螺栓的构造要求即可,此处设置为 20,由此可计算出 Lap 的数值为(Offset-Roller Rod Diameter/2) * 2=(20−6/2) * 2,为 34。

(4) 在"Item"选项卡上设置支吊架的规格等参数,相关参数设置见图 8-65。

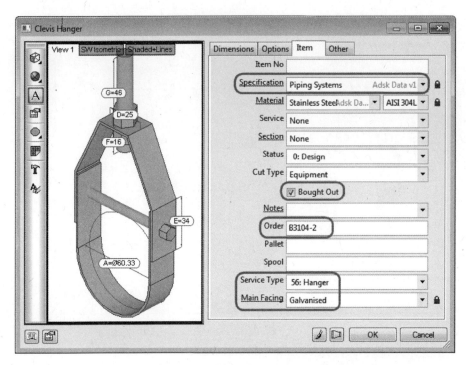

图 8-65

至此,该支吊架的模板设置基本完成。

本节着重介绍了常用类型支吊架的模板设置,有关如何创建保存 ITM 文件、添加产品列表、设置预览图以及添加价格信息等创建预制构件的通常步骤,请参考第 2 章相关内容,这里不再赘述。另外,用户也可以参考 Autodesk® Fabrication 产品中已有的支吊架预制构件。

第9章 Autodesk® Revit® 的预制详图功能

随着工程建设行业的发展,越来越多的项目采用工厂预制与现场安装结合的工作流程。为了适应这种趋势,为用户提供满足项目需求的解决方案,Autodesk® Revit® 自 2016 版开始,增加了预制详图功能。用户可以通过应用预制构件在 Autodesk® Revit® 中创建详细的预制模型,也可以将现有的设计模型转化为使用预制模型,用以指导现场施工,并精确地统计材料的分类、需求数量等信息,为材料采购提供方便,从而精确地进行成本预测分析,实施成本控制。

本章基于 Autodesk® Revit® 2018,介绍了如何应用"多点布线""布线填充"等功能大面积绘制预制模型,介绍逐个放置预制构件绘制模型及手动调整的方法,并且介绍了如何应用"设计到预制"功能对已有设计模型进行转化,及风阀与支吊架在预制模型中的应用。最后,介绍了通过 MAJ 文件在 Autodesk® Revit® 与 Autodesk® Fabrication 之间进行模型交互,实现建筑信息模型在建筑生命周期中从设计到制造再到施工的完整传递。

9.1 预制配置与服务

在 Revit 模型中应用 MEP 预制构件,需先指定预制配置(configuration,帮助文档中称为"预制部件",本书统一称为"预制配置")。预制配置作为预制构件、数据库、服务和其他设置的集合,可以储存在本地,也可以储存在服务器上。当只安装了 Autodesk® Revit® 2018 时,默认有两个预制配置可供使用:Revit MEP Imperial Content V2.1 及 Revit MEP Metric Content V2.1,其安装路径分别为

C:\ Users \ Public \ Documents \ Autodesk \ Fabrication 2018 \ Revit MEP Imperial Content\V2.1

C:\ Users \ Public \ Documents \ Autodesk \ Fabrication 2018 \ Revit MEP Metric Content\V2.1

如果同时安装了 Autodesk® Fabrication 产品(Autodesk® Fabrication ESTmep 2018,Autodesk® Fabrication CADmep 2018 或 Autodesk® Fabrication CAMduct 2018),Imperial Content V3.05 及 Metric Content V7.05 两个预制配置也可供使用。

如需使用用户自定义的或者位于服务器上的预制配置,则需要首先通过 Autodesk® Fabrication 2018 产品来添加。添加成功后,Autodesk® Revit® 2018 会自动地添加同样的预制配置供用户选用。下面简略介绍添加预制配置的步骤。

运行 Autodesk® Fabrication 2018 产品后,单击"Add Link",在弹出的"ESTmep-Add Link to Configuration"对话框中,浏览至目标预制配置所在的文件夹,图 9-1 中为服务器上的某个自定义的预制配置。单击"Select",在弹出的"Add New Configuration"对话框中,填写配置名称。单击"OK"后,预制配置即被成功添加,见图 9-2。

9.1.1 指定预制配置与载入服务

使用预制详图功能,首先需要在 Autodesk® Revit® 中指定预制配置并载入服务。下面介绍如何进行指定配置和载入服务。

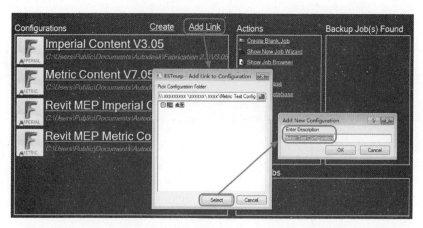

图 9-1

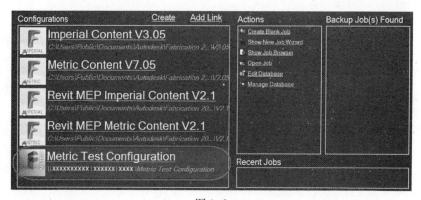

图 9-2

1. 指定预制配置

单击"系统"选项卡→"预制"面板,再单击右下角 ⤵ 图标,见图 9-3,用来调用"预制设置"对话框。

图 9-3

在弹出的"预制设置"对话框中,单击"预制配置"下拉菜单,选择想要应用的预制配置,例如 Revit MEP Metric Content V2.1,见图 9-4。这样就完成了预制配置的指定。

在"预制配置"对话框中,一旦选定了"预制配置",还可进一步选定"预制轮廓",默认情况下只有"全局"这个选项。

2. 载入服务

载入某一个或者某几个服务,需要单击"卸载的服务"区域中的服务名称以选定(也可以按住 Ctrl 键多选),然后单击"添加",被选定的服务会被移动到"载入的服务"区域,见图 9-5。单击"确定"关闭对话框,被选定的服务即被载入项目中。

图 9-4

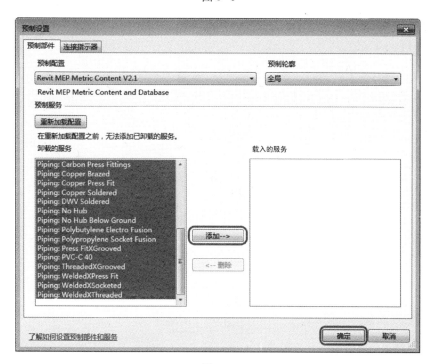

图 9-5

　　如果在项目中需要加载更多的服务或者删除不需要的服务，需要再次调用"预制设置"
对话框。调用后可以看到，"预制配置"和"预制轮廓"都变为灰显的不可修改状态，这表明一
个项目中只能使用一个预制配置和一个预制轮廓。此外，"卸载的服务"和"载入的服务"也
处于灰显的、无法添加或删除的状态。想要加载或删除服务，必须先单击"重新加载配置"按
钮，见图 9-6。

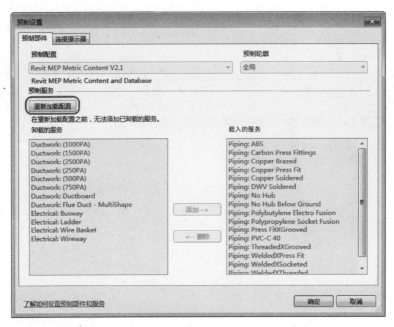

图 9-6

单击"重新加载配置"按钮后，"卸载的服务"会变成高亮的可添加状态。如果某个"载入的服务"包含的预制构件没有被应用在模型中，这个服务也可以被删除，见图 9-7。如果要删除已经被应用的"载入的服务"，必须首先删除模型中已经被应用且属于这个服务的预制构件。

图 9-7

"预制设置"对话框"连接指示器"选项卡，定义了"布线填充"（"布线填充"功能详见本章第 2 节）模式下，连接箭头在平面视图中以及在三维视图中表示向内（即"朝向"）或向外（即"离开"）时，分别应用的颜色，见图 9-8。

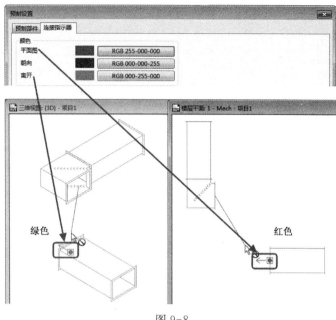

图 9-8

9.1.2　MEP 预制构件选项板

要应用预制详图功能,需要通过"MEP 预制构件"选项板来调用相关的服务或构件。

该选项板默认显示。如果没有显示,可以输入命令 PB 来调用,或者单击"视图"选项卡→"用户界面",在下拉菜单中勾选"MEP 预制构件",也可以在绘图区域单击鼠标右键,在弹出的菜单中单击"浏览器"→"MEP 预制构件",见图 9-9。

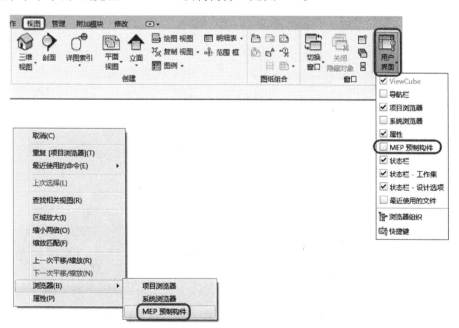

图 9-9

在"MEP 预制构件"选项板中,单击"服务"下拉菜单,可以在所有"载入的服务"间切换,见图 9-10。

　　同样地,对于同一个服务,也可以在不同的"组"之间进行切换,见图 9-11。不同专业服务中"组"的划分方法不同,管道相关服务通常分为 Fittings(管道和管件)、Valves(阀门)、Joints(连接件)和 Hangers(支吊架)四组;而风管相关服务通常按风管截面形状划分为 Rect(矩形)、Rnd(圆形)、Oval(椭圆形),以及 GRD(风道末端)、Access(检修口、风阀、消声器等)和 Hangers(支吊架),见图 9-12。电缆桥架相关服务通常只分为具体桥架类型(例如 Ladder)和 Hangers(支吊架)两组,见图 9-13。

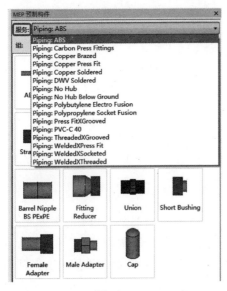

图 9-10

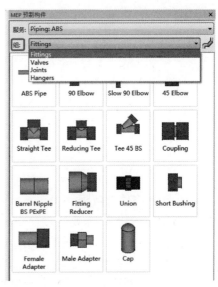

图 9-11

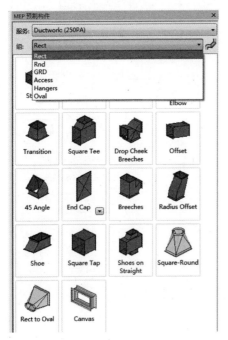

图 9-12

图 9-13

　　如果在项目中需要添加或删除服务,可以单击"MEP 预制构件"右下角的"设置"按钮,再次调用"预制设置"对话框,见图 9-14。

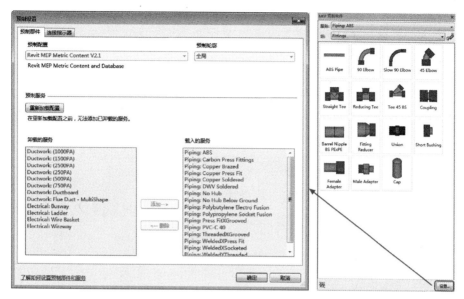

图 9-14

　　对于存在多种连接方式的服务,例如"ThreadedXGrooved",部分按钮右下角会有下拉按钮,这表明同一个按钮包含多个预制构件,见图 9-15。这种服务的设置,可应用于不同管道尺寸采用不同连接方式的场景。例如,当管道公称直径小于等于 50 mm 时,应用

图 9-15

Threaded(螺纹)连接；当管道公称直径大于 50 mm 时，应用 Grooved(沟槽)连接。将鼠标悬停在按钮上，可以看到其条件尺寸范围。如果在 Autodesk® Fabrication 的服务样板(service template)中定义了这样的约束，那么当应用基于这个服务样板的服务时，会自动根据管道的公称直径选用对应连接方式的管件，见图 9-16。

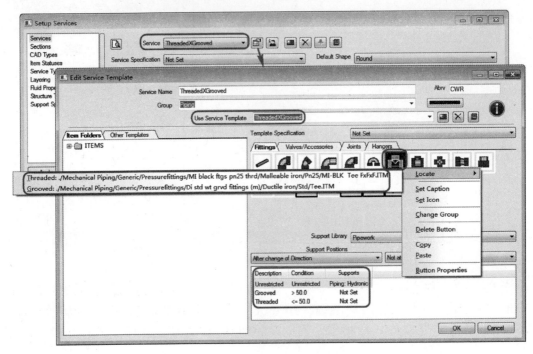

图 9-16

9.1.3 预制配置简介

Revit MEP Metric Content V2.1 作为 Autodesk® Revit® 2018 默认安装的预制配置之一，包含了大量风管、电气和管道相关的服务，各专业中服务的划分方式不尽相同。下面简略介绍这个预制配置中各服务的主要内容和特点，以便用户在需要时能更精准地选用。

风管相关服务主要按照压力等级和应用场景划分，见表 9-1。

表 9-1 风管相关服务简介

预制服务	特 点
Ductwork:(1 000PA)	服务应用的服务模板、图层定义、按钮映射、约束等均相同，只是规格不同。不同的服务规格，定义了不同的分界点类型，即何种尺寸条件下应用何种壁厚、连接件等。这样的设置确保不同的服务适用于不同的风管系统压力等级。
Ductwork:(1 500PA)	
Ductwork:(2 500PA)	图 9-17 及图 9-18 为两种服务应用不同规格的示例： ① 应用 250PA 规格的服务，当风管尺寸为 1 300×800 时，由于 LS(长边长)<1 500且 SS(短边长)<1 000，所选用的风管壁厚为 0.599 mm，选用的连接件为 TDF CM。
Ductwork:(250PA)	
Ductwork:(500PA)	② 应用 1500PA 规格的服务，当风管尺寸为 1 300×800 时，由于 LS(长边长)<1 350且 SS(短边长)<1 000，所选用的风管壁厚为 1.6 mm，选用的连接件为 DM 30×1 J8
Ductwork:(750PA)	
Ductwork: Ductboard	仅包含矩形风管
Ductwork: Flue Duct-MultiShape	主要应用于烟道，包含风帽预制构件

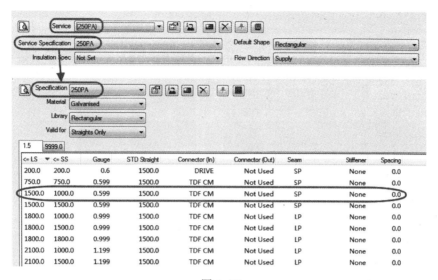

图 9-17

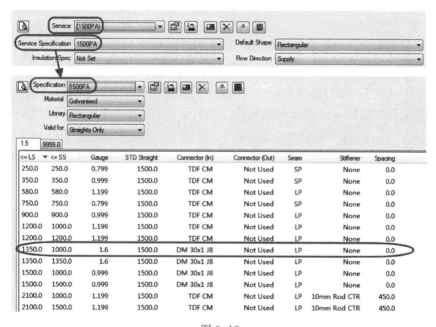

图 9-18

电气相关服务主要是按照样式划分,见表 9-2。

表 9-2　　　　　　　　　　　　电气相关服务简介

预制服务	样　式	特　　点
Electrical：Busway	母线槽	除了应用的服务样板各不相同,四个服务的图层相关定义有较大差异,但这种差异目前在 Autodesk® Revit® 中没有体现
Electrical：Ladder	梯级式桥架	
Electrical：Wire Basket	线槽	
Electrical：Wireway	电缆桥架	

管道相关服务主要是按照材质和连接方式划分，见表9-3。

表 9-3   管道相关服务简介

预制服务	材 质	主要连接方式
Piping：ABS	ABS	粘接
Piping：Carbon Press Fittings	碳钢	卡压连接
Piping：Copper Brazed	铜	钎焊
Piping：Copper Press Fit	铜	卡压连接
Piping：Copper Soldered	铜	钎焊
Piping：No Hub	铸铁	无承插连接
Piping：No Hub Below Ground	铸铁	无承插连接
Piping：Polybutylene Electro Fusion	PB	电熔连接
Piping：Press FitXGrooved	铜和球墨铸铁	卡压连接和沟槽连接
Piping：PVC-C 40	PVC-C	粘接
Piping：ThreadedXGrooved	可锻铸铁和球墨铸铁	螺纹连接和沟槽连接
Piping：WeldedXPress Fit	碳钢和铜	对焊和卡压连接
Piping：WeldedXSocketed	碳钢	对焊和承插焊
Piping：WeldedXThreaded	碳钢和可锻铸铁	对焊和螺纹连接

当在项目中发现预制配置或其包含的服务、预制构件不能满足项目的需要时，例如，缺少某种连接方式的服务，缺少某个预制构件，或者已有的预制构件尺寸范围过小等，都需要在与 Autodesk® Revit® 相同版本的 Autodesk® Fabrication 产品中进行服务或预制构件的创建或修改，保存后通过"预制设置"对话框的"重新加载配置"，将新建或修改后的服务重新载入。

9.2 应用多点布线等功能绘制模型

本节以排水管道的绘制为例，着重介绍"多点布线""布线填充"和"坡度"功能。通过应用这些功能，在项目中创建预制管道模型，见图9-19。

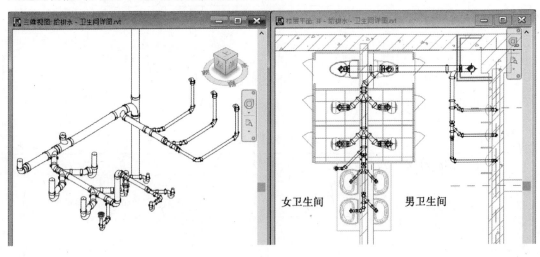

图 9-19

9.2.1　应用多点布线

应用"多点布线"功能时,预制构件不能被逐个添加到模型中,而是遵循一定的规则,在模型中通过指定产品条目(即管径)和鼠标拾取管路起点、中间点和终点的方法,完成自动布局。自动布局遵循的规则(例如支管与主管连接时选用三通还是接头预制构件,管路方向改变 90°时选用哪个弯头预制构件等),取决于所选用的服务在 Autodesk® Fabrication® 中按钮映射的定义。更多关于按钮映射的内容,见本书第 7 章第 7.3.3 节。

1. 激活多点布线功能

当在"MEP 预制构件"选项板中选择了预制配置和预制服务之后,"启动多点布线"按钮就会高亮显示,见图 9-20。

图 9-20

单击"启动多点布线"按钮激活"多点布线"功能后,鼠标箭头会变成十字光标,同时"MEP 预制构件"选项板中的预制构件图标都被灰显且不能被选中,见图 9-21。

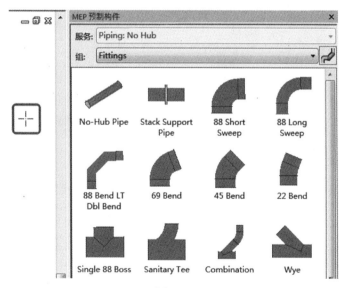

图 9-21

也可以单击功能区"系统"选项卡→"预制"面板→"多点布线"按钮来激活,见图 9-22。按 Esc 键退出该功能。

图 9-22

无论"多点布线"功能是否被激活，单击"MEP 预制构件"选项板左下角的按钮，每个组与预制构件前都会出现复选框。一旦前面的复选框被单击，变为图标，组或者预制构件就会被排除在"多点布线"或"布线填充"功能的自动布局之外。"设计到预制""快速连接""修剪/延伸"等功能也不会应用这些组或预制构件。以图 9-23 为例，"88 Short Sweep"及"88 Long Sweep"被排除后，再应用该服务进行多点布线，而管道方向改变 90°时，会自动应用"88 Bend LT Dbl Bend"，见图 9-24。单击按钮，可以恢复不勾选的状态。再次单击按钮，可以退出"自动填充工具排除"模式。

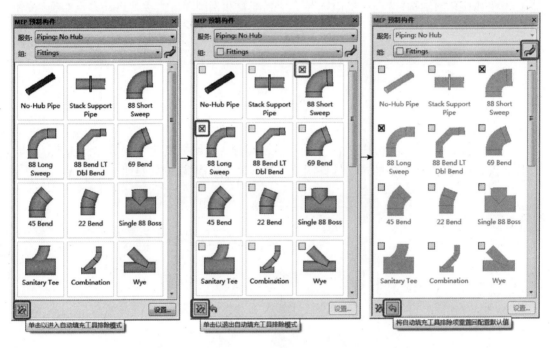

图 9-23

2. 设置 MEP 预制管道约束

选定预制服务（本例中为 Piping：No Hub）后，在模型中绘制预制管道时，还需要在"属性"对话框中对预制管道的约束进行设置：

（1）在"产品条目"的下拉菜单中选择管径，例如"50"。

【提示】 如果选用服务中同一按钮对应多个预制构件，一旦选定了管径，多点布线时会按照服务中定义的条件尺寸范围，选用对应的管道或管件预制构件。

（2）"参照标高"指该预制管道将被绘制在哪个楼层平面。

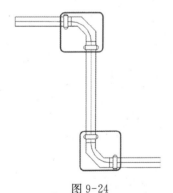

图 9-24

该值默认选择模型所处楼层，例如位于三层的卫生间详图默认选择的参照标高为"3F"。也可以从下拉菜单中选择其他参照标高。

（3）"偏移"是指管道相对于参照标高偏移的距离，该参数的默认值为"0"。偏移值也可以手动输入，正值为向上偏移，见图 9-25(a)；负值为向下偏移，见图 9-25(b)。

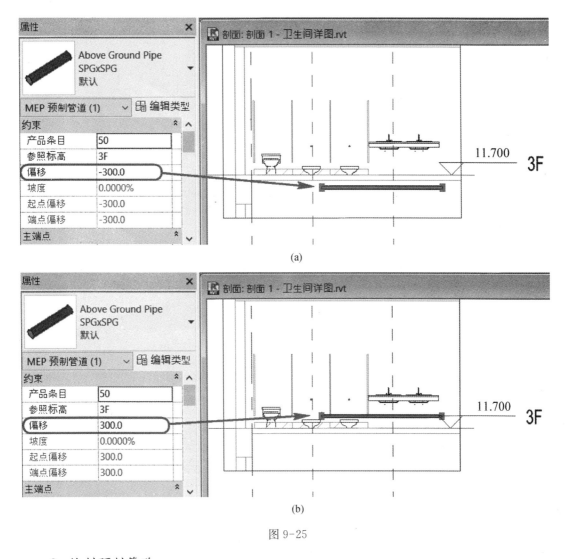

图 9-25

3. 绘制预制管道

在设置管道尺寸、参照标高等参数之后,方可在模型中绘制预制管道。

(1) 在模型中图 9-26 所示点 1,2,3 处依次单击,以点 1 作为管道起点,点 3 作为管道终点,绘制一段预制管道。

当改变绘制方向时,符合角度的弯头就会被自动添加。例如改变绘制方向与原方向呈 90°夹角,形似 90°的弯头就会被自动添加,见图 9-26(图为在平面图中显示洗脸盆的排水管道,已通过编辑"视图范围"隐藏洗脸盆)。

单击被自动添加的弯头,"属性"对话框中显示该弯头为 88°弯头。这是因为用于排水管道的预制管件(例如弯头)在创建时被设置了 3°或 5°的角度公差值,见图 9-27。有了角度公差值,预制管道和预制管件连接时就允许有公差角度以内的角度偏移。因此,使用"多点布线"或"布线填充"功能绘制两段呈 90°夹角的预制管道时,虽然预制服务中没有 90°弯头,软件也可以直接选用 88°弯头。

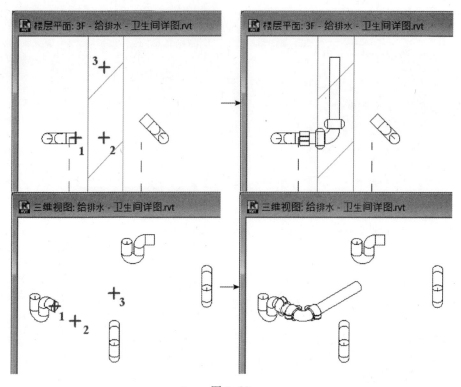

图 9-26

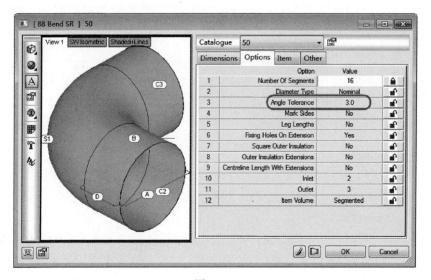

图 9-27

【提示】 绘制、连接预制构件的操作既可以在平面图中进行,也可以在三维视图中进行。

(2) 将光标在管道上悬停,在出现辅助的连接线并且提示"交点"的位置单击,然后单击连接线另一端的预制构件连接头,可以将该预制构件以支管的形式接入已有预制管道,见图 9-28。也可以先单击需要被连入管道的预制构件连接头,再单击预制管道。

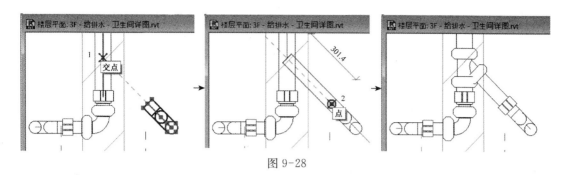

图 9-28

在使用"多点布线"功能时,通过修改"属性"对话框中的偏移值(例如-3 000)并在目标方向单击(例如与已有管道呈 90°夹角)的方法来绘制偏移和方向都发生改变的预制管道见图 9-29,会发现自动添加的立管与竖直方向呈一定的夹角 a,见图 9-30。这也是因为应用的预制服务中,弯头的角度是 88°而不是 90°。

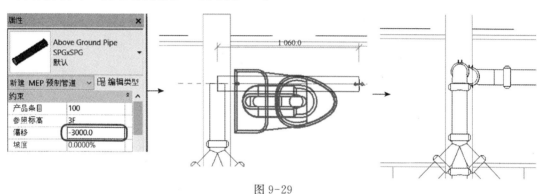

图 9-29

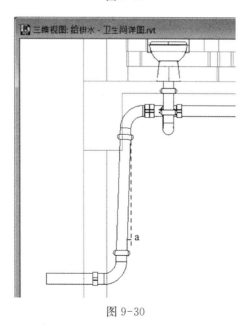

图 9-30

要解决这个问题,需要先将自动添加的立管和弯头删除,然后在偏移值较高的横管末端添加两个 45°弯头(确保弯头的开放连接件方向竖直向下),接着手动添加一段竖直的立管,然后将两个45°弯头删除,再使用"布线填充"功能连接横管与立管,见图9-31。

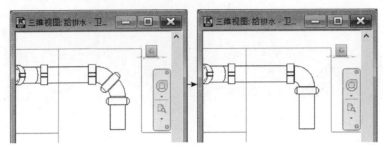

图 9-31

9.2.2　应用布线填充

"布线填充"功能与"多点布线"功能类似,都无须逐个放置预制构件而自动生成布局。不同的是,"多点布线"需要鼠标依次拾取布局的起点、中间点和终点,绘制预制管道的起点可以是模型中任一位置;而"布线填充"只需拾取已被添加的某预制构件的开放连接件作为布局的起点,再拾取另一 Autodesk® Revit® 族或预制构件的开放连接件作为终点,两点间的连接方案就会自动生成,供选择。

当需要在两个预制构件间应用"布线填充"时,单击其中一个预制构件,然后单击功能区"修改 ｜ MEP 预制管道"选项卡中的"布线填充"按钮,见图9-32。

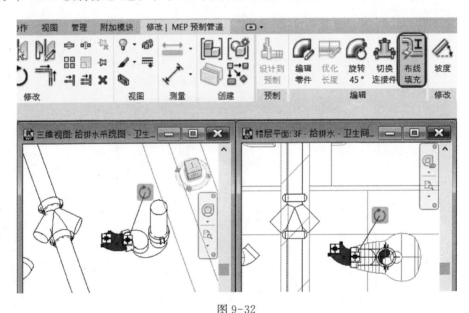

图 9-32

随之在功能区出现的"布线填充"选项卡中,有"智能捕捉"和"切入"两个按钮。

1. 智能捕捉

在"布线填充"选项卡中"智能捕捉"功能被默认选中,项目中可以与被选中预制管件相连接的开放连接件上会出现箭头以便识别。根据屏幕左下角"选择'选择线路填充'的终点"的提示,在模型中选择需要连接的开放连接件,见图9-33。这时,鼠标在除箭头外的其他区域会显示禁用图标◌。

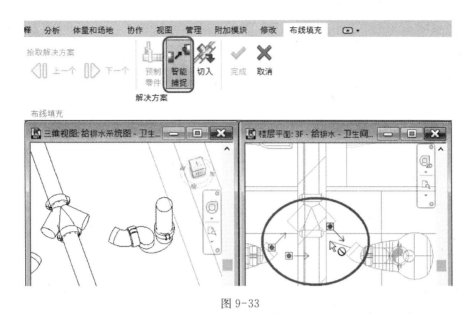

图 9-33

　　在需要与选中预制管道连接的连接头上单击后,"布线填充"功能提供了当前预制服务中可以用于连接的所有解决方案供用户选择。

　　单击向左或向右箭头切换不同解决方案,同时可以在连接处预览连接效果,见图 9-34。在"MEP 预制构件"选项板中,当前方案应用到的预制构件前会有蓝点作为标识;鼠标停留在某个构件名称上,模型中相应的构件也会被高亮;勾选某一个预制构件前的复选框使其作为"必填项",该预制构件将必然出现在解决方案中,用户可以通过这种方法缩小解决方案的选择范围。单击✔应用当前解决方案,单击✖放弃本次布线填充。

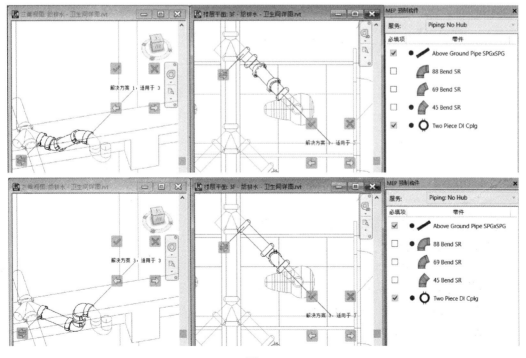

图 9-34

【提示】 "上一个""下一个""完成"和"取消"这四个按钮既可以在模型中预制构件附近找到,也可以在功能区的"布线填充"选项卡中找到,见图9-35。

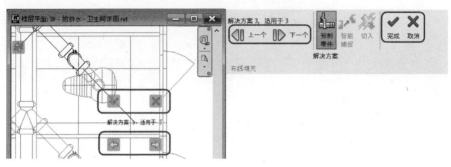

图 9-35

2. 切入

当需要将某预制构件以支管的形式接入预制管道时,可以选择"切入"功能。

选择需要被接入的预制构件,然后在功能区单击"布线填充"按钮,见图9-36。

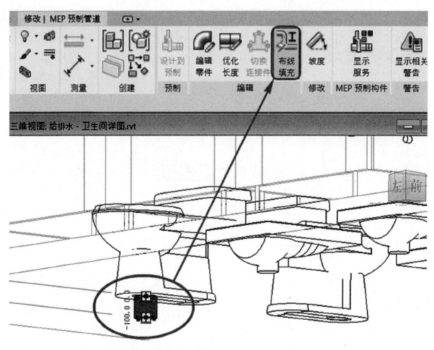

图 9-36

【提示】 "布线填充"的起点必须是预制构件上的开放连接件,因此可以先在 Revit® 族(例如座便器)上手动添加一段预制管道。

在功能区出现的"布线填充"面板中单击"切入"按钮。根据屏幕左下方的提示,在需要切入的预制管道上单击以选择布线填充的终点,见图9-37。

同样,单击向左或向右箭头在图中预览不同解决方案的接入效果,见图9-38,单击▣,应用当前解决方案,单击▣,放弃本次布线填充。

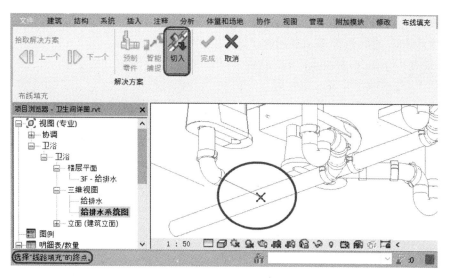

图 9-37

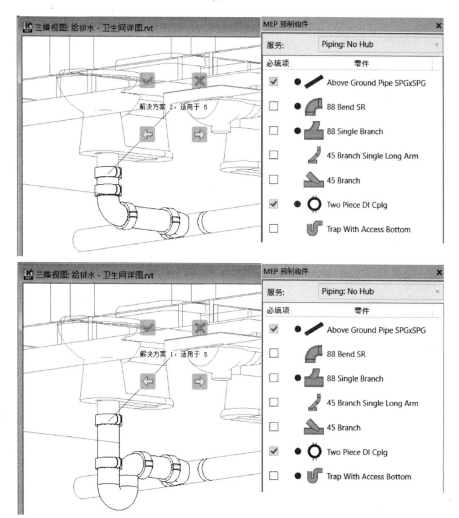

图 9-38

9.2.3 设置预制管道坡度

1. 为带支管的预制管道设置坡度

当需要使用预制构件绘制带坡度的管道时,在绘制管路时或管路绘制完成后,可以使用"坡度编辑器"为其指定坡度值和方向。

(1)激活坡度编辑器。选中需要添加坡度的预制管道后,功能区的"修改 ｜ MEP 预制管道"选项卡中出现"坡度"按钮,见图 9-39。

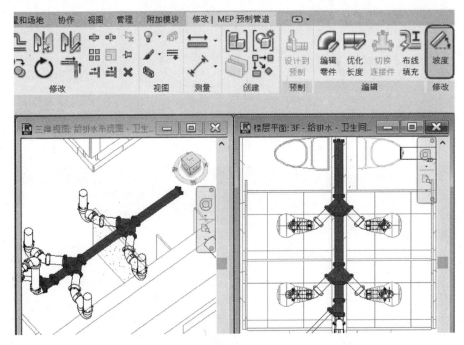

图 9-39

单击"坡度"按钮,激活坡度编辑器,"坡度编辑器"选项卡随之出现在功能区,见图 9-40。

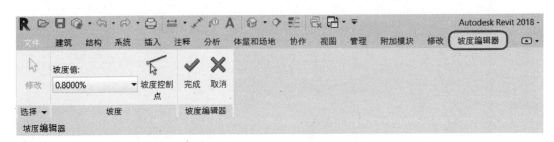

图 9-40

(2)选择坡度控制点和坡度值。坡度控制点所在的位置是坡度的起始位置,管道将以坡度控制点为起点向上坡(坡度值为正值)或向下坡(坡度值为负值)。

当选中的管道带有多个支管时,可以使用"坡度控制点"功能,该按钮被高亮显示;当选中的管道只带有一个支管或不带支管时,则禁用"坡度控制点"功能,该按钮被灰显。

多次单击"坡度控制点",被选中的预制管道及其支管处箭头的位置会发生变化,见图 9-41,箭头所在位置即为坡度的起点。

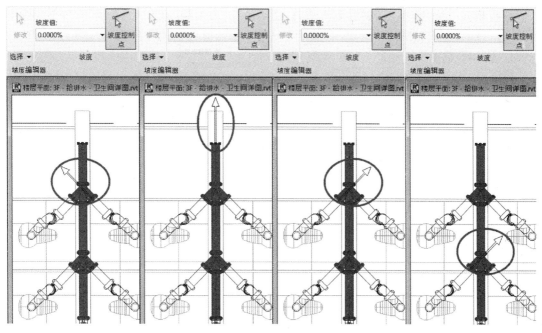

图 9-41

确定"坡度控制点"（例如干管末端）后，需要从"坡度值"的下拉菜单中为管道选择坡度值，例如 1.5％。单击"完成"按钮可以保存设置并退出"坡度编辑器"。

此时被选中的预制管道及其支管都被添加了坡度，由于坡度值为正值，预制管道从右到左向上坡，见图 9-42。

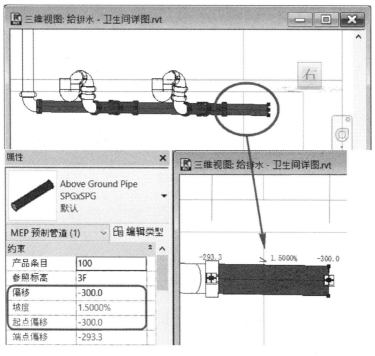

图 9-42

【提示】　对于带有支管的预制管道,只能通过在"坡度编辑器"的"坡度"下拉菜单中选择坡度值的方式设置或修改坡度,不能通过单击预制管道处的坡度标签和"属性"对话框内的"坡度"进行修改。为带有支管的预制管道添加坡度时,选择合适的坡度控制点尤为重要。

(3) 在"坡度值"列表中添加坡度值。由于"坡度编辑器"的"坡度"只能通过下拉菜单选择,因此当下拉菜单中默认的坡度值不能满足设计需要时,可以通过如下步骤添加坡度值:

① 单击功能区"管理"选项卡打开"机械设置"对话框,见图9-43。

图 9-43

② 在左侧树状图中选择"坡度",单击"新建坡度"按钮,在"新建坡度"对话框中输入需要新增的坡度值,然后单击"确定",见图9-44。此处添加的坡度值必为正数。若输入的坡度值为负数,在单击"确定"之后,软件会自动将坡度值修正为正数。

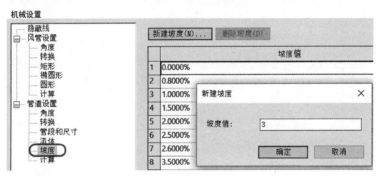

图 9-44

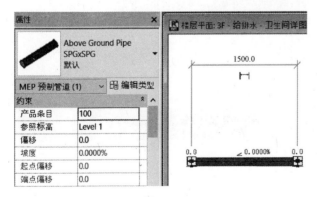

图 9-45

完成上述步骤后,在"坡度编辑器"中的"坡度值"下拉菜单中可以找到并选择新增的坡度值。

2. 为不带支管的预制管道设置坡度

与为带支管的预制官道设置坡度相比,为不带支管的预制管道(以下简称预制管道)设置坡度更加简便。选择预制管道,管道上出现蓝色的标签,包括长度、坡度等,见图9-45。

管道的坡度标签包含四部分内容:"起点偏移""端点偏移""端点参照"和"坡度"值,见图 9-46。

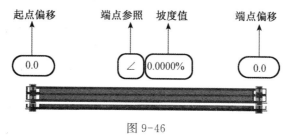

图 9-46

起点偏移:预制管道起点的偏移值。

端点偏移:预制管道端点的偏移值。

端点参照:显示坡度的控制点以及坡向。被放置或绘制的预制管道默认的端点参照标识为"∠"。该标识中水平的线代表未添加坡度的水平管道,与水平线成夹角的线代表添加坡度后管道的倾斜方向,"∠"表示添加坡度后,管道将保持当前起点向上坡。

坡度值:管道的坡度,该值为绝对值。

(1) 在为预制管道添加坡度之前,需要确定控制点。单击端点参照可以切换坡度控制点,即选定保持起点还是端点偏移值不变,见图 9-47。

【提示】 单击端点参照仅可以切换坡度控制点,无法改变坡向(向上坡或向下坡)。

(2) 选择坡度控制点后(本例中起点为坡度控制点),将鼠标悬停在坡度标签"0.000 0%"处,出现"编辑坡度"提示时单击"0.000 0%",然后在输入框内输入坡度值"1.5",见图 9-48。

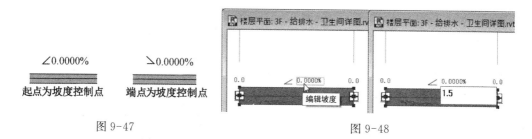

图 9-47

图 9-48

(3) 按回车键使坡度值生效。通过"属性"对话框中"约束"部分的参数值和模型中的标注,能够看到管道坡度对"起点偏移"和"端点偏移"的影响,见图 9-49。

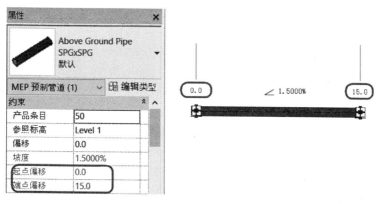

图 9-49

如果在编辑坡度的对话框中输入负值(例如"−1.5"),则端点参照的坡向会发生改变,同时坡度值依然为"1.500 0％",见图 9-50。

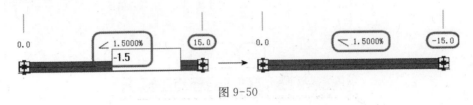

图 9-50

一旦端点参照的坡向改为向下坡,就无法通过输入正值的方法将管道还原为向上坡的状态。在不改变坡度控制点(不单击端点参照)的情况下,要将管道由向下坡修改为向上坡,需要首先输入坡度值 0,将管道还原至水平状态。管道还原至水平状态后,端点参照的坡向会自动还原为向上坡,见图 9-51。

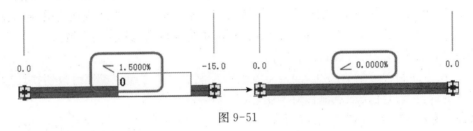

图 9-51

9.3 逐个放置预制构件绘制模型

应用"多点布线""布线填充"等功能可以快速高效地绘制预制模型,但模型中仍然会存在不适用这些自动布局解决方案的情况,这时需要通过逐个添加或修改预制构件,对细节处进行调整。本节将重点介绍手动添加或修改的方法与技巧。

9.3.1 放置预制构件

1. 放置预制构件相关功能

单击"MEP 预制构件"选项面板中任意一个构件,功能区会出现"修改 | 放置预制构件"选项卡,该选项卡提供了逐个放置预制构件时可供使用的功能,见图 9-52。

图 9-52

这些功能包括:

(1) 编辑零件:编辑不同产品条目时尺寸标注的数值、相关参数的设置,以及切换构件的连接方式,见图 9-53。

可以看到,在"尺寸标注"选项卡中,只有"长"这个参数是高亮可编辑的,其余的参数均

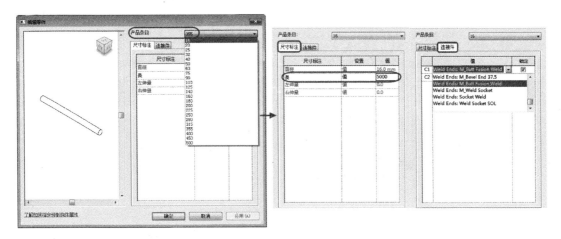

图 9-53

为灰显,不可编辑。这是由于其他三个参数在 Autodesk® Fabrication ESTmep™ 被锁定,为不可编辑参数,只有"Length"这个参数被解锁开放出来供用户编辑,见图 9-54。同理,连接件也是因为被开放才可供用户选择,更换连接方式。

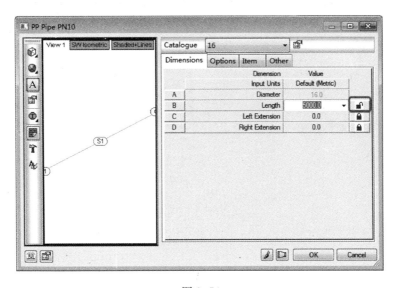

图 9-54

　　(2) 旋转零件:以预制构件插入点为中心在平面旋转构件,也可按空格键旋转构件。每按一次按钮或空格键,构件就被逆时针旋转 90°。

　　(3) 切换连接件:在放置构件的过程中,可在构件连接件间切换,选定某个连接件作为插入点,也可按向上箭头进行连接件切换。

　　(4) 智能捕捉:启用智能捕捉可以帮助用户快捷地捕捉到目标连接件。

　　(5) 插入零件:将三通、阀门、风阀等具有插入管段行为的构件添加到现有直管段。如果在插入时不激活这个按钮,管件既不会随目标管段的尺寸变化而变化,也不会按照管段的方向而调整方向,见图 9-55。

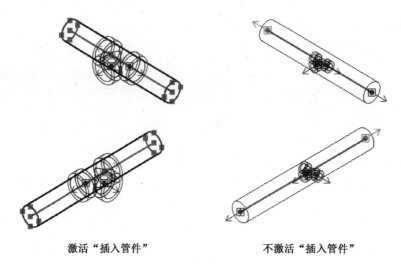

激活"插入管件"　　　　　　　不激活"插入管件"

图 9-55

（6）连接为接头：单击"MEP 预制构件"选项板中风管相关服务包含的"接头"预制构件时，这一按钮将被激活，这时可将接头添加至矩形风管任意一面或椭圆形风管平面。添加时，需要首先用光标捕捉管段中心线，捕捉后接头被自动移动到风管表面，单击即可将接头成功添加，见图 9-56。

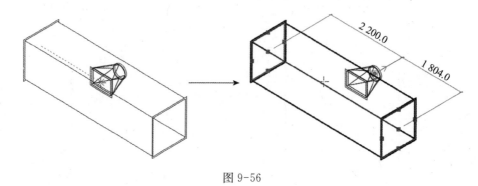

图 9-56

（7）显示帮助工具提示：放置零件时在绘图区域中显示工具提示。还可以输入命令HT 隐藏或显示此工具栏。

（8）坡度：仅适用于管道及管件的放置。

2. 放置预制构件

（1）放置管配件。单击构件按钮，将光标放置在绘图区域中以确定构件的位置，然后单击以放置该构件，被放置的构件通常会根据其连接的构件的尺寸自动调整。用户可以根据绘图需要平铺视图窗口并分别从立面和平面观察绘图情况。

【提示】　在绘制预置模型前，应首先检查所在服务的构件的尺寸范围是否满足绘图的需要，洗脸盆进水口直径为 15 mm，然而选取的服务"Piping：Polypropylene Socket Fusion"中管道构件的最小尺寸为 16 mm。要与进水口连接，就需要为构件添加"15 mm"的产品条目完成连接。

① 添加直管段，这时可以在"属性"面板上修改"长度"，见图 9-57。

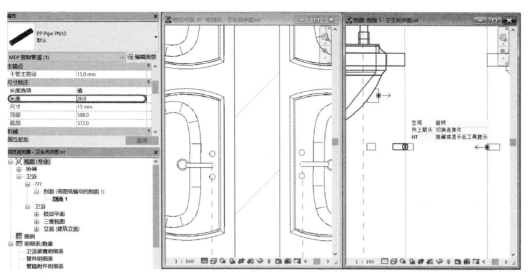

图 9-57

【提示】　需要时,也可以通过"属性"面板的"隔热层规格"为管道或风管添加隔热层,见图 9-58。由于本例为给水管道预制模型,这里可以保持"关"的属性值不变。

② 当洗脸盆一端被接上管道之后,手动依次添加弯头等管配件,为连接之后的洗脸盆做准备,见图 9-59。

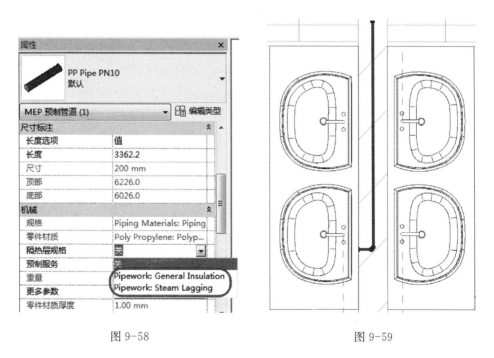

图 9-58　　　　　　　　　　　　　　　　　　图 9-59

③ 在"MEP 预制构件"选项板中选择三通,单击功能区内的"插入零件 "),调整好合适的角度后直接插入管道中。在手动添加构件时,要善于利用空格键和向上箭头,旋转构件并切换至适宜的连接件,见图 9-60。

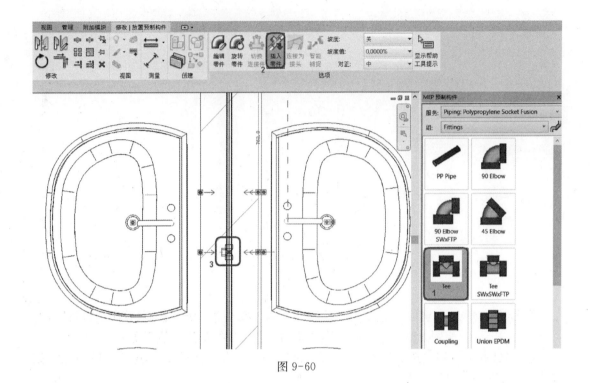

图 9-60

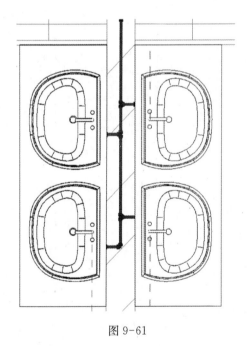

图 9-61

利用手动添加构件和"插入零件"功能,依次将男女卫生间的四个洗脸盆连接起来,见图 9-61。

3. 对齐预制构件

手动添加构件时会发现,当两个构件有高度差时,垂直方向的管道与配件很难相连,见图 9-62。为了解决这样的问题,可以利用 Autodesk Revit® 的"对齐"功能。

在平面视图中,将视觉样式设置为线框,单击支管上的弯头→"对齐",将线 1 和线 2 对齐在一个平面上,见图 9-63。

尽管主管和支管在 X 轴上对齐,但是在 Y 轴上依然有偏差,对于类似的轻微偏差,软件会进行自动调节,使其相连,见图 9-64。

【技巧】 如果想要选择使用过的服务或组放置其他构件时,可以使用"显示服务"功能,这个功能在应用多个服务的复杂模型中尤为便利。选择某构件,右键选择"在零件浏览器中显示服务","MEP 预制零件"选项板自动切换至所选预制构件所属的服务和组,供用户添加预制构件。

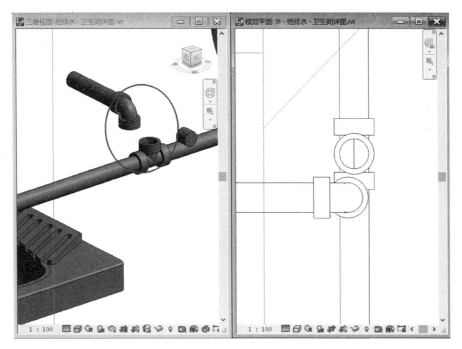

图 9-62

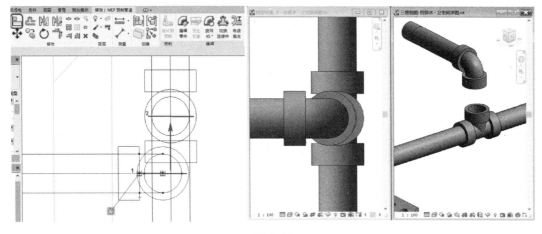

图 9-63

9.3.2 调整已放置预制构件

在实际项目中,用户可能需要反复调整绘制的预制模型,包括修改预制构件的尺寸大小和位置。

1. 通过"主端点"调整尺寸

如果需要调整尺寸的预制构件没有定义产品条目,那么只需单击这个构件,在"属性"面板中重新输入构件尺寸,见图 9-65 及图 9-66。

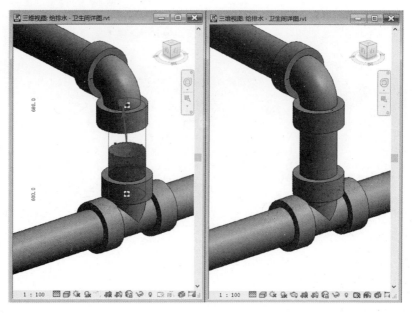

图 9-64

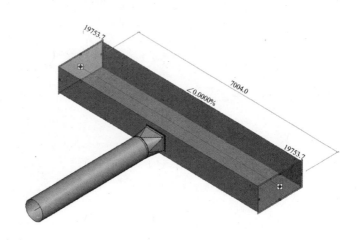

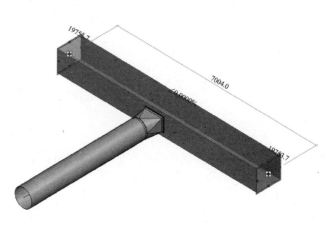

图 9-65

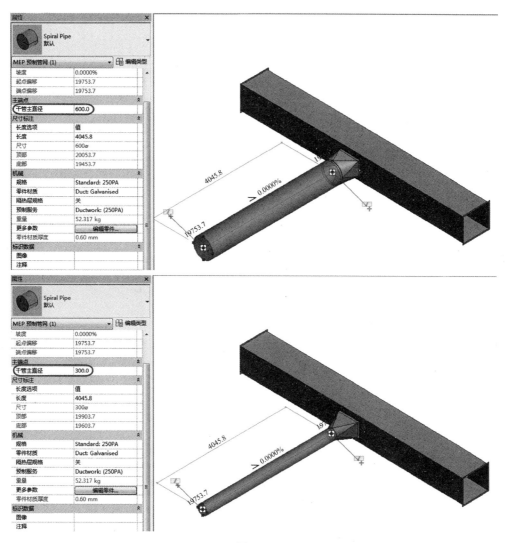

图 9-66

观察图 9-66 中的风管接头可以发现，与被修改过尺寸的构件（圆形风管）连接的构件（从方到圆风管接头），也会根据被修改构件的尺寸大小而自动调整，以便保持连接。

2. 通过"产品条目"调整尺寸

对于定义了"产品条目"的预制构件，可以直接在"属性"的"产品条目"下切换尺寸信息，此类构件无法通过"主端点"属性修改构件尺寸，见图 9-67。

如果被修改构件的尺寸，已经超出了与其连接的构件的尺寸范围，就会出

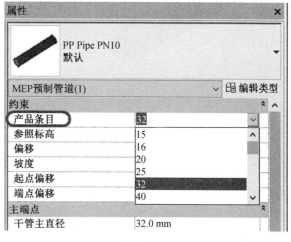

图 9-67

现"错误"对话框,提示该被修改构件将与管网断开连接。这种情况下,需要单击"断开连接",见图 9-68,使用"布线填充"等功能或手动修改,重新连接被断开的构件。

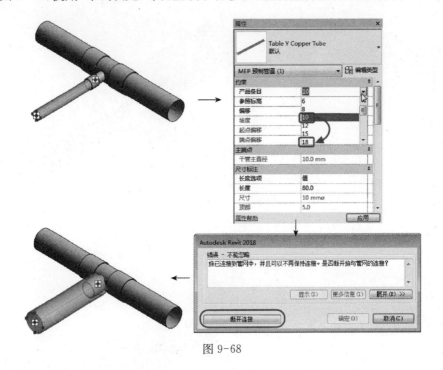

图 9-68

3. 调整预制构件位置

与 Autodesk® Revit® 设计图元相似,通常可以通过拖拽预制构件调节其位置。除此之外,预制构件还有一些特有的控件可供调节其位置。例如,单击风管接头,会出现 ⟳ 控件,单击后这个控件后会出现 ⤺ 及 ⤻,再单击它们可以分别将接头顺时针或逆时针旋转 90°,而单击出现的 ⇄ 控件会翻转接头,见图 9-69。

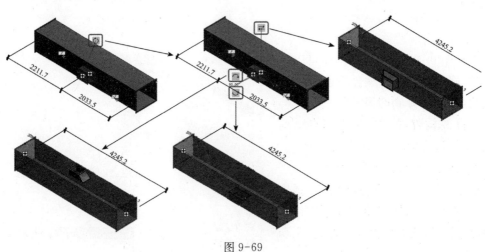

图 9-69

【提示】 对于圆形风管的接头或管道的三通等,单击 ⤺ 或 ⤻,可以 45°旋转构件;而对于椭圆形风管的接头,则每次单击只能旋转 180°。

9.3.3　其他管路绘制功能

本节将介绍"修剪/延伸"和"快速连接"这两个常用的管路绘制功能。

1. 修剪/延伸

与常规图元类似,对于预制管道和风管,也可以通过功能区"修改"选项卡"修改"面板的"修剪/延伸"工具,对两个或多个直管段进行操作,见图 9-70 及图 9-71。

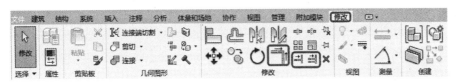

图 9-70

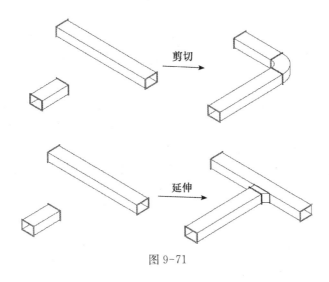

图 9-71

2. 快速连接

连接预制管件与另一管件或直管段,可以应用"快速连接"功能。

单击选择待连接的管件后,右击并选择"快速连接",可以直接拖动连接件上的十字图标,然后单击待连接管件或直管段的可用连接件(都已通过箭头高亮显示),Autodesk® Revit® 会自动调整管件位置或增加直管段,完成连接,见图 9-72。

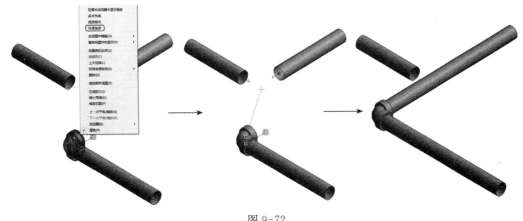

图 9-72

【提示】 只有选定一端已经连接的管件才能使用"快速连接"功能,直管段的右击菜单中"快速连接"被灰显。

9.4 转化已有 Revit 设计模型

前面章节介绍了如何在 Autodesk® Revit® 中,通过自动布局或者手动放置构件的方法创建预制模型。除了这种工作流程,用户还可以通过"设计到预制"功能,将已有的包含 Autodesk® Revit® MEP 图元的设计模型,转化为包含 LOD 400 MEP 预制构件的预制模型,而无须从零开始绘制。本节将以风管模型为例,重点介绍模型转化的相关功能。

9.4.1 准备模型转化

在进行模型转化前,通常需要进行如下三方面准备工作:

1. 指定预制配置并载入想要应用的预制服务

具体操作步骤见本章第 9.1 节。选择预制服务时,通常从系统类型、尺寸范围、压力等级、材质、连接方式等方面进行考虑。要确保选定的服务必须包含设计图元所使用的所有尺寸。

2. 根据需要调整按钮代码的优先级

Autodesk® Revit® MEP 族具体转化为哪个预制构件,默认按照应用的服务在 Autodesk® Fabrication 产品中"按钮映射"选项卡按照按钮代码定义的优先级来进行(按钮代码相关概念可参考本书第 7 章 7.3.7 小节)。图 9-73 及图 9-74 展示了同一个风管设计模型在应用 DuctWork:(250PA)这个服务时进行转化时,由于按钮代码的优先级不同,转化后出现的弯头也不同。

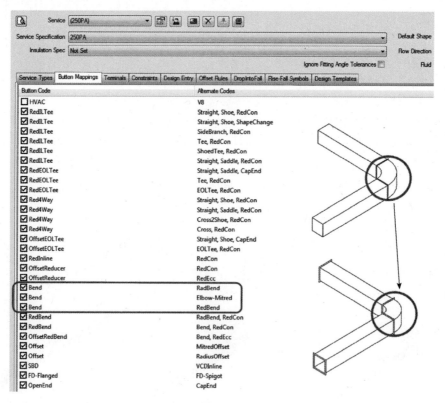

图 9-73

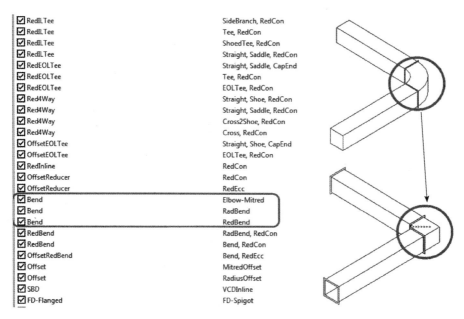

图 9-74

3. 定义族与预制构件的映射关系

对于管道附件和风管附件(阀门、风阀、消声器等),可以在 Autodesk® Revit® 族和 Autodesk® Fabrication 预制构件之间创建关联关系,将 Autodesk® Revit® 族映射到 Autodesk® Fabrication 预制构件,在转化时会遵循映射定义一一替换。需要注意的是,直管段及管件族无须进行映射即可按照服务的定义进行转化。而对于管道附件和风管附件这类族,如果没有定义映射就不会被转化,但仍然会与转化的预制管网保持连接。

定义映射关系的方法如下:

(1)这里以风管系统中的矩形消声器为例,它的族名称为"消声器 - ZF 阻抗复合式",类型为"400×250",见图 9-75。如果想要将其转化为"Revit MEP Metric Content V2.1"预制配置中,属于"Ductwork:(250PA)"服务的"Attenuator(SAT)",首先需要在 Autodesk® Fabrication ESTmep 2018 中,进行映射关系的定义。

(2)在 Autodesk® Fabrication ESTmep™ 2018 中,选择 Revit MEP Metric Content V2.1 预制配置创建空白作业后,浏览至"Ductwork:(250PA)"服务,在 Access 选项卡,右击构件

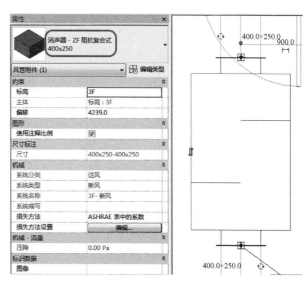

图 9-75

"Attenuator",然后单击"Button Properties",在弹出的"Button Properties"对话框中可以看到,这个构件的按钮代码是"SAT",见图 9-76。然后单击"OK",关闭"Button Properties"对话框。

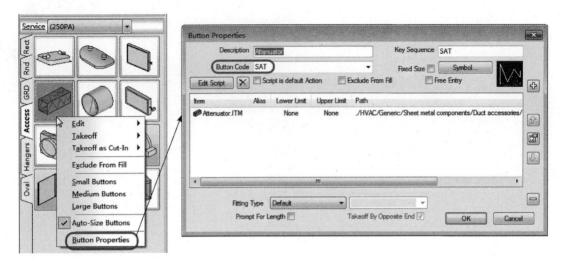

图 9-76

（3）单击左上角的"Service"按钮，在弹出的"Setup Services"对话框中，切换至"Button Mapping"选项卡，见图 9-77。

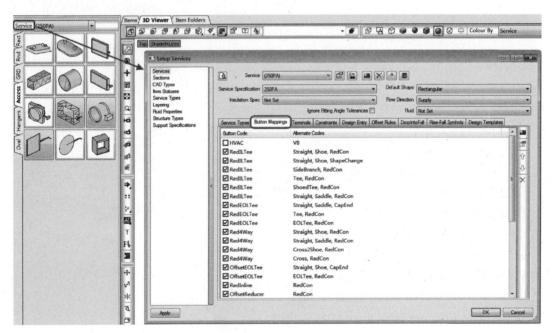

图 9-77

（4）单击右上角的▦按钮，会弹出"Define Button Mapping"对话框，在"Button Code"里输入要为其创建映射的 Autodesk® Revit® 图元的族名称和类型，族名称和类型之间使用下划线连接，本例中即为"消声器-ZF 阻抗复合式_400×250"；在"Can be Made By Using Alternates"里输入预制构件的 Button Code，本例中即为"SAT"，见图 9-78，然后单击"OK"退出对话框。可以按照这个步骤将多个 Autodesk® Revit® 族映射到 Autodesk® Fabrication 预制构件，见图 9-79。最后再次单击"OK"退出"Setup Services"对话框。

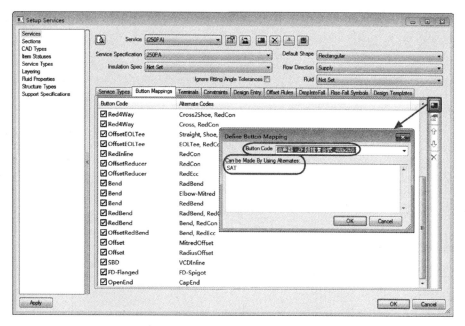

图 9-78

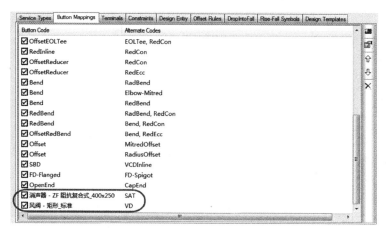

图 9-79

（5）在 Autodesk® Fabrication ESTmep 2018 中进行了定义后，回到 Autodesk® Revit®，加载想要应用的服务，本例中为 Duct：（250PA）。如果已经加载了这个服务，需要将其卸载后再次载入。

至此，完成了风管设计模型转化前的准备工作。但目前，模型转化功能仍然有以下一些局限性：

① 部分功能或族不支持转化：对正、电缆桥架、分析连接。此外，倾斜管道和风管也不完全受支持。

② 部分族不支持转化，但会与已经转化的图元保持连接：机械设备、软风管和管道、风道末端、喷淋装置和卫浴装置。不过，直接连接到风管平面的风道末端，不能再和已经转化的风管保持连接。

③ 转化功能目前可能出错的一些应用场景或构件包括:未居中对正的风管支管接头、偏心变径管件、具有开放连接件的管件、通过过渡件连接到设备上的管路。这种情况下,建议先暂时将其修改为居中对正的支管接头、同心变径管件等,转化成功后,再通过 Autodesk® Revit®"属性"选项板,将其更改为真正想应用的预制构件。

④ 转化时,族标记会被移除。

9.4.2 进行模型转化

模型的转化,既可以针对某个或某几个选定构件,也可以针对整个风管或管道管网,将其从设计模型转化为预制模型。

单击风管系统中的弯头或其他管件,然后通过按 Tab 键持续选择,直到整个新风系统被高亮选中,见图 9-80。

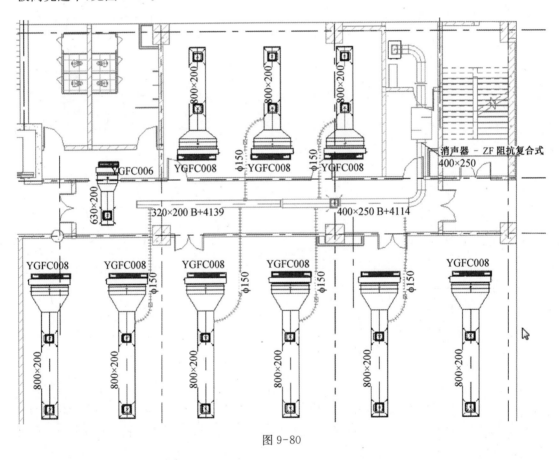

图 9-80

当系统选中后,在功能区会出现"风管系统"选项卡,单击选项卡"预制"面板的"设计到预制",见图 9-81。

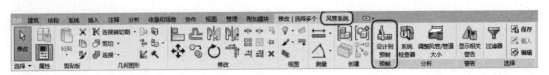

图 9-81

如果项目中未载入任何预制服务,则会弹出警告对话框,单击"载入预制服务"。在随后弹出的"预制设置"对话框中,单击"重新加载配置"后,添加想应用的服务,见图 9-82。载入服务后,再次单击"设计到预制"。

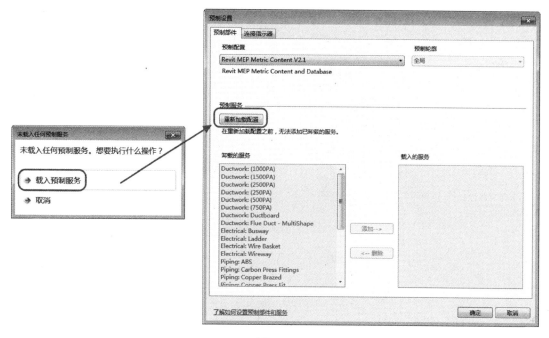

图 9-82

如果项目中已经载入一个或多个预制服务,且其中的服务与模型中选中的图元匹配的话,那么在单击选项卡上的"设计到预制"后,会弹出"设计到预制"对话框,单击用于转化的预制服务,然后再单击"确定"关闭对话框,见图 9-83。这时 Revit® 会自动进行模型的转化。

如果项目中没有与模型中图元匹配的预制服务(通常是尺寸范围不匹配),会自动弹出"无匹配预制服务"对话框。此时需要单击"载入匹配预制服务",通过弹出的"预制设置对话框"来载入匹配的服务,见图 9-84。载入后,再按照前一个步骤操作即可。

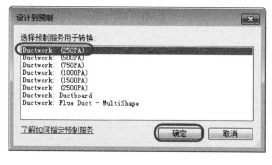

图 9-83

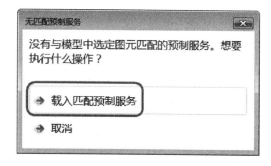

图 9-84

图 9-85 为新风系统转化后的预制模型,与图 9-80 对比,风管管道、管件、调节阀和消声器都已被成功转化,且相关的风管标记已经被移除,而风道末端、软风管都不能够被转化。

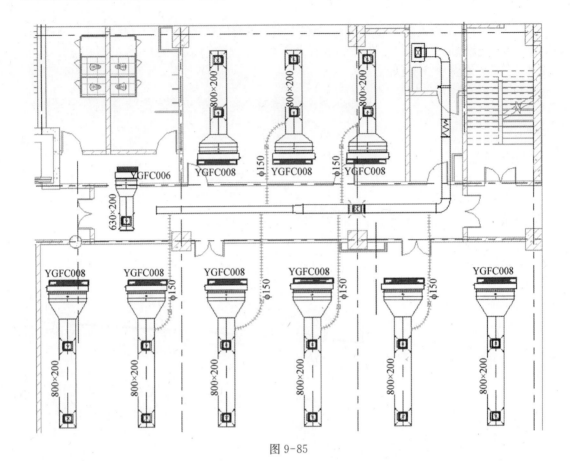

图 9-85

分别查看设计模型和预制模型的明细表，可以发现两种模型表达信息的侧重点有所不同。图 9-86 为设计模型中的风管明细表，风管的流量、摩擦、压降等信息，可以协助完成系统分析计算。而图 9-87 为预制模型中的管网明细表（包含预制风管和预制风管管件），其材质、厚度、金属板面积、底部标高等信息，为原料采购和现场安装等提供了依据。

<风管明细表>

A	B	C	D	E	F	G	H	I	J	K	L	M
族	宽度	高度	尺寸	长度	面积	流量	损耗系数	摩擦	压降	水力直径	当量直径	创建的阶段
矩形风管	320	320	320x320	822	1 ㎡	975.6 ㎥/h	0.055545	0.28 Pa/m	0.2 Pa	320	350	新构造
320: 19												
矩形风管	630	200	630x200	1559	3 ㎡	975.6 ㎥/h	0.085402	0.21 Pa/m	0.2 Pa	304	373	新构造
630: 1												
矩形风管	800	200	800x200			1951.2 ㎥/h		0.44 Pa/m		320	414	新构造
800: 9												
矩形风管	894	150	894x150		0 ㎡	162.0 ㎥/h		0.01 Pa/m	0.0 Pa	257	366	新构造
894: 2												
矩形风管	905	130	905x130	201	0 ㎡	162.0 ㎥/h	0.032281	0.01 Pa/m	0.0 Pa	227	338	新构造
905: 1												
矩形风管	1000	120	1000x120		0 ㎡	975.6 ㎥/h		0.35 Pa/m		214	336	新构造
1000: 2												
矩形风管	1205	130	1205x130	95	0 ㎡	162.0 ㎥/h	0.015719	0.01 Pa/m	0.0 Pa	235	380	新构造
1205: 9												
矩形风管	1800	120	1800x120			1951.2 ㎥/h		0.40 Pa/m		225	424	新构造
1800: 18												
矩形风管	1814	150	1814x150		0 ㎡	162.0 ㎥/h		0.00 Pa/m	0.0 Pa	277	487	新构造
1814: 18												

图 9-86

〈MEP 预制管网明细表〉

A	B	C	D	E	F	G	H	I	J	K	L	M
族	干管主宽度	干管主深度	干管次宽度	干管次深度	长度	重量	零件材质	零件材质厚度	零件金属板面积	底部	顶部	剪切类型
Breeches 2 Way	250	400	320	320	780	6.76 kg	Duct: Galvanised	0.60 mm	1 m²	3902	4364	机器
Breeches 2 Way: 1												
Radius Bend	250	400				3.92 kg	Duct: Galvanised	0.60 mm	1 m²	3937	4364	机器
Radius Bend	400	250				5.52 kg	Duct: Galvanised	0.60 mm	1 m²	4114	4364	机器
Radius Bend	400	250				5.52 kg	Duct: Galvanised	0.60 mm	1 m²	4114	4364	机器
Radius Bend: 3												
Straight	320	320			688	4.88 kg	Duct: Galvanised	0.60 mm	1 m²	3210	3902	垂直
Straight	320	200			6529	35.72 kg	Duct: Galvanised	0.60 mm	7 m²	4139	4339	垂直
Straight	400	250			2141	14.78 kg	Duct: Galvanised	0.60 mm	3 m²	4114	4364	垂直
Straight	400	250			3391	23.31 kg	Duct: Galvanised	0.60 mm	5 m²	4114	4364	垂直
Straight	400	250			2369	16.23 kg	Duct: Galvanised	0.60 mm	3 m²	4114	4364	垂直
Straight	400	250			883	6.20 kg	Duct: Galvanised	0.60 mm	1 m²	4114	4364	垂直
Straight	400	250			1073	7.41 kg	Duct: Galvanised	0.60 mm	2 m²	4114	4364	垂直
Straight	400	250			532	3.96 kg	Duct: Galvanised	0.60 mm	1 m²	4114	4364	垂直
Straight	400	250			2583	17.59 kg	Duct: Galvanised	0.60 mm	4 m²	1350	3937	垂直
Straight: 9												
Transition	400	250	320	200	500	3.57 kg	Duct: Galvanised	0.60 mm	1 m²	4114	4364	机器
Transition: 1												

图 9-87

9.5　添加风阀与支吊架预制构件

在完整的机电预制模型中,风阀、阀门等附件与支吊架不可或缺。与常规管配件相比,风阀与支吊架预制构件在 Autodesk® Revit® 中的应用有一些特殊之处。本节将着重介绍这方面的内容。

9.5.1　添加与编辑风阀

在 Autodesk® Revit® 中,风阀预制构件分为两种类型,一种为基于预制构件模板创建的、定义了具体形体尺寸的构件;另一种为基于 Autodesk® Fabrication 数据库中"Dampers"定义的构件。下面分别介绍这两种类型风阀的应用与修改。

1. 基于预制构件模板创建的风阀

这类风阀通常包含在"Ductwork:(例如,500PA)"服务→"Access"组,见图 9-88。

单击"MEP 预制构件"选项板上的预制风阀,在功能区出现的"修改|放置预制构件"面板上,单击"插入零件"按钮,然后单击目标直管段,即可插入风阀,见图 9-89。

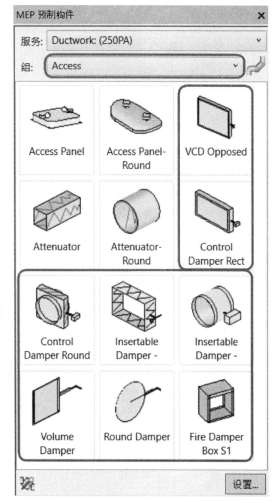

图 9-88

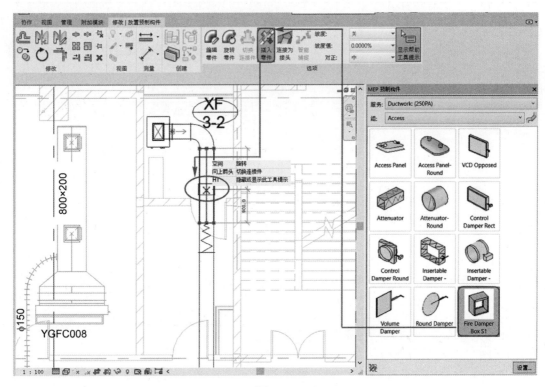

图 9-89

这类风阀与常规的预制构件一样,可以通过"编辑零件"对话框,对开放的尺寸标注和连接件进行修改。

2. 基于数据库创建的风阀

这类风阀,可以直接添加在接头等预制风管管件中,用以表达在风管分支或汇合时,支风管处所需的风量调节装置。以风管接头处的添加为例,需要进行以下操作:

(1)选中接头,显示"添加风阀"的控件 ，单击"无",在下拉菜单中选择所需的风阀,见图 9-90。

(2)在列表中,选择某种风阀类型,比如"ADSK Manual",添加完成,见图 9-91。

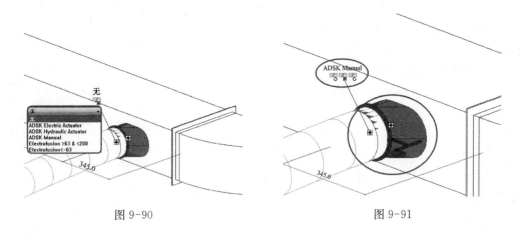

图 9-90　　　　　　　　　　　　　　　　图 9-91

（3）单击左侧及右侧，可逆时针或顺时针旋转风阀，每单击一次，旋转角度为 45°，见图 9-92。

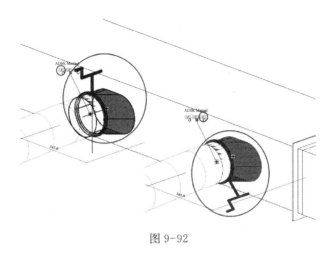

图 9-92

（4）单击风阀名称，在弹出的风阀列表中，可切换至不同类型。单击可删除风阀，见图 9-93。

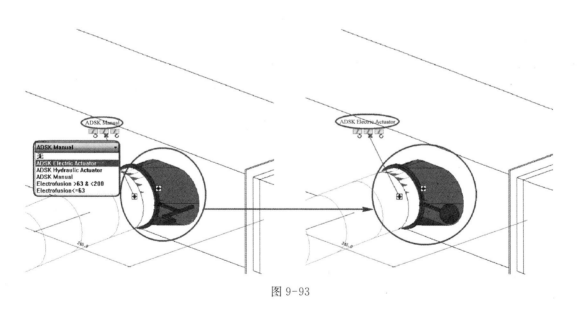

图 9-93

【提示】　在 Autodesk® Revit® 中，圆形风管的直管段、接头、三通、四通支持这类风阀的添加，矩形风管只有接头支持，而椭圆形风管及其管件均不支持。

这类风阀的创建或修改，必须通过 Autodesk® Fabrication 产品的"Database"→"Fittings"→"Dampers"。单击新建风阀类型或者双击当前的风阀类型进行修改，见图 9-94。

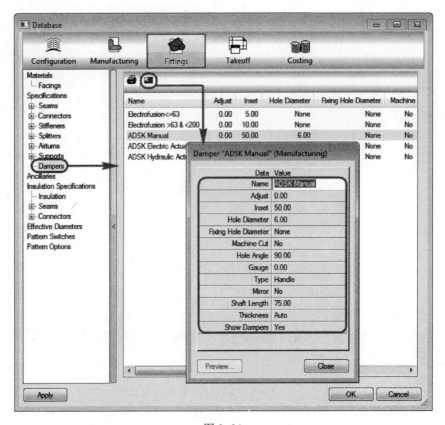

图 9-94

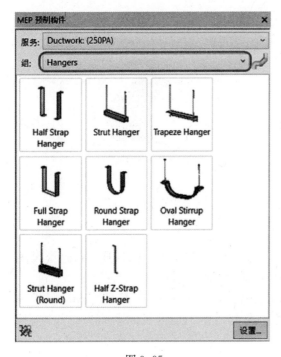

图 9-95

9.5.2 添加与编辑支吊架

风管、管道和电气相关的服务通常都包含支吊架预制构件，在组"Hangers"中，见图9-95。

1. 添加支吊架

在"MEP 预制构件"选项板→"服务（例如 Ductwork：（500PA））"→"组：Hangers"中，单击想要应用的支吊架，再单击目标管段即可。支吊架会自动根据管段的尺寸大小调节尺寸进行匹配，并拾取楼板等结构图元调节吊杆高度，见图9-96。默认情况下，支架都会附着到最近的结构图元，包括楼板、屋顶、结构框架（例如梁或桁架）、楼梯和底板。如果没有结构图元可用，会使用预制构件定义中设置的默认杆长。

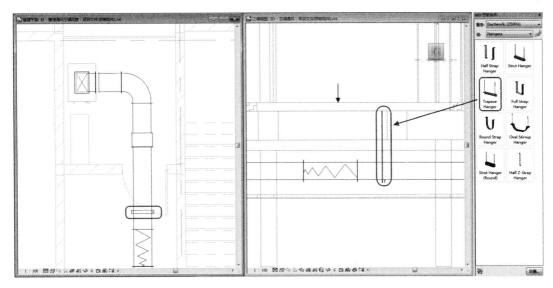

图 9-96

2. 编辑支吊架

添加支吊架后,可以对其位置、尺寸等进行进一步修改。

(1) 修改支吊架的位置。单击已添加的支吊架,在支吊架左右两侧会出现支座控制柄及吊杆控制柄,见图 9-97。

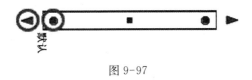

图 9-97

① 支座控制柄:拖动支座控制柄,可以调整自吊杆起的支座长,见图 9-98。

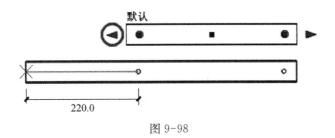

图 9-98

② 吊杆控制柄:拖动吊杆控制柄,可以调整吊杆的位置及长度,见图 9-99。

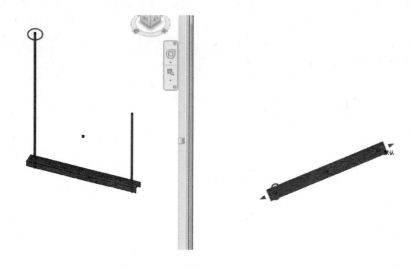

图 9-99

当支座被拉长以后，支持在一个支架上放置两根风管，见图 9-100。

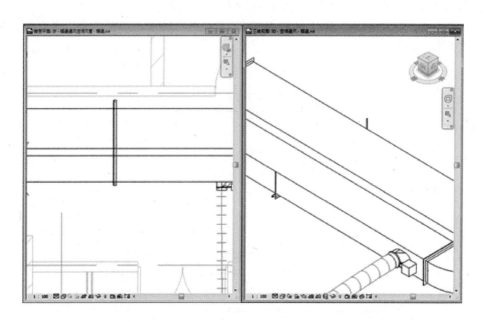

图 9-100

③ 锁定/解锁吊杆相对位置：放置支吊架后，吊杆会自动锁定同直管段的相对位置，当直管段移动时吊杆也随之移动，见图 9-101。

解锁后，直管段移动时，吊杆仍保持其当前位置，见图 9-102。

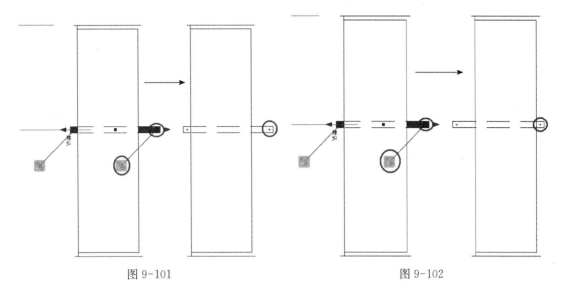

图 9-101　　　　　　　　　　　　　　　　　　图 9-102

　　(2) 调整吊杆的类型。当支吊架承担负荷较大时,就需要对吊杆的类型做出调整以保证承载要求。单击想要调整吊杆类型的支吊架,在其吊杆的顶端会出现"默认",再次单击"默认",会出现包含多种吊杆类型的下拉菜单,这些类型定义了不同的吊杆直径、固定件类型和数量等信息。单击下拉菜单中想要应用的类型即可,见图 9-103。

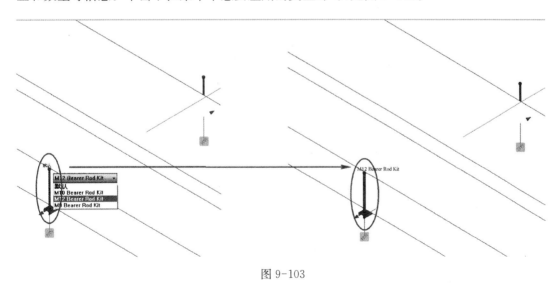

图 9-103

　　下拉菜单中的不同的支架杆类型,是在 Autodesk® Fabrication 产品中的"Database"→"Fittings"→"Ancillary"→"Ancillary Kits"中设置。支吊架的配置包含基本的 Support Rods, Fixings, Support Isolators 等,见图 9-104。

　　【提示】　前文介绍的是对于支架杆的设置与修改,对于支吊架预制构件本身,在 Revit® 2018 中,只能通过"属性"查看其归属的预制服务、产品代码等信息。要修改支吊架预制构件,需要在 Autodesk® Fabrication 产品(Autodesk® Fabrication ESTmep™ 2018 或 Autodesk® Fabrication CADmep™ 2018)中进行,见图 9-105。

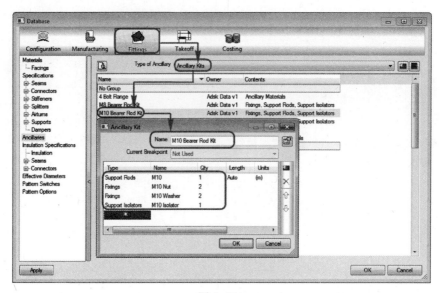

图 9-104

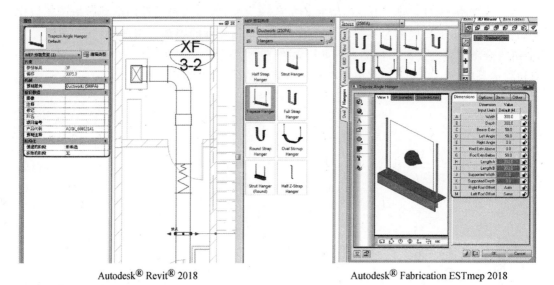

Autodesk® Revit® 2018   Autodesk® Fabrication ESTmep 2018

图 9-105

9.6 Revit 与 Fabrication 的交互

Autodesk® Revit®不仅可以应用预制配置进行模型绘制,也可以将绘制好的预制模型以预制作业的形式导出,导出的预制作业可以被导入到 Autodesk® Fabrication 产品(Autodesk® Fabrication ESTmep™, Autodesk® Fabrication CADmep™ 或 Autodesk® Fabrication CAMduct)™中进行进一步工作。反之,在 Autodesk® Fabrication 产品中创建的预制模型,也可以以预制作业为媒介,被导入到 Autodesk® Revit®中。

需要注意的是,这种模型的交互需要下载安装 Autodesk® Revit® Extension 附加模块才能实现。只有 Autodesk 速博用户,才能通过 Autodesk Desktop App 安装或者登陆Autodesk Account 下载附加模块,见图 9-106 及图 9-107。

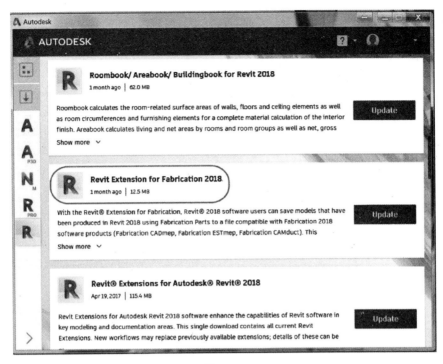

图 9-106

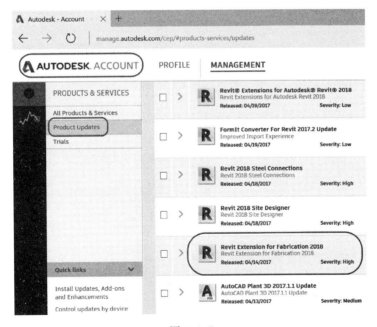

图 9-107

9.6.1　导出 MAJ 到 Fabrication

选中项目中的预制模型,单击"附加模块"选项板→"Revit Extension for Fabrication"面
板→"Import and Export"按钮→"Export Autodesk Fabrication Job File",导出预制作业
MAJ 文件,输入文件名,然后保存在目标地址,保存成功后会弹出已保存的预制构件数量的

对话框，见图 9-108。

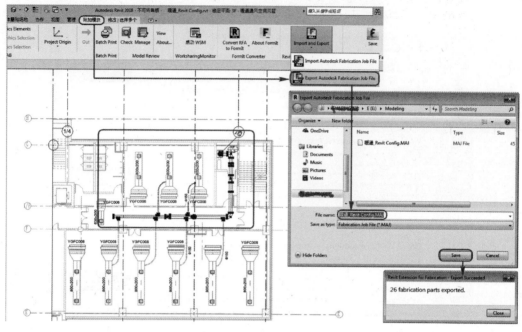

图 9-108

【技巧】 可以使用"过滤器"功能快速准确的选中图纸中的所有预制构件，见图 9-109。

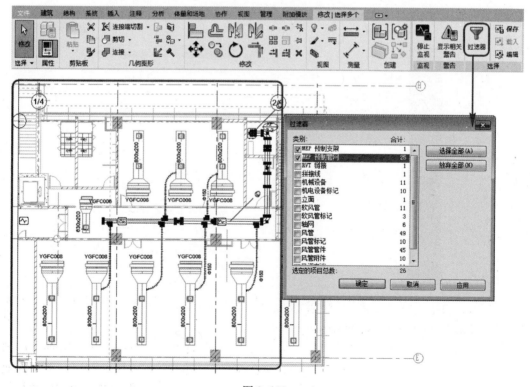

图 9-109

打开任何一款 Autodesk® Fabrication 产品,单击"Open Job",直接打开导出的 MAJ 文件,就能在 Autodesk® Fabrication 产品做进一步的工作,见图 9-106。例如,将文件导入到 Autodesk® Fabrication ESTmep™ 进行成本核算,导入到 Autodesk® Fabrication CAMduct™进行钣金切割,或导入到 Autodesk® Fabrication CADmep™进行其他详细信息(例如标记、管段和报告)的文档编制。

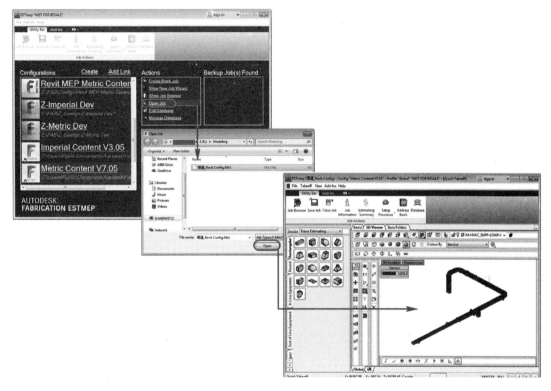

图 9-110

9.6.2　从 Fabrication 导入 MAJ

要导入 Autodesk® Fabrication 产品中的预制模型保存而成的 MAJ 文件,单击功能区"附加模块"选项卡→"Revit Extension for Fabrication"面板→"Import and Export"按钮→"Import Autodesk Fabrication Job File",先选中导入的 MAJ 所用的预制配置,例如"Revit MEP Metric Content V2.1",然后打开 MAJ 文件,预制模型就被导入 Autodesk® Revit® 中,见图 9-111。

如果应用的是相同预制配置与服务,通过 MAJ 文件导入到 Autodesk® Revit® 中的预制模型,与直接在 Autodesk® Revit® 中绘制的预制模型,没有任何数据与形体的差别。这保证了 Autodesk® Revit® 与 Autodesk® Fabrication 之间的无缝交互。

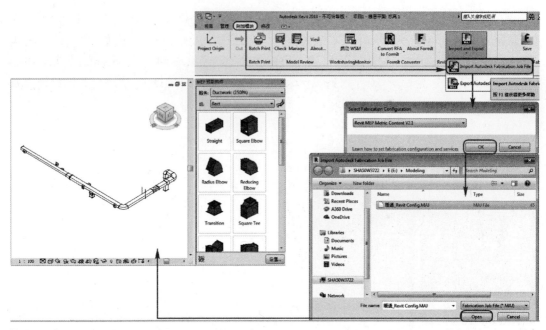

图 9-111

附录 A　模 板 列 表

本附录针对 Autodesk® Fabrication 产品,分别为水、暖、电三个专业列举了常用的构件模板,用户可根据需要创建的构件外形、类别或名称从列表中查找相应的模板编号。

关于预制构件族模板的具体介绍,可参考第 2 章预制构件族中 2.2 节与 2.3 节。有关支吊架的模板介绍详见第 8 章 8.3.1 节的介绍。

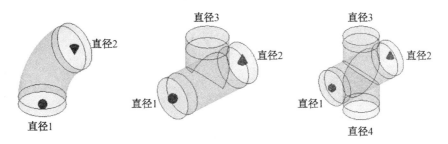

【提示】　弯头、三通和四通的管径标注见表 A-1,列表中不再一一注释。

A.1　管道系统

表 A-1 　　　　　　　　　　　　　　管道系统图例表

模板编号	预制构件	描　述	图　例
2041	管道		
2060	管盖		
2523	等径弯头	直径 1=直径 2 各种角度	
2097	异径弯头	直径 1≠直径 2 各种角度	

续表

模板编号	预制构件	描 述	图 例
2326	弯头带支管		
2047	直三通	直径 1＝直径 2＝直径 3	
		直径 1＝直径 2 且直径 2＞直径 3	
	斜三通	直径 1＝直径 2＝直径 3	
		直径 1＝直径 2 直径 2＞直径 3	
2882	顺水三通	直径 1＝直径 2＝直径 3	
		直径 1＝直径 2 直径 2＞直径 3	

续表

模板编号	预制构件	描　述	图　例
2884	异径直三通	直径 1＝直径 2 直径 2＜直径 3	
2160	异径直三通	直径 1＝直径 2≥直径 3	
		直径 1＞直径 2 直径 2＝直径 3	
		直径 1＝直径 3 直径 1＜直径 2	
2044	等径四通	直径 1＝直径 2＝直径 3＝直径 4	
	异径四通	直径 1＝直径 2 直径 3＝直径 4 直径 2＞直径 3	
2051	变径管	同心	

续表

模板编号	预制构件	描　述	图　例
2071	变径管	异心	
2522	接头	等径、异径	
	活接头	等径、异径	
	管接头、管箍	等径、异径	
	衬套	等径、异径	
2900	弯头组合斜三通		
2901	弯头组合斜四通		

续表

模板编号	预制构件	描　述	图　例
916	存水弯	P 型存水弯和 U 型存水弯	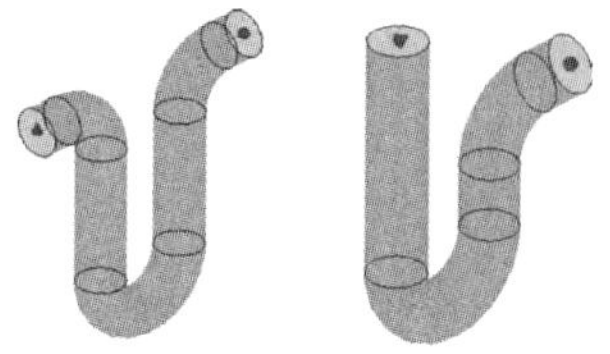
868	阀门		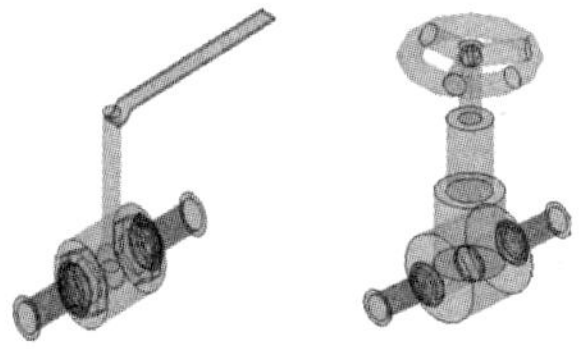
	过滤器		

A.2　电气系统

电气构件模板用于电缆桥架和配件的创建。除标"＊"的构件模板以外,其余均可设定为托盘式、槽式、梯级式和网格式四种模式,见表 A-2。

表 A-2　　　　　　　　　　　电气系统图例表

模板编号	预制构件	描　述	图　例
877	电缆桥架	托盘式	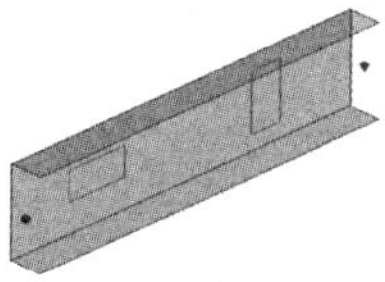
		槽式	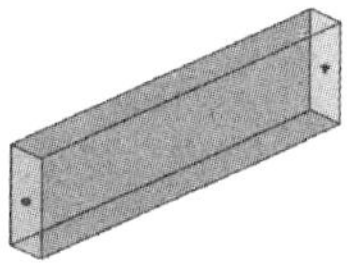
		梯级式	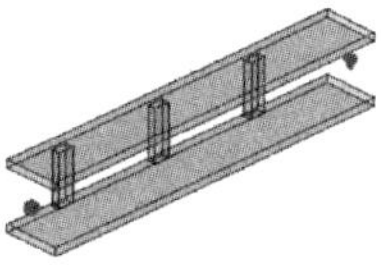
		网格式	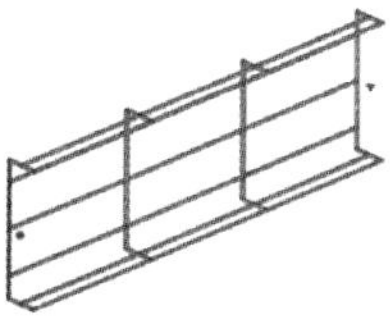

续表

模板编号	预制构件	描 述	图 例
878	电缆桥架水平弯通	托盘式 任意角度	
		槽式 任意角度	
		梯级式 任意角度	
		网格式 任意角度	
879	电缆桥架水平三通	托盘式 任务角度	
		槽式 任务角度	
		梯级式 任务角度	
		网格式 任务角度	

续表

模板编号	预制构件	描　述	图　例
880	电缆桥架水平四通	托盘式 任务角度	
		槽式 任务角度	
		梯级式 任务角度	
		网格式 任务角度	
900	槽式电缆桥架垂直弯通	凹弯通 任意角度	
		凸弯通 任意角度	
	梯级式电缆桥架垂直弯通	凹弯通 任意角度	
		凸弯通 任意角度	

续表

模板编号	预制构件	描　述	图　例
901	梯级式电缆桥架接头	异径	
		通径	
905	电缆桥架垂直三通	下边垂直等径三通	
		上边垂直等径三通	
909	爬坡		
1110*	连接片		
3108*	电缆		

续表

模板编号	预制构件	描 述	图 例
4522*	连接螺栓		
5218*	电气设备	适用于各种配电箱、转换箱及插座面板	

A.3 暖通系统

暖通系统的图例如表 A-3—表 A-6 所示。

表 A-3   长方形图例表

模板编号	预制构件	描 述	图 例
1/35/36/866/948	风管		
166	柔性风管		
802/958	堵头		
2/942	异径管	同心、偏心	

续表

模板编号	预制构件	描　述	图　例
8	天圆地方	同心、偏心	
956	方变圆连接件	同心	
6/955	异径偏移	宽度1≠宽度2 高度1=高度2	
30	同径偏移	宽度1=宽度2 高度1=高度2	
9	等高弧形偏移	宽度1≠宽度2 高度1=高度2	
944	异径弧形偏移	宽度1≠宽度2 高度1≠高度2	
7	接头		

续表

模板编号	预制构件	描述	图例
947	楔形接头		
20/952	斜接弯头	宽度1≠宽度2 高度1=高度2 任意角度	
3	等高斜接弯头	宽度1≠宽度2 高度1=高度2	
1155	异径斜接弯头	宽度1≠宽度2 高度1≠高度2	
4/943	同径弧形弯头	宽度1=宽度2 高度1=高度2 任意角度	
17/953	等高弧形弯头	宽度1≠宽度2 高度1=高度2 任意角度	
1122	异径弧形弯头	宽度1≠宽度2 高度1≠高度2 任意角度	

续表

模板编号	预制构件	描　述	图　例
5/945	等高弧形三通	宽度 1≠宽度 2≠宽度 3 高度 1＝高度 2＝高度 3	
13/954	等高直三通	宽度 1≠宽度 2≠宽度 3 高度 1＝高度 2＝高度 3	
14/946/1130	等高裤衩三通	宽度 1≠宽度 2≠宽度 3 高度 1＝高度 2＝高度 3	
37/1121	异径裤衩三通	宽度 1≠宽度 2≠宽度 3 高度 1≠高度 2≠高度 3	
1131	等高分叉三通	宽度 1≠宽度 2≠宽度 3 高度 1＝高度 2＝高度 3	
18/950	等高弧形斜三通	宽度 1≠宽度 2≠宽度 3 高度 1＝高度 2＝高度 3 任意角度	
1153	异径直三通	宽度 1≠宽度 2≠宽度 3 高度 1≠高度 2≠高度 3	

续表

模板编号	预制构件	描 述	图 例
1154	异径弧形分叉三通	宽度 1≠宽度 2≠宽度 3 高度 1≠高度 2≠高度 3	
10/951	等高弧形斜四通	宽度 1≠宽度 2≠宽度 3 ≠宽度 4 高度 1＝高度 2＝高度 3 ＝高度 4 任意角度	
1120	等高弧形分叉四通	宽度 1≠宽度 2≠宽度 3 ≠宽度 4 高度 1＝高度 2＝高度 3 ＝高度 4	

表 A-4   圆形图例表

模板编号	预制构件	描 述	图 例
40/940	风管		
873	柔性风管		
60	风管堵头		
533	耦合连接件		

续表

模板编号	预制构件	描　述	图　例
51/1200	同心异径管		
71	偏心异径管		
24/1203	楔形接头		
871	靴形接头		
875	鞍形接头		
886	锥形接头		
61/1201	虾米腰弯头	直径 1＝直径 2 任意角度	

续表

模板编号	预制构件	描　述	图　例
523	弧形弯头	直径1=直径2 任意角度	
95	异径虾米腰弯头	直径1≠直径2 任意角度	
1202	异径直三通	直径1=直径2≠直径3	
47	异径斜三通	直径1=直径2≠直径3 任意角度	
52	异径三通	直径1≠直径2≠直径3 任意角度	
899	异径裤衩三通	直径1=直径2≠直径3	
100	Y形三通	直径1≠直径2≠直径3 任意角度	

续表

模板编号	预制构件	描　　述	图　　例
821	双弯式三通	直径 1≠直径 2≠直径 3 任意角度	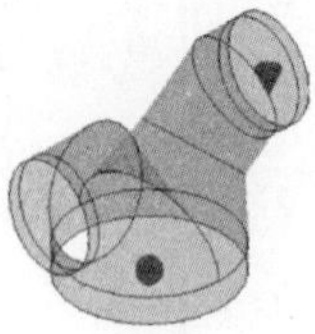
808	楔形四通	直径 1＝直径 2≠直径 3 ≠直径 4	
44	斜四通	直径 1＝直径 2≠直径 3 ≠直径 4 任意角度	
938	弧形四通	直径 1＝直径 2≠直径 3 ≠直径 4	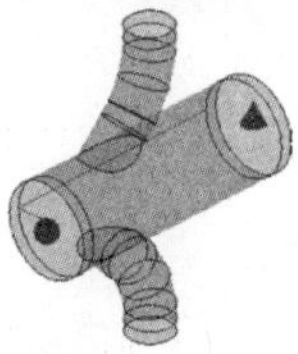

表 A-5　　　　　　　　　　**椭圆形图例表**

模板编号	预制构件	描　　述	图　　例
165	风管		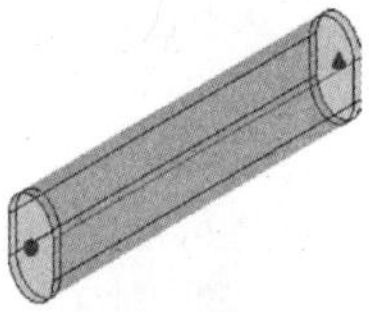
121	堵头		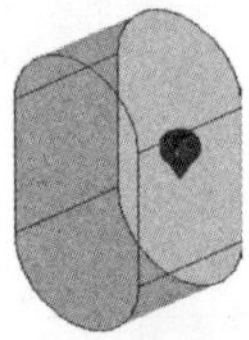
163	异径管	同心、偏心	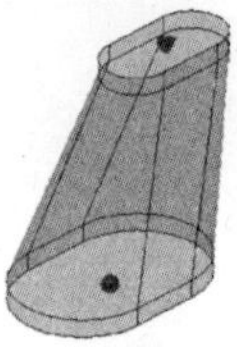

续表

模板编号	预制构件	描　述	图　例
104	矩形转椭圆异径管	同心、偏心	
123	椭圆转圆形异径管	同心、偏心	
1522	耦合连接件		
111/113	同径偏移	宽度1＝宽度2 高度1＝高度2	
154	直三通	宽度1＝宽度2≠宽度3 高度1＝高度2≠高度3	
106/108	虾米腰弯头	宽度1＝宽度2 高度1＝高度2 任意角度	
118	楔形三通	宽度1＝宽度2≠宽度3 高度1＝高度2≠高度3	

续表

模板编号	预制构件	描　述	图　例
825	双弯头三通	宽度1≠宽度2≠宽度3 高度1=高度2=高度3 任意角度	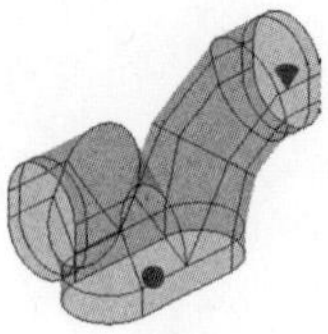
115	鞍形三通	宽度1=宽度2≠宽度3 高度1=高度2≠高度3	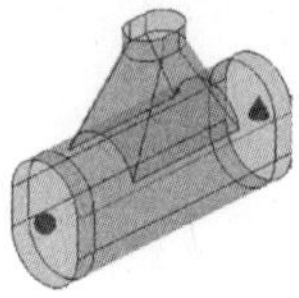
114	斜三通	宽度1=宽度2≠宽度3 高度1=高度2≠高度3 任意角度	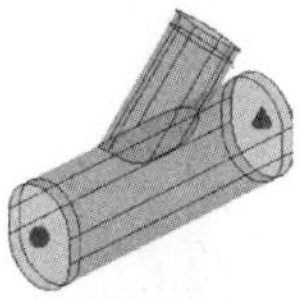
377/831	斜四通	宽度1=宽度2≠宽度3 ≠宽度4 高度1=高度2≠高度3 ≠高度4 任意角度	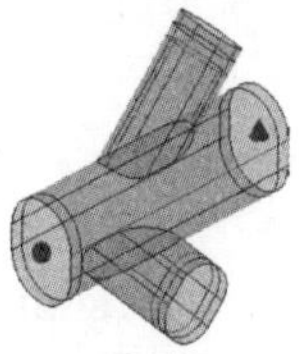

表 A-6　　　　　　　　　　　其他图例表

模板编号	预制构件	描　述	图　例
19/382/956/1145	静压箱		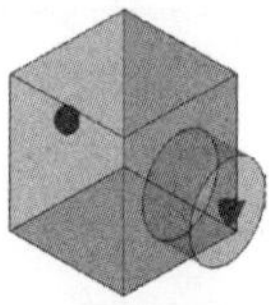
1136/1138	风罩		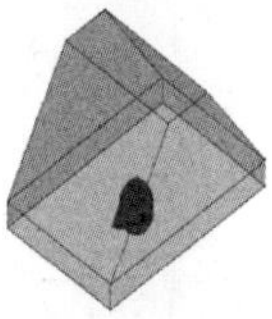
996	格栅风口		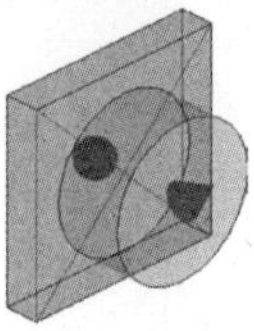

续表

模板编号	预制构件	描 述	图 例
530	圆形散流器		
505	百叶		
501/535	矩形防火阀		
509	圆形防火阀		
533/555/556	圆形风阀		
507/514/914	手柄式矩形风阀		
504	矩形检查口		
580	圆形检查口		

续表

模板编号	预制构件	描　述	图　例
518	矩形加热机组—蓄电池型		
519	矩形消声器		
521	设备	例如:空调机组 AHU	
913	风机		
388	屋顶风帽		
77	屋顶风罩		

附录 B 软件界面本地化

为了使软件实现本地化,在软件安装的过程中默认安装了能够自定义软件界面语言的工具——Dictionary Editor。通过该工具,用户能够将软件的界面进行本地化。本章将以繁体中文界面为例介绍如何对 Autodesk® Fabrication ESTmep™ 进行界面本地化。

B.1 设置软件界面语言

(1) 右击软件图标,然后选择“属性”打开属性对话框。

在“目标”右侧的地址末端输入“/L=ChineseTraditional”,见图 B-1(a)。

【注意】“/”前面有空格。

“ChineseTraditional”是 Autodesk® Fabrication ESTmep™ 软件支持的 22 种语言之一。打开“Dictionary Editor”时会出现支持的语言列表,见图 B-1(b)。如何打开“Dictionary Editor”详见 B.2 节内容。

(a)

(b)

图 B-1

(2) 单击“确定”保存并关闭属性对话框。然后打开软件,界面中的部分字符已经不再是英文,见图 B-2。

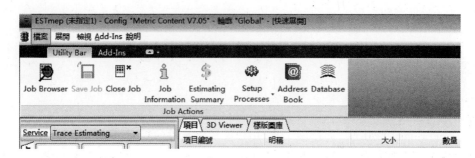

图 B-2

B. 2　定义字符串

"Dictionary Editor"用于指定英文和本地语言字符串之间的对应关系,被指定的与英文字符串对应的本地化字符串将反映在软件的界面上。本节将以修改繁体中文中"View"的对应字符串为例,介绍如何定义字符串以及修改字符串之后界面的变化。

(1) 单击 Windows 的"开始"→所有程序→Autodesk→Fabrication ESTmep 2018→Dictionary Editor,见图 B-3。

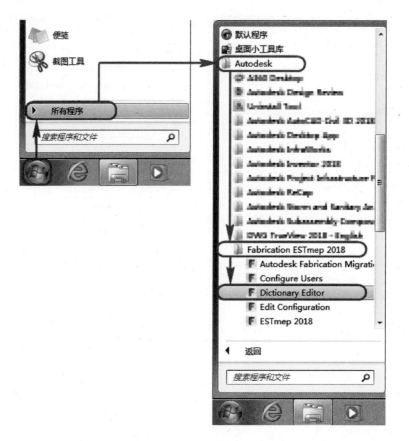

图 B-3

(2) 在弹出的对话框"Error"中单击"OK"按钮,见图 B-1(b)。

（3）在"Dictionary Editor"对话框中，单击"Translation"，然后在下拉菜单中选择"Translation"下拉菜单中的"ChineseTraditional"能够看到当前字符串对应的翻译，见图 B-4。

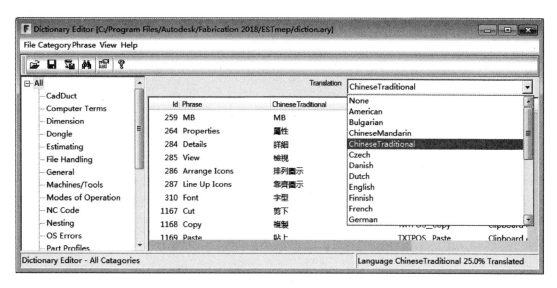

图 B-4

（4）双击或右击需要更新的行并选择"Edit"，打开"Phrase Properties"对话框。在"ChineseTraditional"行的"Translation"列中输入"视图"，见图 B-5。

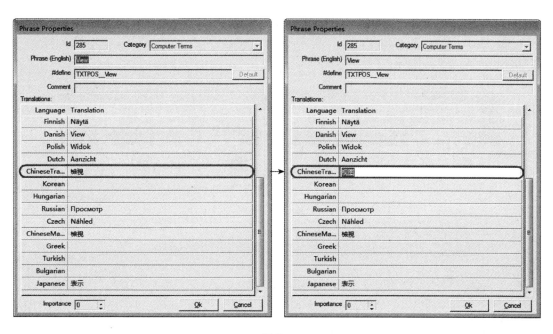

图 B-5

（5）单击"OK"退出"Phrase Properties"对话框，这时界面中显示的"View"对应的字符已经修改为简体中文"视图"。单击 🖫 保存修改，见图 B-6。

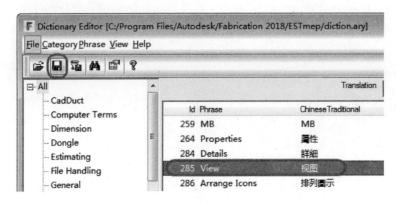

图 B-6

（6）关闭"Dictionary Editor"对话框时出现"Need to export header"对话框，该对话框用于询问是否需要导出表头，即修改内容。单击"Yes"保存修改，见图 B-7。如果需要放弃修改，则单击"No"。

图 B-7

（7）打开 Fabrication ESTmep 并新建作业（Job），针对英文字符"View"已经从繁体中文"檢視"转变成了简体中文"视图"，见图 B-8。

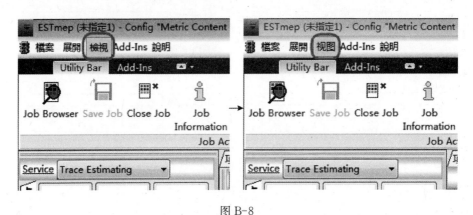

图 B-8

【技巧】 在"Dictionary Editor"对话框中，可以单击█打开"Find"对话框，然后从备选项中选择任一查找条件（Search Fields），根据不同的查找条件输入不同的查找内容。该操作能够精确定位至需要修改对应字符串的项。例如选择"Id"并输入"285"可以直接定位至 Id 为 285 的行；选择"Phrase"并输入"View"也可以直接定位至 Id 为 285 的行，见图 B-9。

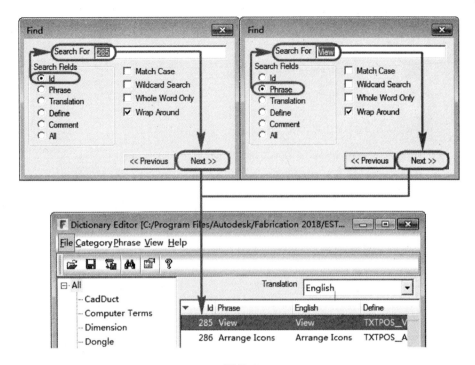

图 B-9

B.3　新建语言

当需要新建语言时，在"Dictionary Editor"的界面中单击"File"，然后选择"New Language"打开"New Language"对话框，见图 B-10。

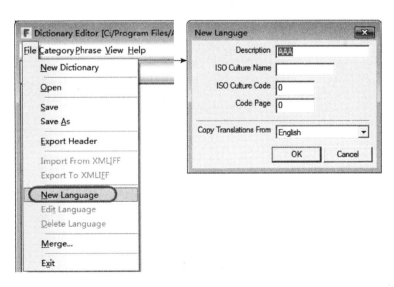

图 B-10

在对话框中的"Description"输入名称，例如"AAA"；在"Copy Translation From"的下拉菜单中选择源字符语言，例如"English"，见图 B-10。

　　单击"OK"按钮后,列表区域出现了新建的语言,见图 B-11。在新的语言字符串列表中可以根据上述方法一一定义需要的本地化字符串。

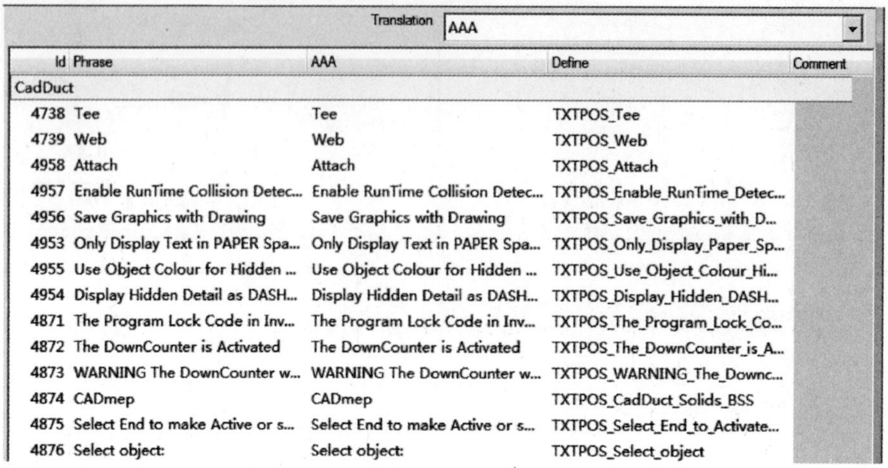

Translation | AAA

Id	Phrase	AAA	Define	Comment
CadDuct				
4738	Tee	Tee	TXTPOS_Tee	
4739	Web	Web	TXTPOS_Web	
4958	Attach	Attach	TXTPOS_Attach	
4957	Enable RunTime Collision Detec...	Enable RunTime Collision Detec...	TXTPOS_Enable_RunTime_Detec...	
4956	Save Graphics with Drawing	Save Graphics with Drawing	TXTPOS_Save_Graphics_with_D...	
4953	Only Display Text in PAPER Spa...	Only Display Text in PAPER Spa...	TXTPOS_Only_Display_Paper_Sp...	
4955	Use Object Colour for Hidden ...	Use Object Colour for Hidden ...	TXTPOS_Use_Object_Colour_Hi...	
4954	Display Hidden Detail as DASH...	Display Hidden Detail as DASH...	TXTPOS_Display_Hidden_DASH...	
4871	The Program Lock Code in Inv...	The Program Lock Code in Inv...	TXTPOS_The_Program_Lock_Co...	
4872	The DownCounter is Activated	The DownCounter is Activated	TXTPOS_The_DownCounter_is_A...	
4873	WARNING The DownCounter w...	WARNING The DownCounter w...	TXTPOS_WARNING_The_Downc...	
4874	CADmep	CADmep	TXTPOS_CadDuct_Solids_BSS	
4875	Select End to make Active or s....	Select End to make Active or s...	TXTPOS_Select_End_to_Activate...	
4876	Select object:	Select object:	TXTPOS_Select_object	

图 B-11

附录 C　电子文件部分说明及下载地址

1. 电子文件说明

《Autodesk® Fabrication 达人速成》随书附赠与本书第 9 章操作步骤对应的两个 RVT 模型，一个"项目文件(原始).rvt"供练习使用，另一个是结果文件"项目文件(预制构件).rvt"供参考，主要为附加电子文件练习参考内容。旨在使读者可以更清楚地理解本书内容。电子文件练习参考内容是本书不可分割的部分，具体文件列示如下：

玻璃幕墙和屋顶.rvt

建筑中心文件.rvt

项目文件(预制构件).rvt

项目文件(原始).rvt

2. 下载地址

电子文件下载地址：http://press.tongji.edu.cn/download/show/152

微信扫描二维码：